La production de viande ovine et caprine dans les régions tropicales humides de l'Afrique de l'Ouest

Sheep and goat meat production in the humid tropics of West Africa

ÉTUDE FAO
PRODUCTION
ET
SANTÉ ANIMALES

FAO
ANIMAL
PRODUCTION
AND HEALTH
PAPER

70

Compte rendu d'un séminaire qui s'est tenu à
Yamoussoukro, Côte d'Ivoire
21-25 septembre 1987

Proceedings of a seminar held in
Yamoussoukro, Côte d'Ivoire
21-25 September 1987

Editeurs techniques/Technical Editors
V.M. Timon - FAO
R.P. Baber - FAO

ORGANISATION
DES
NATIONS UNIES
POUR
L'ALIMENTATION
ET
L'AGRICULTURE
Rome, 1989

FOOD
AND
AGRICULTURE
ORGANIZATION
OF THE
UNITED NATIONS
Rome, 1989

M-21
ISBN 92-5-002711-7

INTRODUCTION

Les régions tropicales humides de l'Afrique de l'Ouest ont toujours été tributaires des régions du nord pour répondre à la demande de protéines animales vu le caractère généralement limitant de la production des ruminants de la trypanosomiase. Les moutons et les chèvres, de petite taille, trypanotolérants, sont les ruminants domestiques prédominants dans cette région; cependant quelques tentatives systématiques de la part des agriculteurs ou de la part des institutions de développement ont été entreprises afin d'augmenter la production des petits ruminants dans cette sous-région.

Dans les régions humides, les chèvres et les moutons ont presque toujours été la propriété de la population rurale. Les petits ruminants sont élevés exclusivement pour la production de viande mais ils constituent aussi une réserve financière et ils jouent un rôle social et culturel important. Les chèvres et les moutons, de petite taille, sont estimés à 14 millions d'unités mais cette source alimentaire et de capital est considérée comme l'une des plus sous-exploitées de cette région. Ces animaux, en dépit de leur nombre et de leur importance, n'arrivent pas à satisfaire les besoins en protéines de la région. En conséquence d'une diminution de la demande d'approvisionnement dans la région du nord et d'une augmentation de la demande locale en protéines animales, il existe actuellement un regain d'intérêt de la part des gouvernements pour le développement de la production des petits ruminants. Plusieurs instituts de recherche et de développement, nationaux ou internationaux, commencent à travailler dans ce domaine. Une consultation d'experts qui s'est tenue en Bulgarie en 1985, sous l'égide de la FAO, a proposé une série de recommandations précises afin que la FAO prenne l'initiative de promouvoir une coopération technique effective dans le domaine de petits ruminants.

Pour ces raisons, la FAO a décidé d'organiser un séminaire sur la "Production de viande ovine et caprine dans les régions tropicales humides de l'Afrique de l'Ouest". Le but de ce séminaire qui s'est tenu à Yamoussoukro, Côte d'Ivoire, du 21 au 25 septembre 1987, a été triple. Premièrement, il a été décidé de discuter et de synthétiser les résultats de recherche et les aspects techniques de la production de viande ovine et caprine actuellement en cours dans les régions tropicales humides de l'Afrique de l'Ouest. Le deuxième objectif fut d'identifier des stratégies et des lignes de conduite pour le développement pratique de la production de viande ovine et caprine en Afrique de l'Ouest. Le troisième et dernier objectif fut de discuter de la nécessité et des bénéfices de l'établissement d'un réseau de coopération pour la production des petits ruminants en Afrique.

Les personnes invitées au séminaire étaient des experts provenant de 15 pays de l'Afrique de l'Ouest, des observateurs de plusieurs agences bilatérales et multilatérales, plus 9 auteurs invités. Après la présentation et la discussion des documents, les participants du séminaire se sont attachés à identifier des stratégies et des lignes de conduite pour le développement pratique de la production de moutons et de chèvres dans les régions tropicales humides de l'Afrique de l'Ouest. Un rapport du séminaire avec des recommandations a été publié par la FAO. Le compte-rendu contient les documents techniques discutés pendant le séminaire et des documents qui résument les conditions du développement ovin et caprin dans les différents pays représentés par les participants au séminaire. Nous espérons que ce compte-rendu contribuera au développement de la production des petits ruminants dans les régions tropicales humides de l'Afrique de l'Ouest.

H.A. Jasiorowski
Directeur
Division de la production et de la santé animales

INTRODUCTION

The West African humid zone has traditionally depended on areas to the north to meet its demand for animal protein as trypanosomiasis has generally limited ruminant production. Indigenous trypanotolerant dwarf sheep and goats are the predominant domestic ruminants in this zone; however, there have been few systematic attempts by farmers or development agencies to increase small ruminant production in the sub-region.

Sheep and goats are owned by a large proportion of the rural population in the humid zone. They are raised exclusively for meat but also provide a flexible financial reserve and play important social and cultural roles. It is generally considered that small ruminants are a major under-exploited food and capital resource and there are an estimated 14 million dwarf sheep and goats in the zone. These animals despite their numbers and importance do not meet the protein needs of the zone; as a result of decreasing supplies from the north and increasing local demand for animal protein there is now increasing interest by governments in the development of small ruminant production. Many national and international research and development agencies are now initiating work in this field. An FAO expert consultation held in Bulgaria in 1985 made clear recommendations to FAO to take the initiative in promoting closer and effective technical cooperation in the field of small ruminants.

For these reasons FAO decided to organize a seminar entitled "Sheep and Goat Meat Production in the Humid Tropics of West Africa". The purpose of the seminar, which was held in Yamoussoukro, Côte d'Ivoire, from 21-25 September 1987, was threefold. Firstly to discuss and synthesize up-to-date research results and experience in technical aspects of sheep and goat meat production in the humid tropics of West Africa. Secondly to identify clear strategies and guidelines for the practical development of sheep and goat meat production in West Africa and thirdly to discuss the benefits of, and need for, the formation of a cooperative network for small ruminant production in Africa.

The seminar was attended by invited participants from 15 West African countries, observers from various bilateral and multilateral agencies and 9 invited authors. Following the presentation and discussion of the papers the seminar then proceeded to identify clear strategies and guidelines for the practical development of sheep and goat production in the humid tropics of West Africa. A report of the seminar and its recommendations has been published by FAO. These proceedings present the technical papers discussed at the seminar and position papers summarizing the state of sheep and goat development in different countries which each invited participant to the seminar was requested to produce. It is our hope that these proceedings will contribute to the further development of small ruminant production in the Humid Tropics of West Africa.

H.A. Jasiorowski
Director
Animal Production and Health Division

CONTENTS/TABLE DES MATIERES

Page

A B S T R A C T

This publication on sheep and goat meat production in the Humid Tropics of West Africa is based on an FAO seminar held in Yamoussoukro, Côte d'Ivoire in September 1987. Nine papers covering health, management, nutrition, genetic improvement, extension and village level guided development were presented and discussed in the seminar. These papers are reproduced in these proceedings, in addition to 14 position papers prepared by the participants from different West African countries who attended the seminar.

Key Words

Sheep, goats, breeding, nurition, management, extension, humid, tropical, West Africa.

Acknowledgements

The technical editors wish to acknowledge the help and assistance received in the editing, typing and final presentation of these proceedings from: Ms. N. Minghi, Mr. P. Bodet, Ms. E. Fragiotta-Seripa, Ms. E. Seiffert-Delalande, Ms. J. Duhart, Ms. S. McLean and Mr. G. Beccaloni.

E X T R A I T

Cette publication sur la production de la viande ovine et caprine dans les tropiques humides de l'Afrique de l'Ouest se base sur un séminaire organisé par la FAO qui a eu lieu à Yamoussoukro, Côte d'Ivoire, en septembre 1987. Neuf documents concernant la santé, la gestion des troupeaux, la nutrition, les modifications génétiques, l'extension et les lignes de conduite du développement au niveau du village ont été présentés et discutés pendant ce séminaire. Ces documents sont publiés dans ce compte-rendu en plus d'autres 14 documents préparés par les experts des différents pays de l'Afrique de l'Ouest qui ont participé au séminaire.

Mots clés

Moutons, chèvres, élevage, nutrition, gestion des troupeaux, extension, humide, tropical, Afrique de l'Ouest.

Remerciements

Les rédacteurs techniques voudraient remercier les personnes qui ont contribué avec leur aide et leur assistance à la rédaction, la frappe et la présentation final de ce compte-rendu: Mme. N. Minghi, M. P. Bodet, Mme. E. Fragiotta-Seripa, Mme. E. Seiffert-Delalande, Mme. J. Duhart, Mme. S. McLean and M. G. Beccaloni

SYSTEMES DE PRODUCTION OVINE ET CAPRINE EN COTE D'IVOIRE

H. Gadji et A. Oya
Ministère de la production animale
Abidjan, Côte d'Ivoire

SUMMARY

A brief description was given of five different systems of sheep and goat production in the Côte d'Ivòire. By far the most widespread accounting for over 90 percent of sheep and almost 100 percent of goats, is the traditional system. The reproductive rate of females managed in this system is relatively high but as a result of high mortality rates flock productivity is greatly decreased. Four other systems ranging from improved traditional to semi-intensive systems were described and it was shown that productivity in terms of number of offspring weaned per female per year was higher in these systems as a result of lower mortality.

RESUME

Une brève description de cinq différents systèmes de production ovine et caprine en Côte d'Ivoire fut donnée. De loin le plus répandu et représentant plus de 90 pour cent des moutons et près de 100 pour cent des chèvres, est le système traditionnel. Le taux de reproduction des femelles élevées dans ce système est relativement haut, mais par suite d'un taux de mortalité très élevé, la productivité du troupeau s'en trouve considérablement diminuée. Quatre autres systèmes, allant du système traditionnel amélioré au système semi-intensif, furent décrits et il fut démontré que la productivité, si l'on considère le nombre des jeunes animaux sevrés par femelle et par an, est plus élevée dans ces systèmes par suite d'un taux de mortalité plus bas.

INTRODUCTION

C'est à la suite de la première grande sécheresse des années 1972-73 et devant l'incapacité pour nos fournisseurs traditionnels de bovins et de caprins (Burkina Faso, Mali) de satisfaire nos demandes en viande, que la Côte d'Ivoire a pris la décision de dynamiser son élevage dans le but de satisfaire à terme sa demande intérieure en protéines animales.

L'option de privilégier le développement des races à cycle court a amené le Ministère de la Production à initier en 1973 une série d'expérimentations et d'observations afin de connaître les qualités du mouton local, le Djallonké, qu'on rencontre partout, dans tous les petits villages de la Côte d'Ivoire.

Ces études ont permis de déceler les principales difficultés du mode d'élevage traditionnel, de mettre au point une technique d'élevage appropriée et d'élaborer un Programme National Ovin (PNO) dont l'exécution a débuté en 1977 grâce à un financement du FED, du BSIE et du PNUD.

Les grandes lignes de ce programme ont porté successivement sur l'encadrement du paysan en milieu rural (qui a démarré dans le centre avant de s'étendre dans le sud puis dans le nord et enfin l'ouest) la création d'un Centre National Ovin à Béoumi et l'installation d'une première unité d'élevage industriel de moutons à Toumodi. Et depuis 1983, le programme s'est enrichi d'un Projet d'amélioration génétique du mouton Djallonké: le Programme National de Sélection Ovine (PNSO) qui est basé à Bouaké et est financé par le FAC.

Aussi depuis une quinzaine d'années le mouton Djallonké fait l'objet de plusieurs sollicitations. Comment se présente aujourd'hui le paysage moutonnier en Côte d'Ivoire, quels sont les différents systèmes de productions ovines qui ont émergé du système traditionnel, cet élevage de cueillette qui d'ailleurs existe toujours.

Telles sont les questions auxquelles nous allons tenter de répondre dans cette étude qui se limite exclusivement à la production ovine du fait qu'en Côte d'Ivoire la production caprine n'a encore fait l'objet d'aucune stratégie de développement.

SYSTEMES DE PRODUCTION

Elevages traditionnels

Elevage villageois (Type 1): Les animaux vivent autour des cases dans les villages et les campements. Même les hameaux les plus reculés disposent de leurs troupeaux de moutons.

En général ces animaux ne font l'objet d'aucun soin. Ils divaguent à longueur de journée dans le village et ses alentours à la recherche de nourriture (herbe et déchets de cuisine). Ils s'attaquent également aux cultures vivrières ce qui provoque souvent des conflits entre agriculteurs et propriétaires d'animaux. Ce vagabondage les expose parfois à des accidents de véhicules par écrasement, ou aux vols pendant la nuit, car les animaux dorment en groupe au clair de lune ou sous abris sommaires.

Un seul ménage peut être propriétaire de 3 à 5 têtes d'ovins, l'ensemble formant parfois des troupeaux de 50 à 100, 200 bêtes par village.

C'est le système le plus répandu en Côte d'Ivoire. Il totalise près de 90 pour cent de l'effectif des ovins et 100 pour cent des caprins.

Elevage urbain (Type 1 bis): Ces systèmes de production se rencontrent essentiellement dans les villes, d'où son appellation d'élevage urbain. Il s'agit le plus souvent de moutons sahéliens ou métis (sahéliens + Djallonké) achetés sur le marché à bétail local par quelques éleveurs. Les échecs liés à son élevage sont partout signalés sauf lorsqu'il est élevé en ville en quelques unités de 10 à 20 têtes, à l'abri des tsé-tsé et des parasites.

Tableau 1 — Différents systèmes de production - Traits caractéristiques

ELEVAGES TRADITIONNELS		ELEVAGES AMELIORES			ELEVAGES D'ETAT	
Elev. villageois	Elev. urbain	Elev. en divagation	Elev. en gardiennage	Elev. en gard. intensifié	C.N.O.	Sodepalm
Type 1	Type 1 bis	Type 2	Type 3	Type 4	Type 5	
Djallonke	Sahélien ou Métis	Djallonke	Djallonke	Djallonke	Djallonke	Djallonke
Pas de berger	Pas de berger	Pas de berger	Berger	Berger (1)	Techniciens et bergers	
Pas de suivi sanitaire	Pas de suivi sanitaire	Plan prophylaxie Vaccination	Plan prophylaxie Vaccination	Plan prophylaxie Vaccination Soins animaux malades	Plan de prophylaxie Vaccination Soins quotidiens Animaux malades	
Absence bergerie	Absence bergerie	Présence parc de nuit	1 ou 2 parcs de nuit	1 ou 2 parcs de nuit	- plusieurs bergeries - bain détiqueur - magasin de stockage - bureaux - centre de formation	
Divagation dans village et alentours	Divagation dans les villes apport herbe fraîche	Divagation dans villages et champs alentours	En gardiennage sur parcours . Savanes . Jachère ou sous plantations	En gardiennage sur - Savane - Pâturages artificiels exclusifs	En gardiennage sur parcours de savane avec pâturages artificiels d'appoint	
Pas de compléments alimentaires	Complémentation importante . + pierre à lécher	Complémentation Alimentaire très discontinue . Compléments minéraux	Complémentation allimentaire assez suivie . Complémentation minérale	Complémentation alimentaire très suivie et spécifique . Complémentation minérale	Complémentation alimentaire très suivie avec intensification aux périodes clé . Complémentation minérale	
Lutte continue (anarchique)	Lutte (anarchique)	Lutte continue	Lutte continue ou gestion de lutte	Gestion de lutte	- Gestion de lutte - Accouplements raisonnés - essais I.A.	

Dans ses grandes lignes, ce système d'élevage ressemble au type précédent, ce qui explique sa classification en type 1 bis.

En effet comme dans le type 1, les animaux se promènent en général seuls ou plus rarement sous la surveillance des enfants, à la recherche de nourriture dans les rues des villes. Du fait de la rareté des pâturages dans les villes, leurs propriétaires leur apportent en quantité plus ou moins suffisante du fourrage vert à domicile. Cette alimentation est complémentée par des restes de cuisine et des peaux de manioc, d'igname ou de banane.

Le soir les animaux sont parqués sous des abris faits sommairement de quelques bouts de planches ou de vieilles tôles usagées, ou bien ils sont enfermés dans des pièces ou magasins inoccupés de manière à en limiter les pertes par vol.

Dans ce système également, les soins sanitaires sont dans la plupart du temps inexistants. Mais il faut dire que seuls quelques propriétaires d'animaux ont parfois recours aux services vétérinaires pour faire soigner leurs bêtes malades et même pour les faire vacciner.

Elevages améliorés

Elevage en divagation (Type 2): Dans ce système les animaux continuent de divaguer le jour dans les villages et aux alentours comme dans le type 1, mais dans ce cas les premières améliorations des services d'encadrement ovin apparaissent:

- la construction d'un parc de nuit (en matériaux locaux) où sont rentrés les animaux le soir et qui facilite leur contention lors des différentes interventions. Le parc peut être privé ou communautaire;

- l'application d'un plan de prophylaxie :

  - vaccination contre les grandes épizooties (notamment la peste des petits ruminants);

  - déparasitages internes contre les strongles, le ténia, les coccidies et déparasitages externes contre les cétoparasites.

- la distribution à l'intérieur du parc de nuit d'eau de boisson, d'une complémentation minérale et d'une complémentation alimentaire si possible (épluchures de manioc, igname, banane, etc);

- l'existence d'un carnet de bergerie où sont notées les informations sur le troupeau.

Dans ce type 2 il faut signaler que si les animaux continuent de divaguer dans les villages ils trouvent cependant principalement leur nourriture dans les parcours de savanes naturelles du centre et du nord de la Côte d'Ivoire, sur les jachères ou sous les plantations, situées non loin des lieux d'habitation qui sont d'ailleurs surpâturés. Ici la complémentation alimentaire est constituée essentiellement de restes de cuisine, d'épluchures de manioc, d'igname ou de banane ou encore de sons de riz, de maïs. Elle est distribuée aux animaux de manière très discontinue, lorsqu'on en trouve.

Elevage en gardiennage (Type 3): Ce type d'élevage bénéficie des premières améliorations du type 2. Mais la différence essentielle réside dans le fait que cet élevage emploie un berger à plein temps qui est la plupart du temps salarié ou quelque fois un membre de la famille. En général les troupeaux de ce type d'élevage comptent plus d'une cinquantaine de brebis mères pour que l'emploi d'une main-d'oeuvre se justifie économiquement.

Ce type 3 regroupe presque exclusivement des élevages individuels, installés plus ou moins à l'écart des lieux d'habitation. Du fait de la présence d'un berger le suivi du troupeau est mené de façon plus rationnelle.

En effet le temps de pâture atteint 8 heures et plus par jour. Les animaux n'étant plus livrés à eux-mêmes sont conduits vers les zones où ils trouveront les fourrages nécessaires à leur alimentation, les savanes naturelles, jachères de cultures vivrières, les sous-étages fourragers des plantations (de caféiers, cocotiers, palmiers à huile, agrumes et bananes, etc).

La distribution de compléments alimentaires (dont la gamme s'élargit aux sons de maïs, graines de coton et parches de café) est plus suivie.

Une certaine amélioration est amorcée au niveau du système de lutte. En effet même si la lutte continue est encore de mise dans ce type 3, les béliers impropres à la reproduction pour causes de malformation, petit format, mauvaise santé, sont écartés et castrés. Un certain nombre de ces élevages bénéficie déjà des béliers de 2ème catégorie du Programme National de Sélection Ovine (PNSO) de Bouaké, avec consigne de les renouveler (échanges entre éleveurs conseillés) tous les 2 - 3 ans.

Les meilleurs élevages de ce type 3, pratiquent la gestion de lutte avec les béliers de lère catégorie (béliers sélectionnés) du PNSO: c'est-à-dire que pour une période de 45 jours, le PNSO met à la disposition de ces éleveurs des béliers performants à raison de 1 bélier pour 25 à 30 brebis, avec la contrepartie du droit d'achat de tous les agneaux mâles intéressant le PNSO.

Elevage en gardiennage intensifié (Type 4): Dans ce type d'élevage les variantes rencontrées dans les zones de savane (centre et nord du pays) et dans les régions forestières ont des structures différentes.

Zones de savane: Ce type d'élevage bénéficie de toutes les améliorations mentionnées dans le système de production précédent. L'intensification se justifie par le fait que la rationalisation au niveau de l'alimentation et du système de reproduction est plus poussée que dans les types précédents.

Au niveau de l'alimentation, la ration de base reste la savane naturelle, améliorée par des légumineuses chez quelques éleveurs. Mais l'apport du complément alimentaire est continue et assez spécifique.

En effet la quantité du complément varie selon le stade physiologique et la catégorie d'animaux concernés. Elle oscille entre 150 et 300 grammes par brebis et par jour. Cette complémentation se fait avec des peaux d'igname séchées, du son de blé, de la farine basse de riz, du son de maïs, du tourteau de coton, de la graine et de la mélasse.

Au niveau du système de reproduction la gestion de lutte est de rigueur. Et la tendance dans ce type 4 est d'augmenter la productivité de la brebis en raccourcissant son cycle de reproduction de 9 mois généralement à 8, voire 7 mois. Cette politique est tentée dans la mesure où les brebis bénéficient d'un haut niveau d'alimentation.

Il faut faire remarquer également que dans ce type d'élevage le plan de prophylaxie est effectué avec rigueur et sans retard; du fait de la présence d'un ou de deux bergers, des soins quotidiens sont donnés aux animaux. En plus de la vaccination contre la PPR, les brebis sont protégées contre la clavelée.

Les parcs de nuit construits en matériaux durables sont au nombre de 2 ou 3 car les effectifs atteignent 100 - 200 et même 300 brebis mères.

En régions forestières: Dans les régions forestières où la savane naturellement fait défaut, les projets d'encadrement ont incité les éleveurs à créer des pâturages artificiels. La structure de ces exploitations est la suivante: sur un terrain d'un seul tenant (si possible) des cultures fourragères sont installées et individualisées en parcelles de 1 ha ou plus. Un seul parc de nuit est installé sur ces parcelles de façon à avoir une ouverture sur chacune d'elles. Les animaux pâturent par rotation de manière à revenir sur la même parcelle au bout de 40 à 45 jours. La charge à l'hectare est de 12,5 brebis. Les premières réalisations mises en place à la SODEPRA SUD-EST et la SODEPRA OUEST ont démarré avec des surfaces fourragères de 4 ha (4 parcelles de 1 ha) et des effectifs de 50 brebis.

Ces premières expériences se heurtent à un certain nombre de problèmes (accidents pathologiques dus à une mauvaise rotation, difficulté de gestion du pâturage) qui ont amené les responsables de ces projets à orienter leurs éleveurs vers le type 3 qui correspond plus, pour le moment, à leur niveau de technicité.

Elevage d'état (Type 5): Les élevages d'état dont il est question ici sont les élevages ovins de Toumodi et de Béoumi. Ce sont des structures gérées par la SODEPALM (dans le cadre du Projet Manioc) et par la SODEPRA en ce qui concerne le Centre National Ovin (CNO) de Béoumi.

Objectifs de ces structures: Les objectifs assignés à ces deux centres consistent à élever, multiplier et diffuser des animaux performants de la race ovine Djallonké. Alors que la SODEPALM de Toumodi s'est plutôt orientée vers l'embouche et la vente d'agneaux mâles (filière industrielle) et la diffusion de brebis performantes, le CNO s'attèle d'autre part à la mise au point de techniques d'élevage transférables dans le milieu paysan. Le CNO de Béoumi diffuse également des brebis performantes, la sélection et la diffusion des producteurs mâles étant effectuées par le Projet Sélection Ovine PNSO basé à Bouaké.

Infrastructures et troupeaux: Ces centres disposent d'importantes infrastructures:

- des parcs de nuit pour environ 350 brebis chacun avec point d'eau ou cuves de récupération des eaux de pluie;
- des bergeries de zéro-pâturage;
- des bains détiqueurs;
- plusieurs centaines d'hectares de pâturages artificiels;
- des engins roulants (camions, véhicules légers, tracteurs);
- des bureaux;
- un centre de formation pour le CNO avec salle de formation, dortoir, réfectoire;
- logements pour les techniciens;
- logements pour les animaliers et manoeuvres;
- une école de six classes au CNO avec logements des maîtres.

Au niveau des troupeaux, ces centres disposent de:

- CNO:

  . 9 troupeaux distrine dont 6 troupes de brebis-mères pour un effectif de 2 000 mères (4 000 têtes d'effectif total).

- SODEPALM Toumodi:

  . 12 troupeaux dont 9 troupes de brebis-mères pour un effectif mères de 2 500 têtes (5000 têtes d'effectif total).

Conduite du troupeau

1. Cycle de reproduction: L'ensemble des troupeaux est soumis à la gestion des luttes qui synchronise les troupeaux, facilite l'application d'un calendrier de prophylaxie sanitaire et permet de contrôler la consanguinité. Le cycle de reproduction dure entre 8 et 9 mois.

a) La lutte. Pendant la lutte qui dure 45 jours, les animaux pâturent la savane naturelle. Ils reçoivent environ 300 g de concentré par brebis et par jour. Pendant la saison sèche, cette lutte peut se dérouler uniquement la nuit quand les brebis rentrent au parc. Cette technique de la lutte nocturne est employée pour éviter que les grosses chaleurs ne fatiguent les béliers.

C'est le PNSO qui prête les béliers sélectionnés au CNO pour les luttes. Des accouplements raisonnés sont également organisés par le PNSO entre ses tout meilleurs béliers et les meilleures brebis du CNO.

b) La gestation. Elle se déroule sur parcours de savanes naturelles. La complémentation alimentaire par brebis par jour plafonne à 150 g pendant les 3 à 4 premiers mois puis monte à 400 g pour préparer les mères à l'agnelage.

c) L'agnelage - lactation. Il se déroule sur pâturage artificiel de Panicum en modules à raison de 8 m^2 par brebis suitée. Au cours de cette période de lactation, les brebis reçoivent entre 600 et 800 g de concentré. Des mangeoires sont mises à la disposition des agneaux à l'intérieur du passage agneaux.

2. Devenir des agneaux:

a) Femelles. Après sevrage, les agnelles sont transférées dans les troupeaux d'antenaises. Les meilleures assurent le renouvellement des troupeaux (environ 15 pour cent de reforme par cycle). Les autres sont vendues au poids minimal de 18 kg.

b) Mâles. Au CNO, les meilleurs mâles (poids à 80 jours supérieur ou égal à 14 kg) sont achetés par le PNSO et les autres sont embouchés et vendus. Lors de l'embouche les agneaux reçoivent 450 g de concentré par animal et par jour.

Couverture sanitaire: Les plans de prophylaxie du CNO de Béoumi ou de la SODEPALM de Toumodi ont été inspirés de celui de la SODEPRA-CENTRE. Il comprend des traitements préventifs contre les parasites internes plus fréquents pendant la saison des pluies et de part et d'autre de l'agnelage, des traitements également préventifs contre les parasites externes dominés par les tiques. Des vaccinations contre la PPR et la clavelée protègent enfin les animaux de ces deux maladies endémiques de la race ovine ivoirienne.

RESULTATS ZOO-ECONOMIQUES COMPARATIFS DES DIFFERENTS SYSTEMES DE PRODUCTION

Il faut dire en préambule que les résultats zootechniques et économiques que nous présentons dans les tableaux 2 et 3 sont des moyennes. Les différents documents que nous avons eus à consulter donnaient des résultats différents et parfois même contradictoires pour un même système de production tant il est vrai que d'un document à l'autre ce n'est pas exactement du même type de production qu'il était question.

Aussi après avoir procédé à différents recoupements afin d'homogénéiser les résultats selon les grands types que nous venons de décrire, il est évident que les résultats qui sont présentés dans ce document sont de grandes moyennes et même des tendances.

Résultats zootechniques

Taux de fécondité annuel: Ce paramètre zootechnique est le rapport entre le nombre de naissances dans le troupeau au cours d'une année et l'effectif moyen des mises-bas.

Une remarque s'impose. Les résultats réalisés par les types 1, 1 bis et 2 qui pratiquent exclusivement le système de lutte continue sont plus élevés que dans les autres systèmes.

Le résultat affiché par le type 1 bis est dû au fait que nous avons affaire dans ce cas à des moutons sahéliens ou métissés sahéliens dont le taux de prolificité est supérieur à celui du Djallonké.

Quand la gestion de lutte est effectuée de manière rigoureuse avec un raccourcissement du cycle de reproduction à 8 mois, ce taux se hisse à un niveau satisfaisant (1,50). Des taux de 1,70 sont relevés au CNO de Béoumi.

Taux de mortalité globale: C'est le rapport entre le nombre de mortalités de l'année toutes catégories d'animaux confondues sur l'effectif total.

Les types 1 et 1 bis qui n'apportent aucun soin sanitaire affichent des pourcentages élevés (50 et 60 pour cent). Ce sont surtout les jeunes qui paient le plus lourd tribu.

Au niveau du type 1, certes la pathologie due aux parasites internes et externes porte une grande part de responsabilité des mortalités. Mais il faut signaler aussi une certaine prédisposition à la dégénérescence des animaux du fait d'un taux de consanguinité élevé occasionné par les luttes anarchiques.

Quand un plan de prophylaxie est appliqué au niveau des élevages, ce taux est ramené à des proportions beaucoup plus raisonnables (10 à 5 pour cent) suivant l'intensité du suivi sanitaire et alimentaire.

Taux de productivité annuelle

Ce paramètre représente le nombre de produits commercialisables par brebis par an.

Au niveau des types 1 et 1 bis les bons taux de fécondité sont pratiquement "dilués" par des mortalités trop importantes. Le type 1 atteint péniblement un résultat de 0,4. La SODEPRA-CENTRE donne des résultats de 0,25 pour ce paramètre soit 1 animal vendu par brebis tous les 4 ans.

L'âge de vente se situe en moyenne autour de 8, 9 mois. A cet âge le poids du mouton vendu dans le type 1 se situe à 17 kg en moyenne quant ceux des types 3, 4 et 5 font respectivement 20, 23 et 25 kg.

Tous ces résultats de productivités numériques et pondérables montrent bien que le mouton Djallonké répond à une certaine intensification des conditions d'élevage.

Tableau 2

Résultats Zootechniques

	Type 1	Type 1 bis	Type 2	Type 3	Type 4	Type 5
Taux de prolificité / cycle				1,06	1,23	1,45
Taux de fécondité / an	1,7	2	1,7	1,3	1,4	1,5
Taux de mortalité globale	0,5	0,6	0,2	0,1	0,08	0,05
Taux de productivité	0,4	0,6	0,7	1	1,3	1,4
Taux d'exploitation	0,15	0,30	0,30	0,30	0,40 - 0,50	0,55

Tableau 3

Résultats économiques

	Type 1 FCFA	%	Type 2 FCFA	%	Type 3 FCFA	%	Type 4 FCFA	%
CHARGES PAR BREBIS								
. Approvisionnements : médicaments, pierres à lécher, compléments alimentaires			1 400	93	1 500	50	1 700	46
. Frais du personnel					1 200	40	1 000	27
. Amortissement : bergerie, mat. élevage, pâturage			75	5	180	6	500	13,5
. Entretien et frais divers			25	2	120	4	500	13,5
TOTAL CHARGES PAR BREBIS	-		1 500	100	3 000	100	3 700	100
PRODUITS PAR BREBIS								
. Ventes nettes	550	15	2 600	35	3 400	40	5 900	50
. Prélèvements auto-consom.	1 550	30	1 500	20	1 275	15	600	5
. Variation de stock/an	2 100	55	3 400	45	3 825	45	5 300	45
TOTAL PRODUITS/BREBIS	3 800	100	7 500	100	8 500	100	11 700	100
REVENU/BREBIS/AN	3 800		6 000		5 500		8 000	

Résultats économiques (Tableau 3)

Du fait des objectifs un peu particuliers des élevages du type 5, nous n'avons pas sorti leurs résultats économiques.

Le revenu par brebis double pratiquement en allant du type 1 au type 4. Et nous pensons même qu'il pourrait être le triple.

Au niveau des charges nous remarquons que les postes "approvisionnement" et "frais du personnel" sont assez importants (entre 70 et 90 pour cent). Le regroupement des éleveurs du type 3 et 4 notamment en coopérative d'approvisionnement pourrait être une solution pour alléger ces postes.

Au niveau des produits, nous remarquons au type 1, que le poste ventes nettes ne représente que 15 pour cent du total produit par brebis. Ce qui dénote un trait caractéristique de ce type d'élevage qui considère les animaux plutôt comme un capital. La commercialisation est très faible.

Par contre le type 1 bis, qui ne figure pas dans ce tableau par manque de résultats significatifs se fait exclusivement dans un esprit d'économie de marché.

Nous remarquons enfin que les postes "variations de stock d'animaux" sont très importants (45 à 55 pour cent) du fait que nos élevages sont encore en phase de capitalisation.

CONCLUSION

L'élevage du mouton ivoirien doit connaître un essor certain d'ici l'an 2000 s'il veut contribuer à satisfaire en grande partie la demande en viande de petits ruminants de la population du pays.

La production n'augmentera en conséquence que par l'amélioration des élevages existants et la formation des hommes qui les conduisent ou les conduiront.

Cette amélioration doit être basée sur les trois principes fondamentaux suivants:

- diminuer les mortalités par la mise en place de prophylaxies sanitaires;

- utiliser toutes les surfaces disponibles (savane, jachères et couvert de plantations) et les sous-produits de l'agriculture (paille, fanes, etc.). En outre la pression démographique se fera de plus en plus forte. Par conséquent il y aura nécessité d'utiliser la terre de façon plus intensive donc d'associer l'agriculture avec l'élevage beaucoup plus rationnellement que cela n'est fait aujourd'hui;

- intensifier le système de reproduction afin de mieux maîtriser l'évolution du troupeau aussi bien sur les plans qualitatif que quantitatif.

En effet une augmentation des effectifs de reproductrices des élevages s'impose pour en assurer la rentabilité tout en favorisant le gardiennage.

GENETIC IMPROVEMENT OF SHEEP AND GOATS IN THE HUMID TROPICS OF WEST AFRICA

V.M. Timon and R.P. Baber
Food and Agriculture Organization of the United Nations
Via delle Terme di Caracalla, Rome 00100, Italy

RESUME

L'opportunité d'une amélioration génétique des ovins et des caprins en zone tropicale humide d'Afrique de l'Ouest doit tout d'abord être considérée par rapport au niveau de la gestion des troupeaux, à la productivité de ceux-ci et aux problèmes posés par la trypanosomiase. Les facteurs déterminants des modifications génétiques et leur impact furent discutés dans le contexte des difficultés d'organisation et de fonctionnement des programmes conventionnels de sélection dans l'environnement prévalant en Afrique de l'Ouest.

Le rôle éventuel de programmes simples de sélection basés sur un tri dans chaque troupeau fut discuté. Un programme de sélection basé sur le poids vif à six mois fut décrit. Finalement la constitution de services de contrôle des performances et des services d'appui doit être défendue vu le fait que tout programme de sélection doit s'élaborer sur un grand nombre de générations.

SUMMARY

The article assesses the relevance of genetic improvement of sheep and goats in the humid tropics of West Africa in reference to level of management, flock productivity and trypanosomiasis. The major determinants of genetic change are then individually discussed in the context of the difficulties of implementing conventional selection schemes in the evironmental conditions of West Africa. The possible role of simple selection schemes based on flock/herd screening is described, outlining a selection scheme based on six-month body weight. Finally, the need for recording, infrastructural and support services is emphasized in that selection must be practised over a number of generations.

INTRODUCTION

The importance of sheep and goats to the livelihood of peoples in the humid tropics of West Africa has been highlighted by many authors and in many fora in recent years. It is fortunate that small ruminant production appears to be increasingly attracting the interest of researchers in a number of countries in West Africa; the Small Ruminant Group at the International Livestock Centre for Africa (ILCA) as well as other international and bilateral agencies have been increasingly active in stimulating and servicing these research programmes. Also on a positive note it has been clearly shown that very considerable improvement in flock productivity at farm level can be achieved by implementing simple well-proven technologies. In north Togo, for example, it has been demonstrated (Van Vlaenderen, 1987) that as a result of improved management, simple flock health control, mineral supplementation and strategic supplementation at the end of the rainy season, ewe productivity was increased from 7.2 kg/lamb/ewe/year to 28.7 kg/lamb/ewe/year; this is a very sizable increase of about 300 percent. On the other hand the literature on the genetic improvement of sheep and/or goats in West Africa is very scant and the information that does exist, especially as regards imported breeds and cross-breeding, is not very encouraging.

Against this background it could be questioned whether any attempt to improve the genetic capacity of the sheep and goat breeds in West Africa should be made. The answer to this question is both affirmative and negative and two unrelated issues have a major bearing on the answer. These are the levels of husbandry and productivity in the target populations and secondly trypanosomiasis. Responding to the first issue, there is little point in attempting to improve any population of sheep and/or goats genetically where the level of management has not, in the first instance, sufficiently exploited the existing genetic potential of the particular breed. This unfortunately is not the situation in many of the traditional village-based flocks/herds in much of West Africa. In these situations priority must therefore be given to improving the nutrition, management and health care of the animals before genetic improvement is considered. Unfortunately, many organizations and many countries have ignored this essential priority in livestock development and as a result they embarked on breed or genetic improvement programmes that were doomed to failure from the very beginning.

The second overriding consideration when contemplating the genetic improvement of livestock in West Africa is trypanosomiasis. The distribution of the different breeds of sheep and goats in West Africa is almost exclusively determined by the presence or absence of the tsetse fly in the region. The vast majority of sheep and goats in the areas of high tsetse challenge are the dwarf trypanotolerant breeds whereas the larger Sahelian breeds are encountered north of the tsetse belt (see Figure 1).

It can be asked why should trypanotolerance be taken into account when considering genetic improvement of sheep and goat breeds in West Africa? Ironically and sadly, it is not because the genetics of trypanotolerance are understood. It is not known how, or indeed if, the trait is controlled by simple additive or interactive allelic effects; all that is known and then loosely presumed to be genetic, is that trypanotolerance is breed-associated. This association, coupled with the many failures to establish exotic breeds successfully within the tsetse challenge area, provides sufficiently strong evidence to suggest that in the main, efforts toward the genetic improvement of sheep and goat breeds in the humid tropics of West Africa should be concentrated on selection within the local trypanotolerant breeds. Furthermore, such genetic improvement should only be considered for sheep or goat populations that are being fed and managed reasonably well, namely, well above flock/herd maintenance levels.

WITHIN-BREED SELECTION

To effect genetic change through selection the following are required:

- Clearly identified, realistic and consistent objectives.

Figure 1: Distribution of trypanotolerant livestock

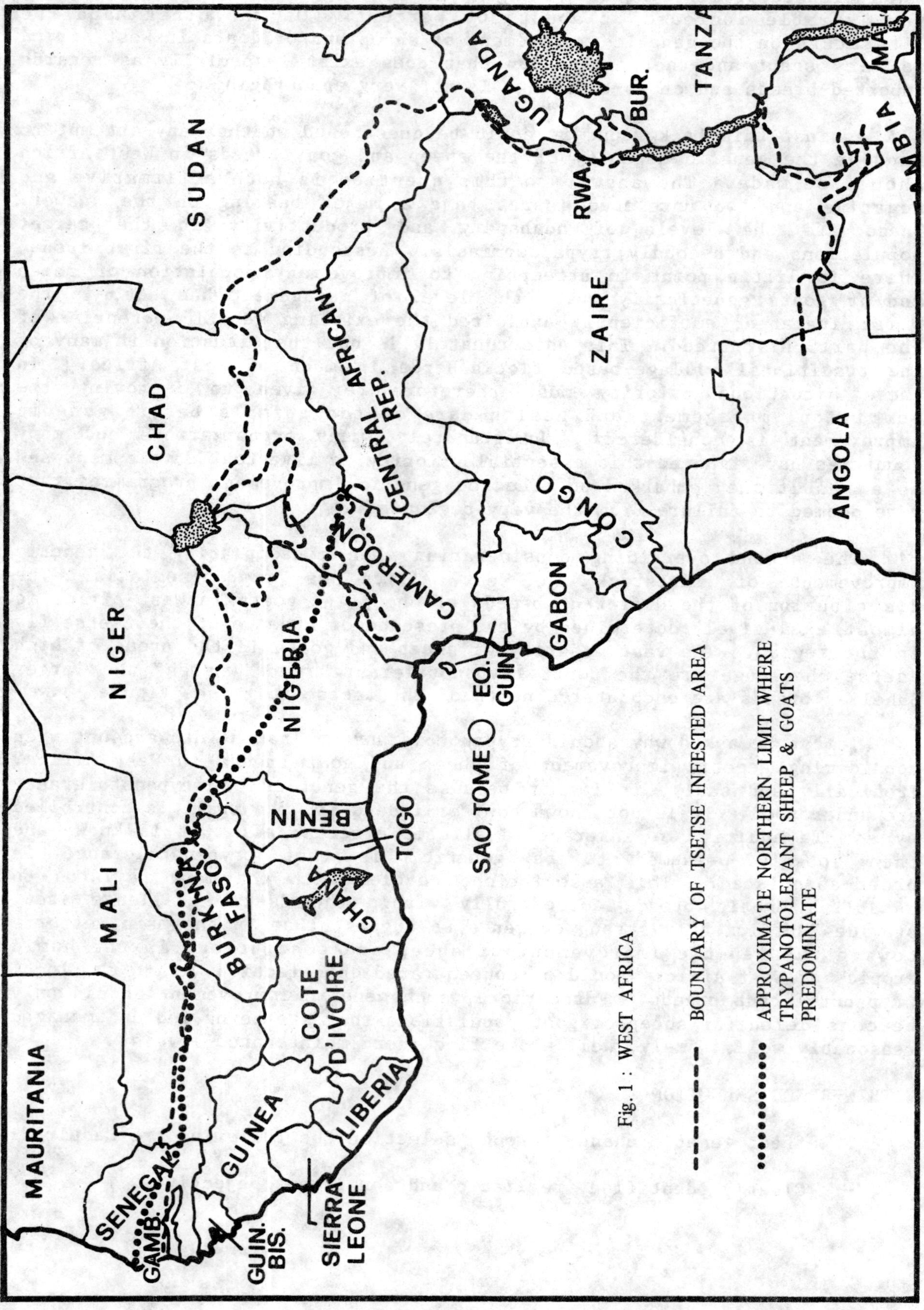

Fig. 1 : WEST AFRICA

- Selection pressure must be exercised and based on good evidence of the animals' genetic merit for the set objectives.

- Selection must be practised year after year, generation after generation.

To optimize genetic gain on a unit of time basis, i.e. per annum, it is essential to ensure that the average age structure of the flock is as young as possible so as to minimize the generation interval. These well-known determinants of selection response are listed so that each of them can be examined more fully in the context of this paper - namely, realizing genetic change within the sheep and goat populations of West Africa.

Breeding objectives

Most animal breeders, and in particular breeders of ruminant animals, identify breed improvement with increased absolute levels of productivity, be that meat or milk. This rationale has emerged from the more advanced countries where input costs in animal production are high, whether these are land, labour, capital or other inputs. Regrettably, these same breeding objectives, based on the premise that 'big is beautiful', have been exported to many of the less advanced countries and to West Africa. There are many examples of failed attempts to achieve instant genetic improvement by importing high-producing breeds into unsuited environments. For this reason breeding objectives must be considered in reference to the major constraint(s) in the environment and in the production system in which genetic improvement is sought. In New Zealand, without question one of the best developed sheep industries in the world, breeders saw that their main limitation was the availability of labour and low market prices. They therefore did not pursue high output per animal. Rather, they bred an 'easy care sheep', the Perindale, that enabled them to capitalize on large flocks, high stocking and consequently high productivity per hectare, per farm and per unit of labour. This is in marked contrast with European sheep breeding, which of necessity emphasized high productivity per ewe, due to small unit size and high input cost, including labour and capital. This type of assessment should always be undertaken and breeding objectives must be anchored to the major constraint on production efficiency.

In the tropics, sheep and goats must be selected that can perform well under heat stress and cope with the seasonally available feed supply and the variation in feed quality. Animals must not be selected or evaluated under better managed medium to high feeding conditions, sometimes developed on government farms or research stations, when these conditions are not typical of the farming systems for which the animals are being bred. The classic experiment carried out by Falconer (1960), albeit with experimental animals, should be recalled at this point. His experiments showed that selection for growth rate on an ad libitum plane of nutrition increased appetite, whereas selection for the same trait, on a restricted diet, increased efficiency of feed utilization. This clearly highlights the importance of selecting animals from and within the environment in which they must perform, particularly where quality of feed or its seasonal availability are major limiting factors.

When genetic improvement within a harsh or limiting environment, such as in the tropics of West Africa, is considered, high output cannot be considered as the sole criterion of the animals' merit. Brody (1945), comparing a range of animal breeds, and indeed animal species, in terms of productivity per unit of metabolic weight, suggested that there were very small differences between big and small animals in net production efficiency. Taylor et al. (1985) have largely confirmed Brody's thesis in a set of well-controlled experiments with different breeds of cattle. Comparable experimental evidence from sheep or goats is not available but the conclusion is unlikely to be different. In other words, big is not necessarily beautiful, in the context of net production efficiency.

The importance of high yield of a particular product, e.g. milk yield, growth rate or carcass weight for age, stems from production economics in countries or systems of production where input costs are high and often where one part of the production chain is in the hands of the commercially strong section of the industry and the balance of the system is carried out by the state (subsidized feed) or by a weaker sector of the farming community. The economic thrust of this development has led to specialized single-purpose breeds.

It is doubtful whether this specialized single-purpose breed logic should be applied to sheep or goat breeding in the difficult environments of West Africa. Indeed it may well be questioned in the advanced countries at present as food mountains grow, as market bouyancy and prices are under pressure and as product to energy, feed and labour cost ratios continue to decline. The basic question at issue is the biological efficiency of multipurpose breeding to produce meat, milk, fibre (skins) and where relevant, draught animal power, as compared with the specialized production of one product, the other capacities of the animal being largely ignored. Clearly in the absence of factual data, it is not possible to reach a conclusion on this question but it is important to focus attention on the need for a much more comprehensive evaluation of breeding objectives when sheep and goat breeding strategies for West Africa are being determined, and particularly when considering difficult environments, where economic and social values are very different from those in the more industrialized countries.

The real choice of breeding objectives and selection criteria must be based on an in-depth study of the economic and other forces that influence the farmers' use of sheep and/or goats for food, for profit or capital investment. It can be argued that animals should be ranked and selected on an overall productivity index that aggregates all the outputs from the animal relative to the inputs. Peacock (1985) and a number of earlier authors have proposed and discussed such indices of productivity. While these indices have a role and usefulness in summarizing flock or herd productivity levels, they are not very useful as a basis for selection. Ideally selection must be based on an index (I) which weights each of the component traits (X_i) with a weighting (b_i) that takes into account the genetic variances (σ^2_i) and co-variances (σ_{ij}) of the traits and their relative economic values (a_i). Such an index,

$$I = \sum_{i=1}^{2} b_i X_i, \qquad i = 1,\ldots\ldots n$$

based on well-established phenotypic, genetic and economic parameters for the target population, does provide the optimum basis of selection in any population.

However, the possibility to operate selection programmes in sheep and/or goat flocks in West Africa on such an optimal index is limited as the data necessary to estimate the parameters do not exist. On the other hand, to aggregate the component traits into an arbitrary, although logical, productivity index, such as proposed by Peacock (1985), is equally inappropriate for genetic selection. This is because the variance of a product index, being the product of the variances of its components, will inevitably be very large and consequently the accuracy of selection will be limited.

Instead, it is suggested that simple selection criteria that identify one or two easily measured major components of productivity and production efficiency should be identified. Immediately we are limited to traits such as body size, growth rate, some measures of reproduction, milk or fibre yield. In meat-producing breeds a convenient measure of growth, e.g. a standardized weaning weight, 180-day weight or yearling weight, can be chosen. If milk production is important then obviously selection must be on some standardized measure of lactation output. It is assumed that the animals are performing and being measured in the natural environment for which they are being bred. This will automatically ensure adaptation and arguably net production efficiency. In other words, it is suggested that simple measures of performance for growth, milk or fibre production are sufficient. Given that the most appropriate selection criteria can be agreed on, then how to rank and select animals on their genetic merit must be determined.

Determining genetic merit

The basis on which to determine the genetic merit of an animal and to make accurate selection decisions has long since been established. Equally the relative accuracies of different forms of selection, be they pedigree selection, performance testing, progeny or other forms of indexed family or combined selection, are well established. As already pointed out, the absence of well-documented genetic parameter estimates makes it difficult in most situations to develop reliable selection indices for sheep or goat breeding in West Africa. However, this is not the only point to be considered. In the majority of countries in the region, the infrastructure and support services necessary to collect the records on which accurate genetic rankings can be made simply do not exist. Allied to this is an even greater problem, i.e. the very high level of phenotypic variation usually observed in these populations (Sands and McDowell, 1978). Coefficients of variation can range from 30-60 percent. This unusually big variation exacerbates the problem of estimating the genetic merit of an individual or group of individuals. An ILCA study (Peters, 1985) has shown that very large numbers of animals are required when comparing goat breeds in the tropics; for example a group size of 700-1000 animals is required to detect (one-tailed test, β = 80 percent) a difference of 5 percent if, as is often the case, the coefficient of variation lies between 35 to 40 percent. In these medium to poor nutritional environments, conventional genetic ranking procedures do not work effectively because of this large variation. McDowell (1983), analysing cattle records from a number of such environments, concluded that progeny testing, the standard orthodox method of sire evaluation, simply does not work in poor environments.

What can be done in these situations? Ironically the lack of a breed infrastructure and this very large variation may be the key to future progress - progress through population screening.

POPULATION SCREENING

In most breed improvement programmes, within-breed selection is limited to a rather small section of the population - the pedigree or stud breeders. This limits selection pressure, the most important determinant of genetic advance. In sheep and goat breeds in West Africa a pedigree breed structure does not exist and in that sense selection can be considered at the level of the national herd. For the following reasons this may offer an opportunity to change a population genetically that has hitherto been ignored:

(i) Most of the sheep and goat populations in the region have not been subjected to controlled man-directed selection.

(ii) The large observed variation in these populations may in part be genetic, caused by major genes segregating at low frequencies.

(iii) Lastly and not unimportantly it should not be forgotten that the major improvement in animal breeding, particularly as affecting growth, body composition and conformation, made by livestock breeders in the last century, was achieved using very simple selection procedures. Breeders such as Robert Bakewell and the Colling brothers made dramatic genetic progress by 'screening' local animal populations for better animals as they subjectively assessed them. As a result they developed the modern European breeds of livestock known today. They exploited the big variation in the then unselected livestock populations with which they worked. Bakewell is quoted as saying "Breed the best to the best and hope for the best". Since Bakewell's time, the genetics of animal production have become more fully understood and the problem can be approached with much greater scientific resolve and understanding. Two hypotheses, to explain and hence attempt to capitalize on this unusually large variation that exists in many of the livestock populations in the developing countries, can be considered:

- The genetic variation in these unselected populations is larger than normal to the extent that the total variation is unusually large.
- Major genes with significant effects on production traits are segregating in these populations at low gene frequency.

Evidence to support the first hypothesis partially does exist in that reported estimates of the genetic parameters for sheep and goat populations in the developing countries are very similar, if not higher, to those reported for animal populations in the more advanced countries. There is no hard evidence to support the second hypothesis in that it has not been tested, but there is increasing evidence that the screening of national populations may identify major genes. In recent years at least five examples have been identified in sheep breeds (Australia, United Kingdom, Ireland, Iceland and Indonesia) and currently there are indications of a major gene controlling milk protein in a French goat breed. In any event the screening of national populations for 'exceptional animals' makes good sense. At worst it is a means of exercising maximum selection pressure within a population and of course it allows the possibility of identifying animals that are carriers of important major genes.

In the difficult environmental conditions which predominate in West Africa, it can be questioned - how can national populations be screened in the absence of national recording schemes? The only solution is to follow the same approach as the pioneer breeders of the last century. The initial screening should be done subjectively - in other words the breeders are asked to identify 'exceptional' animals, if any, in their herds or flocks. These 'so-called exceptional animals' should then be recorded on the farm and compared with a random sample of contemporaries. If their performance approaches or exceeds twice the average level of the herd or flock, then those animals should be acquired, purchased or leased, for more controlled evaluation and breeding on a central test farm or research station. In this way an open nucleus herd or flock can be established to act as a source of improver stock for the genetic improvement of the target population.

Screening target

It is deliberately suggested that the selection target is pitched very high, at or near twice the flock average. Assuming a normal distribution for the trait in question (see Figure 2) and that animals are identified at the very upper end of the distribution, namely three standard deviations (σ) above the mean (μ), it is easy to calculate the resulting selection differentials in terms of the variance or coefficient of variation (cv). If a selection differential ($i = \mu_2 - \mu_1$) is obtained that is equal to or greater than three standard deviations above the mean ($i \geqslant 3\sigma = 3\mu_1 \cdot cv$) then it can be calculated that 'exceptional animals' may be defined as being 100 to 200 percent above average as the cv ranges from 30 to 70 percent.

If on the other hand, a major gene or block of linked genes is segregating in the herd at low frequencies then individual animals outside this range may be found. Piper and Hanrahan (pers. comm.) in a simulation study of the possible effects of the Booroola gene in the Australian Merino and in a specially selected (national screening) sheep flock in Ireland, have shown that coefficients of variation and repeatabilities in these flocks can be very high (60 - 70 percent) as a result of the expression of the major gene.

By way of example the method and results of a screening experiment carried out in Ireland are cited (Timon, 1964). Using a simple postcard questionnaire, livestock extension officers in the country were asked to inform the Agricultural Research Institute if they knew of any farmers in their area that had (or had had) individual ewes that displayed exceptional lambing performance. Exceptional lambing performance was defined as:

- Ewes that produced four or more lambs at one lambing and previously gave birth to two or more lambs.

- Ewes that produced three successive sets of triplets.

These standards were set on the rationale outlined in Figure 2 based on normal distribution theory. It is also worth pointing out that triplet births in the national flock at that time were very infrequent and the average litter size was less than 1.3 lambs/ewe.

Figure 2: Population screening - Genetic rationale

GENETIC ADVANCE : $\Delta_G = h^2 i$ lim $(i = h^2 = 3 : 1)$

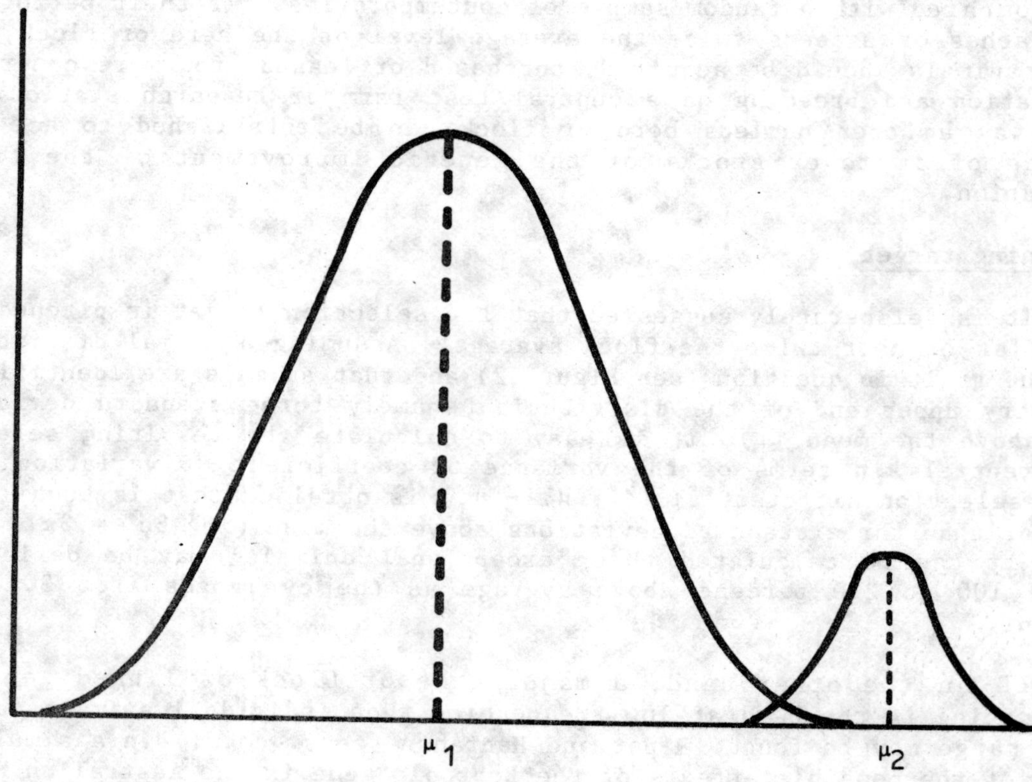

SELECTION INTENSITY - SCOPE

MAJOR GENES			$\mu_2 - \mu_1 \longrightarrow 3\sigma$
			$\longrightarrow 3\mu_1 - cv$
VARIATION	if	cv = 30%	$\therefore \mu_2 - \mu_1 > +\ 0.9\ \mu_1$
	if	cv = 50%	$\therefore \mu_2 - \mu_1 > +\ 1.5\ \mu_1$
	if	cv = 70%	$\therefore \mu_2 - \mu_1 > +\ 2.1\ \mu_1$

More than 300 pertinent questionnaires were returned and just over 100 animals were purchased, based on verbal statements from the farmer; in a few cases it was possible to verify the results. Ewes having 4, 5, 6 and one with 7 lambs were identified. Litter size in the purchased ewes of variable and unknown ages averaged more than 2 lambs/ewe; now several generations and 23 years later, it averages 2.3 lambs/ewe. This nucleus flock has made a very significant contribution to the genetic improvement of sheep breeding in Ireland. Now incorporated into a synthetic improver strain, known as the Belclare Improver, it shows all the characteristics of having a Booroola-like gene affecting ovulation rate; at the extreme, one ewe in this breed has recently displayed and repeated an ovulation rate of 17 ova while four daughters from this ewe have had an ovulation rate of 6 ova at 8 months of age. The Javanese Thin Tailed sheep (JTT) is also showing clear evidence of the existence of a major gene controlling ovulation rate (Bradford, Subandruja and Iriquez, 1986). This latter example is cited as evidence that major genes may and have been found in small ruminant populations living in harsh environmental conditions.

A SUGGESTED BREEDING PROGRAMME

While there is little available documentation on the success or otherwise of ongoing genetic improvement programmes in West Africa, the recent interest in the definition and quantification of village-level production systems provides a basis for the determination of objectives and consequently a breeding programme (Mathewman, 1977; Capps, Bonniwell and Bennett, 1979; Adeoye, 1985; Sumberg and Mack, 1985). The results obtained in these studies and those reported by Mason (1980), Ademosun et al. (1983), Berger (1983), Bradford (1983) and Dettmers (1983) show that the reproductive potential of local sheep and goats is relatively high with over 1.7 to 2.0 offspring/dam/per year being recorded for sheep and goats.

In consideration of this and the different points raised previously, a simple breeding programme based on bodyweight at 6 months of age and relying on mass selection is outlined by way of example in Figure 3. The target ewe population in this programme is 15 000 ewes with an average flock size of approximately 50 ewes. The breeding objective is to increase lamb growth rate and body size. The breeding programme involves five separate phases initiated sequentially as follows:

- Screening of the target population for 'exceptional' ewes and rams.
- Controlled evaluation of the 'exceptional' animals.
- Establishment of an open nucleus flock.
- The organization of a performance test of ram and ewe lambs.
- The identification of a number of ram multiplier flocks and a ram distribution programme.

Screening: The first stage in the screening process will involve visiting all the flocks in the target population and in discussion with the flock owners visually identify the largest ewes of good conformation; the particular standard to follow will be determined by the animals available and the farmers' willingness to sell or lease the animals. A selection differential greater than 1/100 should be realized and if possible, a screening rate of 1/1000 should be attempted. Over a period of two to three years a total of 200 ewes should be selected. These animals should then be weighed and if feasible, some measures of body size (body length, heart girth) should be recorded to establish screening standards relative to a group of control ($n > 20$) animals. If possible observations on the growth of the progeny of these ewes should also be considered.

Ram lambs: As the flocks are being screened for elite ewes a limited number (10-15) of exceptional rams should be identified. These may be ram lambs or adult rams; again standards will have to be established subjectively and in the case of ram lambs, consideration of the birth type and effect of season of birth will be necessary. If possible 50-100 rams should be identified and placed on a standard feeding regime for a period of 100 days after which a final selection of 10-15 rams is made. This selection of the foundation rams can also be phased over two to three years.

The nucleus flock: This eventually will comprise 200 ewes and 10 sire lines and may be established on one farm or on a number of farms, say 4 farms of 50 ewes each. It is not necessary to locate the nucleus flock on a central/government farm although this would be the ideal if it is well managed. Essentially the management of the 200 ewes must be as standardized as possible. All matings of nucleus ewes must be pre-planned and fully controlled in groups of 20 ewes per ram. If various flocks are involved rather than one central test farm, then individual animals will need to be ranked on their performance relative to the flock average.

A simple index (I) on the jth animal in flock i would be calculated as follows:

$$I_{ij} = (W_{ij} - W_{i.}) + b(W_{i.} - W_{..})$$

Where I_{ij} = index of the jth animal in the ith flock.

W_{ij} = weight of the jth animal in the ith flock.

$W_{i.}$ = mean of the ith flock.

$W_{..}$ = overall mean of all flocks recorded.

b = the genetic component of the between flock variance.

In practice the second part of the index may be ignored without much loss of accuracy particularly in areas where there have been village-run flocks with little or no control of ram/buck movements.

Environmental factors: It is well established that birth type, sex and age of dam have significant effects on lamb and kid growth rate; season of birth has a particularly marked effect on animal growth in West Africa. While the effects of these non-genetic factors on six-month weight are diminished somewhat some adjustment of the data will be necessary; adjustment to a standard 180-day weight is also necessary. Ideally all of these adjustments should be made in a complete statistical analysis (least

Figure 3: Schematic outline of breeding plan

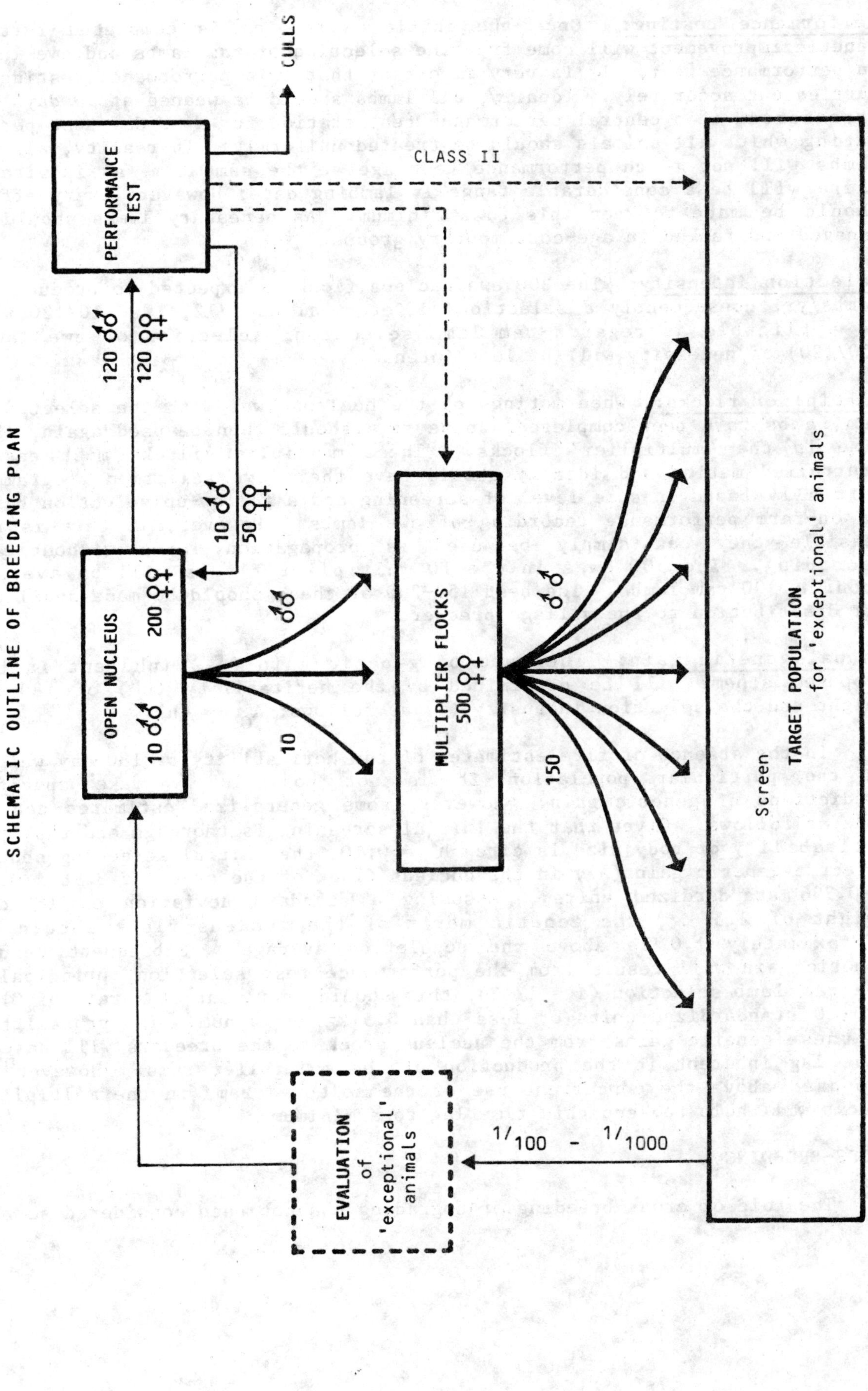

squares or Best Linear Unbiased Prediction - BLUP) of the data. Where this is not possible individual animals should be ranked on a within sub-group contemporary comparison basis.

Performance testing: Once the initial screening is completed further genetic improvement will come from the selection of ram lambs and ewe lambs on performance test. It is very important that this performance testing is carried out accurately. Ideally, all lambs should be weaned at 90 days and transferred to a central performance test station for a 90-day test period during which all animals should be treated uniformly. In reality, all the lambs will not reach performance test age at the same time as inevitably there will be a considerable range in lambing date; however, every effort should be made to keep this to a minimum. As necessary lambs should be managed and ranked in age-contemporary groups.

Selection intensity: The 200 ewe nucleus flock is expected to produce 240 lambs/yr; consequently a selection differential of 1/12, i.e. 10/120 will be applicable as regards ram lamb selection; selection of ewe lambs (50/120) of necessity will be less intense.

Multiplier flocks: When matings of the nucleus ewes with the selected 10 ram lambs have been completed, these rams should then be used again, this time in the "multiplier" flocks. These multiplier flocks must ensure controlled mating and ideally should have their own selection programme, initially based on some level of screening and a follow-up selection based on on-farm performance recording of ewe lambs. However, if this is not feasible they can simply be used as propagation farms without any recording. The 500 ewes in the 10 multiplier flocks will on average produce 300 ram lambs. The best 150-200 of these should be made available for distribution to the village breeders.

Annual genetic gain: The rate of genetic gain (A_G) inherent in the proposed scheme will be determined by the heritability (h^2) of 180-day weight and the selection intensity (i) as follows: $A_G = h^2 i$.

In the absence of firm estimates of the heritability of 180-day weight in the particular population it is not possible to make specific predictions of genetic gain. However, some generalized estimates can be made as follows. Given that the initial screening is thorough and that the heritability of body size is circa $h^2 = 0.10$, the initial screening should effect a genetic gain (A_G) in the nucleus flock of the order of 3.96 x 0.10 = 0.396 standardized units. Assuming a standard deviation of 180-day weight of 2.5 kg, the genetic merit of the nucleus flock should be approximately 1.0 kg above the population average. Subsequent annual genetic gain will result from the performance test selection, principally the ram lamb selection (i = 1/12); this should increment at a rate of 0.17 - 0.20 standardized units or less than 0.5 kg per annum. The transmittal of these genetic gains from the nucleus stock to the breeders will have a time lag inherent in the production of the multiplier rams. However as proposed above the concurrent use of the selected rams in the multiplier flocks will help to keep this time lag to a minimum.

CROSS-BREEDING

The role of cross-breeding or upgrading has not been considered so far in this paper as it is suggested that where there is a high trypanosomiasis challenge only trypanotolerant breeds should be considered. However, in the northern areas as well as in areas where the risk of trypanosomiasis has decreased due to the decline of bush coverage or other tsetse control measures, cross-breeding may have a role.

Whereas cross-bred animals naturally occur at the border of the area affected by trypanosomiasis there is little published data on their productivity or their resistance to trypanosomiasis. Amegee (1984), in a trial comparing the Vogan (a natural cross-bred between sheep of the Sahel type and the Djallonké) and the Djallonké found that male Vogan lambs had a far higher growth rate than male Djallonké lambs. The weight of Vogan lambs at 8.5 months was 44 kg as compared to 24 kg for Djallonké lambs at 9.5 months of age whereas mortality rate was slightly higher for Vogan lambs, viz. 25 percent vs 20 percent. This study would suggest that cross-breeding may have a role to play in the genetic improvement of sheep and goats in the humid tropics of West Africa. Clearly, further experimentation is required before any such conclusions can be reached. These breed comparison trials should preferably take place at the village level to avoid any difference in the level of trypanosomiasis challenge and to ensure that the level of feeding and management is appropriate to the target population.

It is also very possible that significant genetic differences exist between the different strains of Djallonké sheep in the countries of West Africa. For this reason it is strongly suggested that an inter-strain comparison trial be established in the region; this, in turn, could form the basis of a cross-breeding programme to exploit any heterosis that may exist in crosses between the local trypanotolerant breeds.

IMPLEMENTATION OF BREEDING PROGRAMMES

Whereas good estimates of the genetic and environmental factors necessary to rank animals effectively are desirable but lacking in many countries, an even greater limitation is the lack of organization and support services. A first and obvious requirement is the castration of culled or unproven ram lambs and bucks. This is a must. The second requirement is the setting-up of an appropriate, but simple, recording scheme and an operating structure that will implement the programme year after year over a considerable period. Politically this requires a clear and committed policy by the government over a long period of time. Given that the technical direction and methods are correct, it needs sustained actions to implement the desired change. The initiative to set this development train in motion should in the first instance come from the research workers, the trained geneticists, in the country. National breed improvement programmes in most of Europe or the United States over the past 30 years have originated from the initiative and commitment of research workers, either in state, semi-state or university employment. Fortunately, a number of the countries in West Africa have very well-trained graduates and postgraduates in genetics and animal breeding. Only a small proportion of them attempt to impart their knowledge and research experience at farm level. This trained talent must be harnessed and put to work if the potential developments in small ruminant breeding are to be realized. The research worker dedicated to improve a particular breed or breeding system can be a powerhouse of change.

However, research commitment on its own is not enough. Any sizable improvement programme, on a regional or national basis, requires organization and support services; organization to get the improvement of the selected animals down to the target producers in the quickest possible time span. Here is where the effective use of artificial insemination (AI), if it is practical, would be very helpful. Where it can be used it would avoid the pyramidal, pedigree breed-dominated breed structure, that has bedevilled and slowed down the speed of gene flow through the population in so many countries. In most situations where AI is not practical, then the shape of the pyramid must be flattened and changed to optimize the rate of gene flow down to the producers. Of course all of this requires an organizational structure. This may be operated by the government, on a voluntary cooperative basis or in some combination of both. The structure does not matter as long as it works. Equally important, it must have the capability to organize and in many cases carry out the animal recording necessary in the programme, whether the recording is very simple or quite elaborate. Sufficient attention has not been given to this aspect of genetic improvement in many countries, nor has sufficient attention been given to the data analysis component of many breed improvement schemes.

REFERENCES

Ademosun, A.A., Benyi, K., Chiboka, O. and Munyabuntu, C.M. (1983). Review of hair sheep studies in southwestern Nigeria. In Fitzhugh, H.A. and Bradford, G.E., eds. Hair sheep of Western Africa and the Americas. Boulder, Col., Westview Press, pp. 219-226.

Adeoye, S.A.O. (1985). Reproductive performance of West African dwarf goats in southwestern Nigeria. In Wilson, R.T. and Bourzat, D., eds. Small ruminants in African Agriculture. ILCA, Addis Ababa.

Amegee, Y. (1984). Quelques aspects des potentialités zootechniques des ovins et caprins au Togo. Un compte rendu des journées techniques de reflexion sur l'élevage et la protection sanitaire des petits ruminants au Togo. FAO, Rome.

Berger, Y.M. (1983). Djallonké hair sheep in Ivory Coast. In Fitzhugh, H.A. and Bradford, G.E., eds. Hair sheep of Western Africa and the Americas. Boulder, Col., Westview Press, pp. 227-240.

Bradford, G.E. (1983). A note on characteristics of hair sheep in Senegal. In Fitzhugh, H.A. and Bradford, G.E., eds. Hair sheep of Western Africa and the Americas. Boulder, Col., Westview Press, pp. 241-243.

Bradford, G.E., Subandruja and Iriquez, L.C. (1986). Breeding strategies for small ruminants in integrated crop-livestock production systems. In Proc. IDRC/SR-CRSP Symp. on Small Ruminant Prod. Systems in South and Southeast Asia. IDRC, Ottawa, Ontario, Canada.

Brody, S. (1945). Bioenergetics and growth, New York, Reinhold.

Capps, J.D., Bonniwell, M.A. and Bennett, P. (1979). Development of sheep and goat production. Ghana, survey of a village sheep population in the closed forest zone. FAO, Rome.

Dettmers, A. (1983). Performance of hair sheep in Nigeria. In Fitzhugh, H.E. and Bradford, G.E., eds. Hair sheep of Western Africa and the Americas. Boulder, Col., Westview Press, pp. 201-218.

Falconer, D.E. (1960). Selection of mice for growth on high and low planes of nutrition. Genet. Res., 1: 91-113.

Mason, I.L. (1980). Prolific tropical sheep. Animal Production and Health Paper No. 17. FAO, Rome.

Mathewman, R.W. (1977). A survey of small livestock production at the village level in the derived savannah and lowland forest zones of south west Nigeria. Study No. 24. Department of Agriculture and Horticulture. University of Reading. Reading, U.K.

McDowell, R.E. (1983). Dairy cattle breeding in the tropics. Cornell International Agricultural Mimeo. Cornell University, Ithaca, New York.

Peacock, C.P. (1985). Measures for assessing the productivity of sheep and goats in Africa. In Wilson, R.T. and Bourzat, D. Small ruminants in African agriculture. ILCA, Addis Ababa.

Peters, K.J. (1985). Principles of evaluating goat populations in tropical and sub-tropical environments. Proc. 36th Ann. Meeting of EAAP. Kallithen, Greece.

Sands, M. and McDowell, R.E. (1978). The potential of the goat for milk production in the tropics. Cornell International Agricultural Mimeo. Cornell University, Ithaca, New York.

Sumberg, J.E., and Mack, S.D. (1985). Village production of West African Dwarf goats and sheep in Nigeria. Trop. Anim. Health and Prod., 17: 135-140.

Taylor, St. C.S., Moore, A.J., Thiesen, R.B. and Baby, C.M. (1985). Efficiency of feed utilization in traditional and sex controlled systems of beef production. Anim. Prod., 40: 401-439.

Timon, V.M. (1964). Selection for high fertility ewes. AFT Research Report. Animal Production. An Foras Taluntais, Dublin.

Van Vlaenderen, G. (1987). Togo. A study of village level sheep and goat development. In Sheep and goat meat production in the humid tropics of West Africa. Animal Production and Health Paper. FAO, Rome. (In press).

L'ECONOMIE ET LA COMMERCIALISATION DE VIANDE OVINE ET CAPRINE EN COTE D'IVOIRE

M. Touré
Directecteur technique SODEPRA, Abidjan (Côte d'Ivoire)

SUMMARY

The financial returns of various systems of sheep production in the Côte d'Ivoire were determined and it was found that the gross margin of semi-intensive and intensive systems of sheep production exceeded that of traditional systems. It was shown that the fattening of lambs of the Sahelian breed imported to the Côte d'Ivoire would be economically viable and it was pointed out that this traditionally occurred prior to the major religious ceremonies.

It was shown that the importation of sheep and goats to the Côte d'Ivoire had been greatly affected by the Sahelian droughts and that some traditional suppliers were no longer supplying sheep or goat meat to the Côte d'Ivoire as a result of an increase in their own consumption and a stagnation in production. The marketing of sheep and goat meat in Côte d'Ivoire is still largely traditional and a high proportion of sheep and goats that are slaughtered do not enter controlled marketing channels.

It was foreseen that as a result of growing population and increasing standard of living in the Côte d'Ivoire, in the future there would be an increasing demand for sheep and goat meat. It was suggested that in the short term, national production would be completely absorbed by traditional marketing channels. However, in the medium and long term other solutions would be required as sheep and goat meat production and urban consumption are likely to increase.

RESUME

Les bénéfices sur le plan financier des différents systèmes de production ovine en Côte d'Ivoire ont été déterminés et on a constaté que le revenu brut des systèmes de production ovine semi-intensive ou intensive dépassait celui des systèmes traditionnels. Il a été démontré que l'embouche d'agneaux de race sahélienne importés en Côte d'Ivoire serait valable du point de vue économique et il a été rappelé que ceci se produisait traditionnellement avant les cérémonies religieuses les plus importantes.

Il a été fait remarquér que l'importation en Côte d'Ivoire d'ovins et de caprins a été sérieusement affectée par les sécheresses du Sahel et que certains fournisseurs traditionnels avaient cessé d'approvisionner la Côte d'Ivoire en viande d'ovin ou de caprin par suite d'un accroissement de leur propre consommation et d'une stagnation de la production. La commercialisation de viande ovine et caprine en Côte d'Ivoire est toujours largement traditionnelle et une grande proportion des ovins et caprins abattus échappent aux circuits des marchés contrôlés.

On a prévu qu'en Côte d'Ivoire, par suite d'un accroissement de la population et d'une augmentation du niveau de vie, il y aurait dans le futur une demande accrue pour la viande de mouton et de chèvre. On a estimé que dans un proche avenir la production nationale serait complètement absorbée par les circuits traditionnels de commercialisation. Cependant, à moyenne et longue échéance, d'autres solutions devraient être trouvées puisque la production de viande de mouton et de chèvre et la consommation urbaine vont probablement augmenter.

INTRODUCTION

La situation générale de l'élevage des petits ruminants en Afrique tropicale est caractérisée d'une part, par son importance relative (10 pour cent du cheptel mondial ovin) et d'autre part, par l'insuffisance des programmes et des moyens mobilisés pour son développement. Or les troupeaux ovins et caprins, tout en présentant de grandes possibilités d'intégration dans les systèmes agricoles traditionnels et modernes, constituent, de par leur omniprésence, un moyen de valorisation des ressources alimentaires très importantes que recèlent la plupart des pays d'Afrique tropicale humide (production fourragère, sous-produits agricoles et agro-industriels).

Par ailleurs, les ovins et caprins de par leur taille et la facilité relative de leur conduite présentent au niveau des populations rurales, les avantages de la petite unité de production qui peuvent se résumer comme suit :

. Les capacités d'investissements nécessaires sont peu élevées pour le démarrage d'une exploitation.

. La taille du troupeau est facilement adaptable au disponible alimentaire, soit en fourrage soit en complément.

. L'unité ovin - caprin correspond aux besoins en viande d'une famille ou d'une communauté villageoise où les moyens de conservation du surplus non vendu sont quasi inexistants.

. La valeur modeste d'un animal offre des conditions de commercialisation très souples pour couvrir les besoins financiers ponctuels des éleveurs.

. Le cycle relativement court des petits ruminants (8-9 mois entre les mises-bas) permet l'observation rapide des effets des interventions d'amélioration de la productivité (génétique, sanitaire, techniques d'exploitation et programmes nationaux de développement, ...).

Les ovins et caprins existent donc sous diverses formes d'élevages plus ou moins intégrés dans les systèmes agricoles des différentes zones écologiques des régions tropicales humides d'Afrique.

Ils font l'objet d'une exploitation qui va de la cueillette à l'activité rationnelle. Les produits se retrouvent dans tous les circuits de commercialisation du bétail, du modeste marché rural à la grande foire des capitales des pays de la région.

Le présent document s'attachera à faire le point sur les aspects économiques et commerciaux de ces spéculations.

CHOIX DES TYPES D'EXPLOITATION

Pour la présente analyse nous avons choisi plusieurs types d'élevages correspondant aux élevages le plus souvent rencontrés, ce qui devrait nous permettre :

- L'analyse des résultats économiques des unités types de production dans les contextes de marchés et de coûts de production spécifiques à la région et au système qu'elle représente.

- L'analyse des niveaux d'investissement propres à chaque système tels qu'ils nous sont apparus à travers la littérature disponible et les résultats d'enquêtes ou d'observations effectuées dans certains pays de la zone.

- La comparaison des résultats économiques de ces unités de production représentatives de différentes zones écologiques des régions humides d'Afrique de l'Ouest.

- Et enfin, la comparaison des revenus dégagés par les différents systèmes, pour l'éleveur et la contribution des petits ruminants aux revenus des paysans des zones tropicales humides d'Afrique de l'Ouest à partir de l'exemple de la Côte d'Ivoire (paramètres et coûts des intrants). (Tableaux 1, 2 et 3).

CARACTERISTIQUES ET RESULTATS ECONOMIQUES

<u>Type 1</u> - <u>Elevage urbain</u>

Le choix d'un troupeau de 25 brebis a été dicté par les contraintes d'espace, de main d'oeuvre et d'alimentation des animaux dans ce système. La troupe, en effet, est rentrée chaque soir dans la cour du propriétaire où elle reçoit les compléments alimentaires. Cette taille représente donc un maximum au-dessus duquel l'éleveur passe à un autre système, en installant son troupeau en dehors de la ville. D'ailleurs, les perspectives de développement de ce système d'élevage sont très limitées, car, d'une part, les blessures parfois mortelles, les vols et les empoisonnements et, d'autre part, l'application dans certains pays, de lois sur la divagation des animaux, tendent à le faire disparaître.

Les résultats d'exploitation montrent bien que les marges sont faibles malgré le prix de vente élevé pratiqué. En fait, le système lui-même, qui ne permet qu'une surveillance limitée du troupeau dans la journée, est pénalisé par un taux de perte important (26 à 29 pour cent) alors que le niveau de complémentation élevé permet un taux de fécondité raisonnable.

Tableau n° 1 Paramètres Zootechniques

	URBAIN 25 femelles	TRADITION. TYPE PEULH 50 femelles	TRADITION. SEDENTAIRE NORD 50 femelles	ENCADREMENT SEDENTAIRE GUINEENNE 50 femelles	ENCADREMENT EXTENSIF 50 femelles	ENCADREMENT INTENSIF 50 femelles
	1	2	3	4	5	6
AGNELAGE	1,24	1,16	108	0,85	126	1,40
TAUX DE FECONDITE	139	126	115	105	145	155
TAUX DE MORTALITES 0 - 1 AN	26	22	24	27	11	10
TAUX DE MORTALITES ADULTES	29	22	23	25	8	6
TAUX DE REFORME	-	-	-	-	10	10
ANTENAIS VENDUS	13	24	22	19	32	70
ANTENAISES VENDUES	6	13	10	7	23	53
BREBIS REFORMEES VENDUES	-	-	-	-	5	10
TOTAL ANIMAUX DISPONIBLES	19	37	32	26	60	133
POIDS MOYEN DE 9 A 10 MOIS	18	17	16	16	23	24
POIDS TOTAL PRODUITS	342	629	512	416	1 380	3 192
PRIX/KG VIF	700	650	650	650	700	700
PRODUIT TOTAL FCFA	239 400	408 850	332 800	270 400	966 000	2 234 400

Type 2 - Elevage traditionnel Peulh

Ce système concerne 30 pour cent des élevages ovins du Nord de la Côte d'Ivoire et prend de plus en plus d'importance du fait de la sédentarisation des Peulhs descendus du Sahel à la suite des deux grandes sécheresses de la dernière décennie. C'est la forme la plus évoluée des élevages traditionnels. Cet élevage dégage en effet un produit brut comparable aux élevages encadrés extensifs. Situé dans une zone de savane soudanienne, cet élevage, en raison des grandes superficies fourragères disponibles, peut atteindre des performances élevées avec une protection sanitaire systématique (déparasitage et vaccination) et un renforcement de la complémentation en saison sèche. En outre, la motivation commerciale des éleveurs peut être un facteur de sensibilisation favorable à l'introduction de pratiques rationnelles.

Pour ces deux premiers systèmes, nous avons évalué quelques investissements mineurs au niveau d'une bergerie, d'un enclos sommaire et du matériel de distribution d'eau et de minéraux. Certains paysans, pour protéger leurs cultures, ont recours à la fabrication d'enclos par l'utilisation de grillage introduit dans la région par les services d'encadrement. Quant au coût d'exploitation, il a été considéré sur la base d'un apport de sels minéraux estimés respectivement à 10 et 5 g par jour et par brebis et de compléments concentrés en quantité importante pour les urbains (300 g par jour et par brebis) et minimum pour le système traditionnel Peulh (50 g par jour et par brebis). Les traitements sanitaires évalués dans l'analyse correspondent à des traitements ponctuels nécessités par l'apparition périodique de parasitismes sévères ou par certaines épizooties.

Types 3 et 4 - Elevages traditionnels sédentaires

Deux types, correspondant à des zones écologiques différentes, ont été examinés. Il s'agit de deux systèmes qui regroupent plusieurs variantes et qui concernent 70 pour cent du cheptel ovin des zones soudaniennes et près de 100 pour cent des troupeaux des savanes guinéennes et des zones forestières du sud.

L'élevage ovin traditionnel sédentaire des zones soudaniennes ne diffère de ceux du sud forestier que par la présence d'un enclos et la pratique d'un gardiennage saisonnier en fonction de la densité des cultures vivrières aux alentours du village. Nous avons valorisé cette main-d'oeuvre même si dans la pratique elle est assurée par les enfants. En outre, les troupeaux ovins des zones soudaniennes et des savanes guinéennes bénéficient d'une importante quantité de sous-produits agricoles directement utilisés par les animaux sur les jachères après les récoltes.

Dans le sud forestier, il s'agit en fait, d'un élevage de cueillette. Malgré la fertilité de la Djallonké, les performances du cheptel ovin dans cette zone sont médiocres. La courbe de son évolution numérique établie par D. Rombaut se présente schématiquement en dents de scie, faisant apparaître des phases de croissance suivies de périodes d'hécatombe durant lesquelles les épizooties peuvent faire disparaître plus de 80 pour cent du troupeau. Les résultats économiques du tableau 3 font apparaître le brut de 7 488 FCFA pour le type 3 (zone soudanienne) et 5 400 FCFA pour les zones guinéennes et forestières.

Tableau n°2 Investissements (X 1 000 FCFA)

	Durée Amortis-sement	25 femelles 1		50 femelles 2		50 femelles 3		50 femelles 4		50 femelles 5		100 femelles 6	
		CT	A	CT	A	CT	A	CT	A	CT	A	CT	A
Cheptel	-	500	-	1000	-	1000	-	1000	-	1000	-	2000	-
Préparation du sol	15	-	-	-	-	-	-	-	-	-	-	960	64
Labour + semis	7	-	-	-	-	-	-	-	-	-	-	240	34,3
Clôture	10	-	-	-	-	-	-	-	-	-	-	1980	198
Bergerie	5 - 10	50	10	50	10	-	-	-	-	200	20	400	40
Puits ou forage	10	-	-	-	-	-	-	-	-	50	5	50	5
Abreuvoirs	3	2	0,6	2	0,6	-	-	-	-	6	2	12	4
Mangeoires	3	4	1,3	4	1,3	-	-	-	-	12	4	24	6
Pulvérisateurs	5	-	-	-	-	-	-	-	-	50	10	50	10
Bac à sel	3	2	0,6	-	-	-	-	-	-	2	0,6	4	1,3
Matériel zootechnique	3	-	-	-	-	-	-	-	-	-	-	25	8
Petit matériel agricole	3	-	-	-	-	-	-	-	-	10	3,3	30	10
T O T A L	-	558	12,5	1056	11,9	1000	-	1000	-	1330	44,9	5775	380,6

CT: : Coût total
A. : Amortissement

Tableau n°3 Resultats Economiques (X 1 000 FCFA)

	URBAIN 25 femelles 1	TRADITION. TYPE PEULH 50 femelles 2	TRADITION. SEDENTAIRE NORD 50 femelles 3	TRADITION. SEDENTAIRE GUINEENNE 50 femelles 4	ENCADREMENT EXTENSIF OU SEMI-INTENSIF 50 fenelles 5	ENCADREMENT INTENSIF 100 femelles 6
Coûts d'Exploitation (X 10 000 CFA)						
- Salaire	-	180	180	-	360	360,0
- Alimentation minérale	23	11,5	-	-	23	46,0
- Aliments concentrés	76,6	25,55	-	-	102,2	153,3
- Produits vétérinaires	18,75	37,50	-	-	50,0	155,0
- Entretien pâturages + clôture	-	-	-	-	-	160,0
- Véhicules (Fonct. + Assurances)	-	-	-	-	-	-
- Frais généraux et divers	-	-	-	-	37,5	75,0
Total des Charges d'Exploitation	118,350	254,550	180	-	572,700	949,300
Charges d'amortissement (Tableau 2)	12,500	11,900	-	-	44,900	380,600
Coût total de production	130,850	266,450	180	-	617,600	1 329,900
Coût de prod./brebis	5,234	5,329	-	-	12,352	13,299
Produit brut d'exploitation	239,400	408,850	332,800	270,400	966,000	2 234,400
Produit brut brebis	9,576	9,600	7,488	5,400	18,480	22,344
Marge totale	108,550	142,400	152,800	270,400	348,400	904,500
Marge par brebis	4,342	2,848	3,056	5,400	6 968	9,045

D'une manière générale ces marges sont en grande partie auto-consommées dans le sud (cérémonies religieuses, dons, etc.) et rentrent pour 75 pour cent (du taux d'exploitation globale) dans les circuits de commercialisation du bétail au nord.

Type 5 - Elevages encadrés extensifs ou semi-intensifs

Le modèle 5 (élevage extensif encadré communautaire ou individuel) a été choisi en raison de son importance dans les actions de développement de l'élevage ovin en Côte d'Ivoire. Il s'agit en effet d'introduire en milieu villageois communautaire les notions les plus accessibles d'un élevage rationnel. Les animaux conduits sur pâturage naturel, font l'objet d'un programme de protection sanitaire et d'une complémentation alimentaire appropriée.

La marge obtenue par brebis de 6 968 F (voir tableau 3) est le reflet d'une moyenne qui, bien que sensiblement égale à celle du système "5" (5 400 F en divagation), apparaît pour le paysan, comme un puissant facteur de motivation en raison des produits bruts finalement plus significatifs pour la communauté. Elle dispose en effet d'un nombre plus important d'animaux (60 contre 26) et les frais de main-d'ouevre occasionnés (38 pour cent des charges) peuvent revenir à un membre de la communauté villageoise ou de la famille.

L'exemple du projet d'encadrement SODEPRA - CENTRE en Côte d'Ivoire met en évidence ce phénomène qui s'est manifesté par une évolution remarquable des élevages communautaires vers des troupeaux individuels généralement plus avancés en intensification et donc plus performants.

Type 6 - Elevages encadrés intensifs

Il s'agit d'une forme encore plus avancée de rationnalisation des exploitations qui implique la maîtrise de tous les facteurs de production:

- protection sanitaire
- contrôle de la reproduction
- saisie des données et pratique d'une gestion technique et économique rigoureuse
- accès à tous les facteurs en amont et en aval d'environnement (financement de base, disponibilité des intrants alimentaires, connaissance et maîtrise des circuits modernes ou traditionnels de commercialisation, etc...).

En outre, l'opportunité de l'intensification de l'élevage ovin allant jusqu'au contrôle des cycles sexuels et à l'organisation des luttes, est souvent controversée et même contestée par certains auteurs. Les raisons évoquées peuvent se résumer comme suit.

Les résultats zootechniques en monte libre (prolificité, fécondité) sont souvent très élevés et supérieurs à ceux des systèmes de lutte groupée, au cours des deux ou trois premières années d'installation d'un élevage intensif.

L'organisation des luttes groupées nécessite en outre la mise en place d'une structure lourde de gestion de la troupe de béliers, l'insémination artificielle n'étant pas encore vulgarisée à grande échelle.

Dans les systèmes intensifs sur cultures fourragères artificielles, la maîtrise de la gestion des pâturages n'est pas toujours évidente et des inconnues demeurent notamment en matière de pathologie du mouton en milieu intensif.

Cependant, l'expérience d'une dizaine d'années de recherche, de mise au point technique et d'encadrement, a montré qu'il s'agit certes de problèmes techniques, mais aussi et surtout de problèmes humains.

En 1985-86, les résultats enregistrés dans les élevages de ce type en zones guinéenne et forestière de la Côte d'Ivoire (et du Togo) montrent bien que ces obstacles peuvent être surmontés. Les résultats zootechniques positifs de l'intensification ne doivent s'interpréter de manière significative qu'après stabilisation du troupeau intensif, qui n'intervient qu'après la 3ème année de son installation, au moment même où les effets néfastes de la monte libre, sans contrôle, se manifestent dans les systèmes traditionnels. L'analyse des données zootechniques et économiques des tableaux 1 et 3 indique les potentialités du mouton Djallonké telles qu'elles apparaissent aujourd'hui à travers les paramètres enregistrés dans les élevages encadrés et dans les unités industrielles du centre et du sud de la Côte d'Ivoire et du Togo.

Des systèmes d'élevage ainsi étudiés, seul le modèle 5 qui correspond au modèle considéré comme semi-intensif retiendra notre attention dans le processus de développement de l'élevage ovin en milieu villageois.

Le système d'exploitation semi-intensif présente en effet les avantages suivants :

- basé sur l'exploitation de la savane naturelle il ne nécessite qu'un investissement relativement limité, qui, en milieu paysan peut encore être réduit par l'utilisation de matériaux locaux pour la construction des abris et des clôtures;

- l'exploitation qui diffère des systèmes traditionnels par un contrôle effectif de l'alimentation, de la santé et de la reproduction reste à la portée du paysan en raison de la souplesse relative des thèmes (utilisation des sous-produits agricoles, déparasitage, introduction de béliers améliorateurs, etc...);

- les marges générées par un troupeau même de petite taille sont particulièrement intéressantes : environ 7 000 francs/brebis avec l'utilisation d'une main-d'oeuvre salariée étrangère. Cette marge peut être doublée en terme de revenu familial, soit 14 000 francs/brebis avec l'utilisation d'une main-d'oeuvre familiale qui, par ailleurs, est partiellement sous-employée.

Il faut enfin signaler qu'avec l'introduction d'un système d'exploitation semi-intensif (qui implique la construction d'une bergerie), l'éleveur dispose d'une quantité importante de fumier dont l'utilisation permet non seulement des rendements élevés de ses cultures, mais aussi et surtout une meilleure conservation de la qualité des sols et une profonde modification des systèmes agricoles traditionnels (intensification et sédentarisation).

ELEVAGES D'EMBOUCHE

L'analyse des systèmes de productions ovines et caprines fait apparaître l'importance de l'âge et du poids des produits commercialisés dans les résultats économiques.

Après sevrage, la conduite des troupeaux constitue une composante importante des systèmes, qui a fait l'objet de plusieurs études en Côte d'Ivoire. D'une manière générale il apparaît :

- que traditionnellement, des opérations d'achat et d'engraissement de moutons sahéliens, 2 à 3 mois avant les fêtes religieuses (Ramadan, Tabaski) s'effectuent par des privés, dans les grands centres urbains. Il s'agit d'une forme intensive de l'élevage urbain décrit précédemment;

- que l'on peut obtenir des gains de poids de l'ordre de 60 à 160 g/jour avec une complémentation appropriée à base de sous-produits agro-industriels;

- qu'en Côte d'Ivoire, la disponibilité des sous-produits agricoles et agro-industriels en quantité importante constitue un atout majeur pour toute politique d'embouche;

- qu'enfin, le niveau d'intensification de cette embouche peut être modulé en fonction des conditions d'environnement économiques des élevages et des marchés visés.

Deux types d'embouche peuvent donc être considérés, présentant chacun des intérêts particuliers.

<u>Embouche des moutons importés du Sahel vers les pays côtiers</u>

Il s'agit de moutons de race sahélienne ou issus de croisement sahélien - Djallonké ou de Djallonké provenant du sud Mali ou du Burkina Faso. Les caractéristiques principales de cette embouche peuvent se résumer comme suit :

- l'achat des animaux destinés à l'embouche se fait sur les grands marchés à bétail et le plus souvent ces animaux sont stressés par les conditions de transport, de contention et d'alimentation qui précèdent leur acquisition;

- ce stress se manifeste chez les animaux par une perte de poids au cours des cinq premiers jours d'embouche (4 pour cent du poids vif d'achat).

- Plusieurs essais ont été effectués selon le protocole technique suivant :

- une phase de pré-embouche au cours de laquelle les animaux sont conduits au pâturage sur savane et reçoivent une complémentation le soir au parc;

- une phase d'embouche proprement dite, avec application d'un programme d'alimentation, d'un plan de prophylaxie sanitaire et de contrôle zootechnique.

Les essais effectués à Bouaké par la SODEPRA ont donné les résultats suivants :

- G.M.Q. Moyen — 80 g/jour sur une période de 78 jours
- Marge brute/tête vendue — 5 950 F.
  (voir détails sur les tableaux nos. 4 et 5).

Il faut enfin signaler que l'embouche du mouton sahélien, avec les conditions actuelles de marché ne peut être qu'une activité de spéculation visant essentiellement les périodes spéciales de hausse des prix lors des grandes fêtes de l'année.

Embouche de moutons Djallonké

Plusieurs formules ont été envisagées, allant de l'élevage extensif sans complémentation ni soin sanitaire particulier, à l'embouche intensive en stabulation permanente.

D'une manière générale, le mouton Djallonké ne réagit pas positivement à une embouche intensive telle que décrite ci-dessus avec les moutons sahéliens. Les gains de poids possibles ne rentabilisent pas toujours les coûts supplémentaires d'investissement et d'exploitation.

On peut dès lors estimer qu'un système d'élevage identifiant une activité d'embouche pure ne se justifie pas en élevage du mouton Djallonké.

Cependant, suivant les élevages, il est possible et même économiquement intéressant de conduire dans les exploitations intensives ou extensives mixtes (naissage et embouche) des lots de sevrons sur un pâturage artificiel ou sur une savane naturelle de bonne qualité, si l'on peut par ailleurs disposer de sous-produits agricoles et agro-industriels à des prix raisonnables. Il reste évident qu'une bonne maîtrise sanitaire constitue un des principaux facteurs pouvant conditionner la réussite d'une telle opération.

La diminution du taux de mortalité et les gains de poids supplémentaires dus à la complémentation permettent alors de dégager des marges justifiant largement les frais supplémentaires d'alimentation et de protection sanitaire (voir tableaux 4 et 5).

Tableau n°4 Embouche de moutons Saheliens 1980
résultats économiques

R E C E T T E S		D E P E N S E S	
VENTES DES ANIMAUX		ACHATS (22030 frs par animal)	1 101 500
1ère Catégorie 850 frs/kg =	24 animaux à 991 440 frs	ALIMENTATION (378 frs par animal)	15 116
2ème catégorie 750 frs/kg =	10 animaux à 330 600 frs	PIERRES A LECHER (350 par animal)	14 000
3ème catégorie 500 frs/kg =	6 animaux à 114 000 frs	PATURAGE (8,6) j (1150 frs par animal)	46 380
		AMORTISSEMENT	
6 animaux abattus d'urgence et vendus 300 frs/kg 77 820 frs		PARC (500 frs par animal)	20 000
		MODULES (450 frs par animal)	18 020
		FRAIS VETERINAIRES (1521 frs par animal)	60 852
T O T A L :	1 513 860	T O T A L :	1 275 868

SOURCE : SODEPRA - 1982

Différence : 237 992 frs

Représentant la marge brute (main d'oeuvre non comprise)

Marge par animal vendu : 5 950 frs.

Tableau n°5 Embouche de moutons Sahéliens - Résultats techniques

CRITERES ZOOTECHNIQUES	TOTAUX	LOT ≤ à 39 kg	LOT > à 39 kg
Poids moyen à l'achat	39,6 kg	36,4 kg	42,3 kg
Poids moyen à la première pesée	38,1 kg	35,2 kg	40,4 kg
Poids moyen à la mise à l'embouche	39,7 kg	36,9 kg	42,7 kg
Poids moyen à la vente	45,9 kg	43,2 kg	48,3 kg
G M Q (1ère Pesée mise à l'embouche)	17 g	18 g	25 g
G M Q (mise à l'embouche-vente)	79,5 g	80 g	72 g
Taux global de mortalité	20 %	17 %	22 %
Taux de mortalité-abattage d'urgence	12 %	9 %	17 %

Durée préembouche 92 jours Durée embouche 78 jours Indice de consommation 6,7

Source : SODEPRA - 1980

COMMERCIALISATION DES OVINS ET CAPRINS EN ZONE TROPICALE HUMIDE

Généralités

L'analyse des données statistiques du marché du bétail en général et des ovins - caprins en particulier fait apparaître :

- que les importations d'ovins et de caprins en Côte d'Ivoire représentent 10 pour cent des importations totales de viandes et abats, soit 6 200 tonnes en 1985,

- que le niveau général de ces importations et leur évolution ont été marqués par des perturbations dues aux deux grandes sécheresses qu'a connues le Sahel,

- que certains pays du Sahel ont cessé d'être des fournisseurs de la Côte d'Ivoire (Niger et Mauritanie) en raison de l'accroissement de leur propre consommation et de la stagnation ou de la régression de leur production,

- que les importations de viandes et abats (toutes espèces) de la Côte d'Ivoire estimées à 60 000 tonnes en 1985 (dont 10 pour cent d'ovins-caprins) vont s'accroître avec la croissance démographique et l'augmentation du niveau de vie des consommateurs ivoiriens,

- que le marché national des ovins et caprins est sans limite pour les années à venir,

- que les prix actuels des viandes d'ovin et de caprin connaîtront une augmentation et resteront supérieurs au prix de la viande bovine, compte tenu de l'importance de ces animaux dans la vie sociale des populations,

- que les performances zootechniques déjà obtenues en Côte d'Ivoire sur les moutons Djallonké désignent cette race comme la plus indiquée et la mieux adaptée aux conditions locales d'élevage et aux besoins des grandes agglomérations et des petits marchés ruraux.

Les efforts déjà consentis pour l'amélioration zootechnique du cheptel national n'auront leurs pleins effets, pour la réalisation des objectifs de production de l'an 2000 (FAO, 1986) que dans le cadre d'une rationnalisation de l'ensemble de la filière de cette spéculation.

Actuellement, le commerce des ovins et caprins en Côte d'Ivoire est caractérisé, d'après Bakaramoko (1981), par l'existence de deux circuits selon l'origine des produits, le marché et les opérateurs commerciaux :

a) - Un circuit long s'adressant aux ovins-caprins importés des pays sahéliens qui, arrivés par camion ou par train dans les grands centres de commercialisation, sont ensuite acheminés en partie vers les marchés secondaires ruraux. Ce circuit, dans une moindre mesure, concerne également les animaux provenant des élevages du nord et vendus sur les marchés de Bouaké ou d'Abidjan. La caractéristique principale de ce circuit est la présence d'un nombre important d'intermédiaires entre le producteur et le consommateur.

b) - Un circuit court qui est essentiellement celui des productions nationales qui, du producteur au consommateur, ne comporte qu'un nombre très limité d'intermédiaires (généralement un, qui assure la collecte, la répartition et la vente aux bouchers ou aux consommateurs privés).

Quel que soit le circuit considéré, le commerce des ovins et des caprins est marqué par son caractère traditionnel, car les moutons tout particulièrement sont en majorité abattus soit à l'occasion des fêtes religieuses, des mariages, soit clandestinement par des bouchers détaillants ou des vendeurs de brochettes.

En effet, sur le marché de Korhogo, 34 pour cent des effectifs (essentiellement Djallonké) sont vendus dans les abattoirs publics, tandis que 50 pour cent rentrent dans des circuits non contrôlés et 16 pour cent seront employés pour la constitution de troupeaux d'élevage. Quant aux marchés de moutons à dominance d'importation, les abattages non contrôlés peuvent atteindre près de 94 pour cent des effectifs commercialisés quotidiennement à Bouaké (Bakaramoko, 1981) et 84 pour cent sur le marché d'Abidjan (Staatz, 1981).

Trois grandes agglomérations servent de centres principaux de commercialisation des ovins et des caprins en Côte d'Ivoire, avec les spécificités liées essentiellement à l'origine des animaux commercialisés : Abidjan au sud avec 320 000 têtes, soit 86,30 pour cent du total des importations, Bouaké au centre avec 50 000 têtes par an, soit 13,5 pour cent des importations et Korhogo au nord avec 7 500 têtes par an dont 6 975 de production locale, soit 0,15 pour cent des effectifs importés.

A ces circuits traditionnels de commercialisation, il faut signaler la naissance d'un circuit moderne avec la création d'unités importantes de production de viande ovine et caprine. Il s'agit d'une véritable filière organisée comportant tous les maillons allant de la production à la commercialisation du produit sous forme de carcasses.

La filière dans sa conception devrait assurer l'écoulement de sa propre production mais aussi celle de paysans bénéficiant d'un encadrement technique.

<u>Caractéristiques du marché des petits ruminants</u>

Deux types de marchés liés à la provenance des animaux composent le commerce des petits ruminants en Côte d'Ivoire :

1° Les marchés dominés par les productions locales d'ovins et de caprins: Korhogo et autres villes du nord (voir tableau 6). On estime que la production de la viande ovine et caprine en Côte d'Ivoire est de 4 450 MT/an (FAO, 1986).

2° Les marchés dominés par les ovins et les caprins importés : Bouaké, Abidjan et autres grandes agglomérations du centre et du sud (voir tableau 7). On estime que l'importation de viande en 1985 était de 60 800 MT dont 5 700 MT de viande ovine-caprine.

Tableau n°6 Provenance des ovins-caprins sur la marché de Korhogo

	%	EFFECTIFS
- Sahéliens	1,9 %	142
- Mouton Métis	1,7 %	128
- Mouton Djallonké	62,3 %	4 673
- Chèvre Guinéenne	33,7 %	2 527
- Chèvre Sahélienne	0,3 %	22

Soit environ 7 500 par an dont 93 pour cent de productions locales et 7 pour cent d'animaux importés (Bassewith, Disset et coll., 1982)

Tableau n°7 Provenance des ovins-caprins vendus sur la marché de Bouaké (en % des importations totales)

	Burkina Faso	Mali	Mauritanie	Côte d'Ivoire
Total	58,9 (67,6)	37,8 (27,9)	p.m. (4,4)	3,2 (1,5)
Sahéliens	42,6	57,4	p.m.	-
Djallonké	70,0	23,5	p.m.	6,5
Métis	55,3	44,7	p.m.	-

Source : Bassewith, Disset et coll. (1982)

Caractère saisonnier de la consommation et ses effets sur les prix

La demande des ovins et des caprins connaît une hausse importante lors des grandes fêtes religieuses : (Tabaski, Ramadan, Pâques, etc.), La hausse la plus importante est enregistrée à la fête de Tabaski.

Au cours des périodes de pointe, les fluctuations de prix sont assez nettes mais les augmentations (en F/kg) observées sont en général moins élevées du fait de la vente d'animaux plus lourds. A Bouaké et à Korhogo, les augmentations de prix suivantes ont été observées par Bassewitz, Disset et coll. (1982) :

Tableau n°8 Augmentations de prix a Bouaké et Korhogo

	BOUAKE	KORHOGO
RAMADAN	8,8	14,4
TABASKI	16,4	26,7
NOEL ET NOUVEL AN	5,5	-
PAQUES	4,6	11,4

Effet de l'âge, du sexe et de la couleur sur les prix

L'âge n'est pas un facteur déterminant du prix des ovins et les éleveurs ont tendance à vendre vers l'âge de 6 à 9 mois. Dans le sud, les observations sur un lot de 75 agneaux ont donné les résultats suivants :

Tableau n°9 Effet de l'age sur les prix

AGE	POIDS (kg)	VENTE
≤ 6 mois	15,6	10 %
6 - 9 mois	15,8	52 %
9 - 10 mois	18,2	27 %
> 12 mois	24,6	11 %

- 90 pour cent des agneaux sont donc vendus avant 12 mois.

- un prix moyen de 686 F/kg vif a été relevé sur un échantillon de 50 agneaux de divers élevages.

- sur le même échantillon, les mâles entiers ont été vendus à 812 F/kg, soit 18,5 pour cent plus cher que la moyenne; les mâles castrés sont vendus à 635 F/kg, soit 7,3 pour cent de moins que la moyenne.

- sur l'ensemble des marchés, la robe blanche a une influence significative et une augmentation de 3 pour cent par rapport à la moyenne a été observée sur les marchés de Bouaké et de Korhogo.

Effets du lieu de vente

Dans les régions du nord, une augmentation du prix par rapport à la moyenne régionale a été observée dans les villages qui ont soit une auto-consommation élevée, soit un accès direct facile sur les marchés des grandes agglomérations du centre et du sud.

Effets des frais d'acheminement et d'entretien des ovins-caprins

Les frais d'acheminement, de soins vétérinaires, de douane et autres frais divers ont été estimés par Bassewitz, Disset et Coll (1982) à Bouaké et à Korhogo à 14-16 pour cent du prix de vente pour les animaux d'origine sahélienne et 5 pour cent pour les productions ovines locales dont 60 à 70 pour cent de ces frais sont des frais de transport. Par chemin de fer ils sont moins élevés, se situant à 27 pour cent des coûts par route.

Effets du poids

Les enquêtes faites sur les marchés de Bouaké et de Korhogo font apparaître les observations suivantes :

Les animaux lourds, à partir de 27 kg, sont payés en corrélation positive avec leur poids vif, ce qui s'explique :

. par les rendements en viande et en abats plus élevés de ces animaux et,

. par la valeur de prestige d'un animal plus lourd qui joue un rôle important au moment des fêtes.

Pour les animaux jeunes des classes de poids de 15 à 27 kg, la tendance inverse est observée. Ce phénomène peut s'expliquer par :

. une demande plus forte que l'offre,

. le fait que certains acheteurs qui sont obligés, pour des raisons religieuses, d'acheter un mouton préfèrent acheter un animal moins cher par tête, même s'il est plus cher par kg vif.

Par ailleurs, dans les élevages intensifs industriels où les produits sont essentiellement destinés soit à la boucherie, soit à l'installation d'un nouvel élevage, seul le poids conditionne le prix pour la spéculation "viande" tandis que l'âge et le potentiel génétique (animaux sélectionnés) conditionnent ce prix pour la spéculation "noyaux d'élevage".

RESUME ET CONCLUSIONS

Nous pouvons retenir de cette analyse :

- Que le marché des ovins-caprins est actuellement dominé par un caractère traditionnel qui a pour conséquence :

. Un pourcentage important d'ovins et de caprins vendus et abattus hors des circuits contrôlés de commercialisation de la viande.

. Cette situation conditionne actuellement les facteurs principaux de détermination des prix.

- Du fait de la croissance démographique et de l'amélioration du niveau de vie des populations, les pays côtiers connaîtront dans les années à venir des besoins de plus en plus importants en viande ovine et caprine.

- Les résultats zootechniques déjà obtenus sur les ovins ainsi que les efforts consentis pour l'amélioration et le développement du cheptel national de certains pays auront pour effet un accroissement important de la production nationale.

- Cette production nationale sera assurée en grande partie par un secteur d'élevage organisé en exploitations améliorées intensives ou semi-intensives.

- L'écoulement de cette production plus importante et l'évolution de la demande des consommateurs seront, à plus ou moins brève échéance, de nature à modifier profondément les facteurs actuels de détermination des prix et des circuits de commercialisation.

- En Côte d'Ivoire, il est prévu au niveau des projets de développement, des actions spécifiques d'étude des circuits de commercialisation suivant les spécificités socio-économiques des différentes zones écologiques du pays.

- A court terme, les productions nationales seront entièrement absorbées par le circuit traditionnel de commercialisation.

- A moyen et long termes, les solutions suivantes peuvent être envisagées :

1 - Organisation des éleveurs en groupements coopératifs d'approvisionnement en intrants et de commercialisation des produits.

2 - Création de foires régionales de commercialisation du bétail par la création d'infrastructures appropriées.

3 - Création de filières industrielles ovines sous forme d'entreprises privées comportant tout ou partie des éléments suivants :

. Une unité de production animale
. Une unité de production et de commercialisation d'intrants (concentrés, produits vétérinaires, etc...)
. Un abattoir et un service de commercialisation de la viande et du bétail
. Des petites et moyennes exploitations ovines pouvant bénéficier dans un rayon d'action donné, de l'assistance de l'unité industrielle pour l'exploitation technique et la commercialisation de leurs productions.

- D'autres formules ne seront pas exclues, mais l'approche du problème est basé sur l'étude approfondie des circuits existants qui ont l'avantage d'être adaptés aux différents systèmes actuels de production. Sans perturbation hasardeuse des habitudes traditionnelles, des solutions adaptées à cette évolution seront proposées.

BIBLIOGRAPHIE

FAO 1986. Stratégie et plan d'action pour le développement de l'élevage, Côte d'Ivoire.

Bakaramoko, O. 1981. Etude technico-économique de l'élevage ovin en Côte d'Ivoire.

Bassewitz, R. Disset et coll. 1982. Perspectives du marché de la viande ovine en Côte d'Ivoire analysées à partir de l'exemple du marché en vif des petits ruminants de Bouaké 1980/81 et de Korhogo 1981/82.

SODEPRA. 1982. Elevage ovin: Un essai d'embouche de moutons Sahéliens, Cahier n°16, Abidjan, 28 décembre 1982.

SODEPRA. 1980. Compte rendu d'un essai d'embouche de moutons Sahéliens Disset, R. (FAO), Sauteur, P. (VP), Jetteur P. (FAO) Côte d'Ivoire 1980.

Staatz, J. 1981. Commercialisation du bétail et de la viande en Afrique de l'Ouest, Côte d'Ivoire - Mali.

HEALTH CONTROL FOR SHEEP AND GOATS IN THE HUMID TROPICS OF WEST AFRICA

E.N.W. Oppong
Team Leader
UNDP/FAO Livestock Development Project
P.O. Box 6603, Jos, Nigeria

RESUME

Les petits ruminants représentent la source la plus importante de protéines animales pour les personnes qui habitent la région tropicale humide d'Afrique de l'Ouest. Malheureusement certains facteurs, notamment des taux importants de mortalité, font que leur effectif et leur productivité sont faibles. Les causes majeures de décès sont généralement: (a) la pneumonie et plus particulièrement la peste des petits ruminants (PPR); (b) les diarrhées occasionnées principalement par des gastroentérites d'origine parasitaire et par la PPR; et, (c) des avortements et des morts néo-natales associées à des phénomènes d'inanition.

Les contrôles sanitaires devraient être réalisés à l'échelle des troupeaux villageois plutôt qu'au niveau de troupeaux individuels, voire même à l'animal lui-même. Un ensemble de méthodes visant à l'amélioration du logement des animaux, des méthodes d'élevage et d'alimentation ainsi que des vaccinations de routine contre la PPR, l'administration de vermifuges et la pulvérisation contre les ecto-parasites doivent être recommandées. La PPR, quant à elle, devrait être contrôlée au niveau sous-régional.

SUMMARY

Small ruminants are the main sources of animal protein for people living in the humid tropics of West Africa.

Due to a number of factors including high rates of mortality, however, the numbers and productivity of these animals are low. The major causes of death are: (a) pneumonia especially PPR; (b) diarrhoea, caused mostly by parasitic gastroenteritis and PPR; (c) abortions and neonatal deaths associated with starvation.

Disease control should be based on whole village flocks rather than individual flocks or animals. A package of improved housing, husbandry and feeding as well as routine vaccination against PPR, drenching and spraying against ectoparasites is advocated. PPR should be controlled on a sub-regional basis.

INTRODUCTION

Sheep and goats, mostly the dwarf breeds, are the predominant domestic ruminants in the humid tropics of West Africa. They number about 8 million goats and 5.6 million sheep (Jahnke, 1982). Apart from being the main and preferred source of meat (Jollans, 1960; Oppong, 1965), they perform very important socio-economic functions.

These animals, however, in spite of their numbers and importance, do not meet the protein needs of the inhabitants of the sub-humid zone. They are mostly raised as scavengers and sleep where they will except during the rains when to protect crops they are either tethered or confined in enclosures both night and day. In recent years, however, attempts have been made at semi-intensive raising of sheep especially under plantation crops in Ghana and in villages where, due to crop damage and environmental soiling, sheep and goats are confined and raised intensively.

Their productivity is low estimated at 3 percent for goats (Molokwu, 1982). A number of factors some of which are genetic, mostly poor husbandry resulting in starvation, disease and death, are responsible for this low productivity. Reynolds, Atta-Krah and Francis (1987) have estimated that 40-50 percent of small ruminants fail to survive to 12 months of age. Rombout and Van Vlaenderen (1975) and Bonniwell (1978) found high mortalities of 44 percent and 40 percent respectively in sheep in villages in Côte d'Ivoire and Ashanti in Ghana respectively.

DISEASES OF ECONOMIC IMPORTANCE

The climate of the humid tropics characterized by high rainfall, humidity and heat provides ideal conditions for disease-causing organisms and vectors. Since 1912 (Obrien, 1912), reports and studies on disease of sheep and goats have been made by a number of authors from all over West Africa. They have mostly however encompassed the whole geographical area namely, the humid, sub-humid and arid zones.

In recent years however a number of studies have been made specifically on the diseases of these animals in the humid zone (Oppong, 1973; Bonniwell, 1978; and Adeoye, 1985).

The list of the diseases of sheep and goats in West Africa is an impressive one and though a large number of them are common to all the ecological zones, some have higher prevalence or are enzootic in the humid zones.

The most common conditions diagnosed in sheep and goats in the humid zone are:

a) Respiratory/pneumonia syndromes
b) Diarrhoea
c) Starvation
d) Abortions and neonatal deaths
e) Ticks and tick-borne diseases
f) Skin conditions
g) Lameness and injuries
h) Other conditions

Table 1. Causes of Mortality in Sheep ARS Nungua (1963 - 1969)

Condition / Age	0-6	7-12	13-23	Over 24	TOTAL	% of Grand Total
Pneumonia	112	10	12	16	150	36.85
Tapeworms	105	9	1	2	117	28.74
P G E	26	8	9	2	45	11.05
Heartwater	12	-	8	6	26	6.38
Enterotoxaemia	11	-	2	6	19	4.68
Paramphistomes	6	3	4	5	18	4.42
Injuries	6	5	-	1	12	2.94
Tetanus	8	-	-	-	8	1.96
Fascioliasis	-	-	-	4	4	.98
Others	2	1	1	4	8	1.96
TOTAL	288	36	37	46	407	100
Percentage of Grand Total	70.76	8.84	9.09	11.30	100	100

Adapted from Oppong (1973)

The respiratory/pneumonia syndromes

These are mostly viral, bacterial and parasitic in origin. The conditions are predisposed to by the animals being left at the mercy of the sun, rain, cold and often overcrowding and are seen mostly in the wet season April-October or the dry cold months of December and January (Stewart, 1931; Vohradsky, 1966; Oppong, 1973; Oppong and Yebuah, 1981; Bonniwell, 1978; Smith and Van Houtert, 1984 and Smith et al., 1986). The pneumonias are the most common killing diseases accounting for over 35 percent of deaths, (Oppong, 1973; Bonniwell, 1978; Oppong and Yebuah, 1981; Otesile, Kasali and Nzekwu, 1983; Smith and Van Houtert, 1984; Majiyagbe, 1985; Adeoye, 1985 and Opasina, 1985). They include:

(a) Peste des petits ruminants (PPR) also referred to as the pneumoenteritis complex or kata caused by a virus is enzootic in humid West Africa. It is considered by many to be the most important single cause of morbidity and often approaching 50-100 percent in sheep and goats especially the latter, mostly in the young particularly in 4 to 12 months old kids (Nduaka and Ihemelandu, 1973; Ojo, 1976; Bonniwell, 1978 and 1983; Opasina, 1983; Adekeye, 1984; Majiyagbe, 1985).

(b) Contagious caprine and ovine pleuropneumonia (CCPP & COPP) caused by *Mycoplasma mycoides* and *M. agalactiae* in goats and *M. arginini* and *M. ovipneumoniae* in sheep respectively are common in humid West Africa (Campbell, 1956, 1957; Mohan and Uzoukwu, 1985). The disease is seen mostly during the wet and cool months of the year.

Bacterial pneumonia caused by Staphylococcus sp., Streptococcus sp., Corynebacterium sp., Pasteurella sp., Escherichia coli and Pseudomonas sp., are commonly seen (Oppong, 1973; Ugochukwu, 1983; Otesile, Kasali and Nzekwu, 1983; Mohan and Uzoukwu, 1985). Sheep and goats of all ages but more so lambs and kids are susceptible to bacterial pneumonia which also occurs during the wet and cold months of April to October and the cold dry season of December and January.

An Oestrus ovis larva-induced respiratory condition found in the humid zone leads to severe nasal discharge and occlusion in sheep. The parasite has also been incriminated in a neoplastic condition of the turbinates which is seen frequently (Vohradsky, 1974; Bonniwell, 1978; Charray, Aman and Tanoh, 1985). The conditions cause a lot of worry and wastage in affected flocks.

Diarrhoea in sheep and goats

This condition is usually associated with internal parasites, PPR bacteria and consumption of green herbage at the beginning of the rains.

Internal parasites

Parasitic gastroenteritis (PGE) - next in importance to the pneumonias, are internal parasites particularly parasitic gastroenteritis (PGE), (Oppong, 1973); Otesile, Kasali and Nzekwu, 1983; Osuagwuy and Akpokodje, 1981, Chiejina and Emehelu, 1986). PGE mortalities range from 11-25 percent of all deaths (Oppong, 1973; Otesile, Kasali and Nzekwu, 1983; Smith et al., 1986) mostly in lambs and kids up to 12 months of age particularly the 3 to 6 months old. Mortalities occur mostly during the rains with a minor peak in April-May and a major peak in September (Bonniwell, 1978; Otesile, Kasali and Nzekwu, 1983; Chiejina and Emehelu, 1986). Haemonchus is usually the main disease (Beal, 1929; Oppong, 1973; Oppong and Yebuah, 1981; Bonniwell, 1978; Otesile, Kasali and Nzekwu, 1983). Other parasites include Ostertagia sp., Trichostrongylus sp., Cooperia sp., Nematodirus sp. and Oesophatustomum sp.

Moneziasis - heavy moniexia infection was found to be second only to pneumonia in incidence in sheep in the humid zone of Ghana and was considered to be the primary cause of mortality in 11-25 percent deaths of lambs 2 to 6 months of age (Oppong, 1973; Oppong and Yebuah, 1981; Borquaye, 1981). Infection in most cases was so heavy that nothing else but the tapeworms were found in the intestines.

Coccidiosis - was also found to be one of the major causes of enteritis and deaths in sheep kept under plantation crops in the forest zone in Ghana (Borquaye, 1981). Otesile, Kasali and Nzekwu, (1983) observed that 6.3 percent of deaths in goats mostly under 10 months of age on the University of Ibadan Farm were due to coccidiosis.

Fascioliasis - has been reported in sheep and goats (Fry, 1958; Oppong, 1973; Otesile, Kasali and Nzekwu, 1983). Other internal parasitic conditions reported have been Oesophagostomiasis or pimply gut (Beal, 1929; Oppong, 1973; Bonniwell, 1978; Assoku, 1981) and cysticercosis (Beal, 1929).

Starvation

In spite of the apparent availability of herbage in the humid tropics, a number of animals die of starvation. This is often due to the non-availability of the right type or poor nutritional nature of herbage around homesteads and the consequent long distances animals have to walk to graze, losing young animals in the process (Oppong and Yebuah, 1981). Another cause is long confinement either in stockades, pens or tethering during the farming season which results in what Bonniwell (1978) termed "Starvation/Confinement Syndrome". Starved ewes are unable to suckle their young which are abandoned to die. Starvation accounts for a very high incidence of deaths in lambs and kids. Oppong and Yebuah (1981) recorded 80 (16.4 percent) out of 487 deaths due to starvation in sheep of which 79, i.e. 16 percent, were in the 0 to 12 months old group. In other words, 79 (98 percent) of 80 deaths due to starvation were in lambs. Starvation not only predisposes the animals to succumb to intercurrent infections but also results in arrested or stunted growth and abortions in pregnant ewes and nannies.

Abortions and Neonatal Deaths

Abortions, stillbirths and preweaning deaths are, as a group, one of the most limiting factors in sheep and goat production in the humid tropics. Incidence of 6, 19, 23, 24 and 62.5 percent abortions have been reported in the W.A.D. goat in the humid south of Nigeria (Falade and Sellers, 1976; Ojo, 1980; Osuagwuy and Akpokodje, 1985). Though abortions do occur in sheep as well, not much has been recorded in detail. The causes of abortion could be by any number of infectious diseases, febrile conditions, chemicals, poisons, plant toxins, or starvation. Brucellosis, *Chlamydia ovis*, toxoplasmosis, malnutrition and starvation have all been reported as causes of abortion in sheep and/or in goats in the humid zone (Falade, Sellers and Oja, 1975; Falade and Sellers, 1976; Akerejola *et al*., 1979; Okoh, 1980; Osuagwuy and Akpokodje, 1985; Okoh, 1986). Triplet and twin pregnancies (70 percent) as well as first pregnancies (61 percent) have also been noted to end in abortions. Osuagwuh and Akpokodje (1984) observed a higher rate of abortions in goats during the dry season most likely due to starvation. Neonatal deaths including stillbirths and deaths up to a few weeks of birth are very common. Hill (1957, 1960) and Dettmers, Igoche and Akinkuolie (1976) reported 15, 25 and 20 percent respectively of such deaths on the University of Ibadan Farm. Oppong and Yebuah (1981) reported an incidence of 55 percent in Ghana. High neonatal mortality in multiple births of 26.5 percent (Jollans, 1960), 35-47 percent in triplets, (Dettmers, Igoche and Akinkuolie, 1976), and 13.47 (Tuah and Baah, 1985) has been reported. Most of the young died of lack of milk or were too weak to suck.

Ticks and tick-borne diseases

Amblyomma variegatum is occasionally found in the interdigital cleft of sheep and goats causing severe pain and lameness which predispose to bacterial infection. The lameness is sometimes so severe that animals are unable to go out to feed. Bonniwell (1978) did not find ticks as a health hazard in the humid tropics of Ashanti.

Babesiosis and anaplasmosis have been reported in sheep and goats in the humid tropics; (Obrien, 1912; Beal, 1928; Stewart, 1937, 1943; Edwards, Judd and Squire, 1956; Oppong, 1973; Majiyagbe, 1985) but are generally not considered of serious importance in the Dwarf breeds of the zone (Maclennan, 1970; Devendra and Burns, 1970). In a survey in the Accra Plains of Ghana Assoku (1979) found latent infection rates of 12 percent of Anaplasma marginale and Babesia ovis in sheep and 4.70 percent of A. marginale and 8.9 percent B. ovis in goats without clinical signs of the disease. Similarly Sadig (1985) in a blood smear and latext agglutination survey in Southern Nigeria detected latent anaplasma infection in 54 percent of sheep and 60 percent of 200 goats. These two diseases may only be a serious threat when the resistance of the animal is lowered. There are a number of factors in the humid zone that can lower animal resistance and therefore the importance of babesiosis and anaplasmosis cannot be underrated.

Heartwater on the other hand, has been tentatively diagnosed on postmortem findings (Fry, 1958; Oppong, 1973; Bonniwell, 1978) in the humid zone. This latter author had diagnosed several hydropericardial cases suggestive of heartwater in goats at postmortem. Prior to their death the goats had sudden nervous attacks, made a sudden dash or ran about as if being chased, stopped suddenly, shaking all over and/or collapsed on their sides and died after a few galloping movements.

Ataxic syndromes were observed by Bonniwell (1978) in 41 percent of deaths on a farm in Ashanti. Though he diagnosed heartwater on the farm he did not associate it with the ataxic syndrome. This condition also reported in Côte d'Ivoire, calls for urgent studies to elucidate their aetiology and find appropriate preventive measures.

Skin conditions

A number of skin syndromes are found in sheep and goats. The more common ones in the humid zone are:

Virus diseases: The two most important diseases under this category are sheep and goat pox (Bonniwell, 1978) and Orf or contagious echthyma. The latter is a common affliction with a high morbidity, up to 100 percent but low mortality of about 2.6 percent (Adeoye, 1985). Orf is found mostly in lambs and kids up to 6 months of age and ewes suckling them (Oppong, 1973; Bonniwell, 1978; Odeniyi and Afolabi, 1985). The condition has been diagnosed serologically in sheep and goats in the humid parts of Nigeria indicating that it is enzootic in the area (Opasina, 1985; Obi, 1985).

Parasitic conditions: Sarcoptic scabiei (mange) is a fairly common skin condition of sheep and goats in the humid zone (personal observation: Adeoye, 1985). Other ectoparasites causing discomfort and debilitation include the dog and cat fleas, Ctenocephalides canis and C. felis (Bonniwell, 1978; Obasaju and Otesile, 1980; Adeoye, 1985). The sucking louse Lignonathus ovillus infestation in sheep and goats is common (Obasaju and Olufemi, 1981). Demodicosis and streptothricosis in sheep have been reported (Oppong, 1973).

Bacteria: furunculosis caused by staphylococci but often mixed infection is common.

Lameness and injuries

One of the most common conditions seen in sheep and goats in the humid zone is lameness. Apart from that caused by ticks, overgrown hooves and foot rot caused by *Fusiformis necrophorum* and *Bacteriodes nodosus* are common. *Corynebacterium pyogenes* is also sometimes seen in association with *F. necrophorum* to cause interdigital dermatitis.

Injuries, lacerations, broken horns and limbs are common among village sheep and goats. These are often inflicted deliberately by people whose crops or food have been tampered with by the animals or hit by motor vehicles. On institutional farms, animals often hurt themselves by forcing their way through barbed wire (Oppong, 1973; Bonniwell, 1978; Smith and Olubunmi, 1983).

Other conditions

A number of other conditions, infectious and non-infectious, some debilitating, others causing mortality but not of epizootic proportions also occur. These include:

Bacterial diseases: Caseous lymphadenitis (Otesile, Kasali and Nzekwu, 1983; Smith and Van Houtert, 1984, Falade and Smith, 1985), enterotoxaemia and tetanus (Mackinnon, 1956; Oppong, 1973; Otesile, Kasali and Nzekwu, 1983) and anthrax.

Protozoan: Though the dwarf breeds of sheep and goats in the humid zone are trypanotolerant, Edwards, Judd and Squire, (1956) and Kramer (1966) reported clinical trypanosomiasis caused by *T. vivax* and *T. congolense* in Ghana and South-east Nigeria. Oppong (1973) reported a transient *T. vivax* infection in sheep in Ghana. Kramer (1966) was of the opinion that sheep and goats were infected mechanically and that cattle are the reservoir hosts. A number of recent blood and disease surveys in the humid forest zone have not revealed trypanosomiasis in sheep and goats as being important (Bonniwell, 1978; Otesile, Kasali and Nzekwu, 1983; Smith and Van Houtert, 1984; Smith *et al.*, 1986).

Nutritional and metabolic conditions: Ricketts was found to be a serious problem in housed goats raised in confinement at Ife where 2.7 percent developed the condition (Smith *et al.*, 1986).

Age and season on mortality: Most deaths in sheep and goats in the humid zone are in the under 12 months old animals particularly up to 3 months of age and more so in the restricted animals than in the free ranging ones. Mack, Sumberg and Okali (1985) observed mortality rates of 11 percent for free ranging kids and 18 percent and 24 percent for restricted goats in southern Nigeria. Higher rates of 40, 44 and 59 percent have been reported for villages in humid zones of Ghana (Bonniwell, 1978), Côte d'Ivoire (Rombaut and Van Vlaenderen, 1975) and Nigeria (Adeoye, 1985) respectively. Higher mortalities, 50 percent to 88 percent, have been reported (Oppong, 1973; Oppong and Yebuah, 1981) (Table 1).

Most deaths (Figure 1) occur during the second shorter rainy season, September-October, and the end of the dry season, March (Oppong, 1973; Bonniwell, 1978; Otesile, Kasali and Nzekwu, 1983; Mack, Sumberg and Okali, 1985, Smith et al., 1986).

Figure 1: Monthly distribution of deaths from pneumonia and helminthiasis

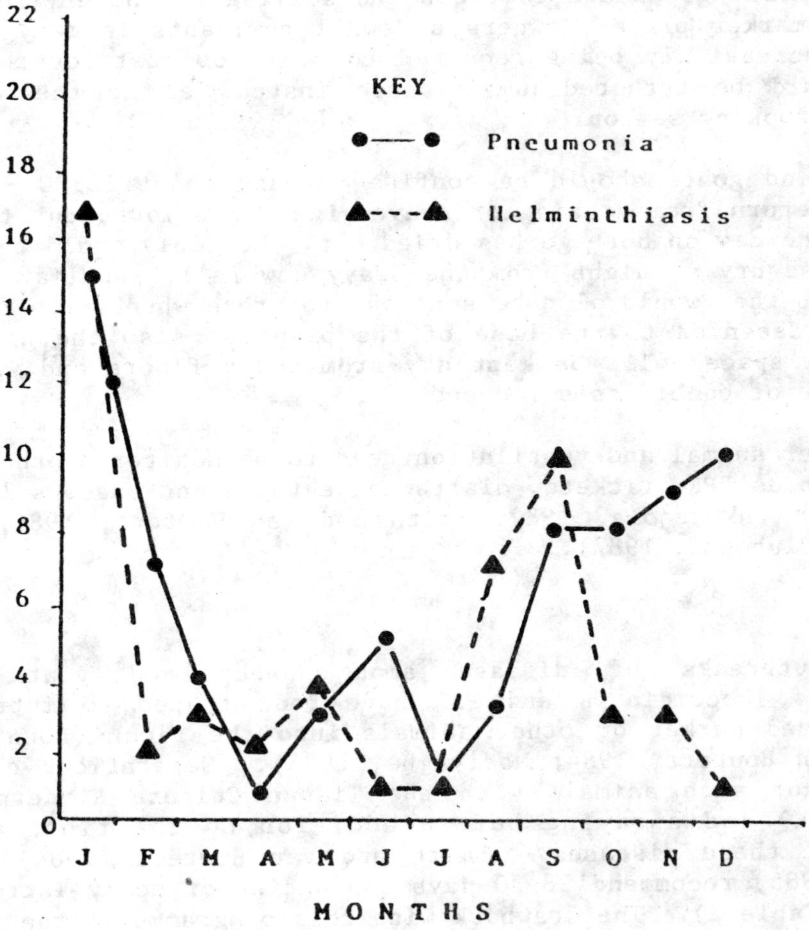

CONTROL AND PREVENTION OF THE MAJOR DISEASE CONDITIONS

Prevention rather than treatment should be the objective in dealing with animal diseases. The methods employed should be cost effective and economical. As most sheep and goats are kept in small household flocks of 3-5 (Oppong, 1965; Bonniwell, 1976; Mack, Sumberg and Okali, 1985) any measures which are expensive are likely to be found unacceptable. Prevention on a village wide basis rather than on individual flock basis will be more effective both in terms of disease control and economics.

Improved housing and management

The first principle should be improvement of husbandry as most diseases can be traced to poor management and nutrition. The pneumonias, helminthiasis, foot rot and tick infestation can all be associated with wet and/or cold conditions.

A roofed enclosure with slatted wooden floors built of local materials, for example, will prevent some if not all of these conditions.

Indeed, due to damage to crops and soiling of the environment around houses and market places, owners of small ruminants in many villages and towns are increasingly being required to house or restrict their animals. Animals should be tethered under shade instead of in the sun and rain during the cropping season.

Sheep and goats should be confined around about 16:00 - 17:00 hours when they return from grazing or scavenging and allowed out the following day after the dew on herbage has dried off. Not only would the animals be kept warm and dry at night from the heavy dew fall, peculiar to the humid tropics, but they would also be sent out to graze when parasitic larvae on herbage had decended to the base of the plants. Also the hooves and the interdigital spaces will be kept dry from muddy floors and wet grass and the incidence of coccidiosis reduced.

Space per animal and ventilation need to be monitored otherwise health problems such as PPR, rickets, diarrhoea, ecthyma and caseous lymphadenitis might set in (Akerejola, 1982; Smith and Van Houtert, 1984; Smith, Van Houtert and Olubonmi, 1987).

Quarantine

Many outbreaks of disease among sheep and goats especially helminthiasis, coccidiosis and PPR have been traced to introduction of newly purchased market or other animals into the flock (Bonniwell, 1978; Smith and Van Houtert, 1984; Majiyagbe, 1985). Separation, deworming and vaccination of such animals with the Tissue Culture Rinderpest Vaccine (against PPR) and spraying before addition to the flock prevent the incidence of these diseases. Smith and Van Houtert (1984) modified by Majiyagbe (1985) recommend 28-30 days quarantine of newly introduced sheep and goats (Table 2). The drawback with this programme is the cost if only one or two or less than 10 animals are involved and also the unlikely availability of the hyperimmune-rinderpest serum.

Feeding

Adequate feed and wholesome water will prevent some of the starvation and neonatal deaths, abortions and stillbirths.

Confined or restricted animals should be zero-grazed, goats with browse material, sheep with browse material and grass. In addition they should be fed crop residues (cereal straws, maize cobs, groundnut haulms etc.) and household waste (cassava, yam and plantain peels) where these are available. Free ranging animals could be fed the above as supplementary feed each evening when they return from scavenging. Mineral salt licks should be made available *ad libitum*. Supplementation should be year-round but particularly during the cropping season when animals are confined and during the dry season, January to March, when herbage is in short supply.

A package for housing and feeding of the West Africa Dwarf goat under intensive conditions in the humid tropics being developed by the West African Dwarf Goat Project, (a joint project of the Department of Animal Sciences of the Obafemi Awdewo University at Ife, the Department of Tropical Animal Production of the National Agricultural University, Wageningen and the International Livestock Centre for Africa) is already yielding results by cutting down on mortalities.

Table 2. Protocol for control of PPR amongst Small Ruminants

1.	Day 0:	Newly purchased animals tagged and quarantined in an isolation pen.
2.	Day 1:	Prophylactic treatment with hyper-immune PPR antiserum (raised in cattle 51) given subcutaneously. 4.0 ml for medium size and 8.0 ml for full grown adult. Prophylactic antibiotic treatment for 3 days, e.g.
3.	Day 4:	Administration of anthelmintics (broad spectrum) coccidiostat treatment.
4.	Day 7:	Washing with ectoparasiticide, e.g. Gammatox.
5.	Day 10:	TCRV vaccination - one cattle dose subcutaneously in the neck region above the shoulder.
6.	Day 28:	Repeat treatment with anthelminthics and wash with ectoparasitocide.
7.	Day 30:	Depart quarantine.

* Smith and Van Houtert (1984) modified by Majiyagbe (1985).

Parasitism

Not only do internal parasites kill, but they also cause enormous losses in productivity and low resistance to other diseases. Apart from deworming during quarantine, sheep and goats should be strategically dewormed once during the dry season, January-March, to allow shed ova and larvae that may emerge to be destroyed by dehydration to reduce herbage contamination during the subsequent rains. They should be dewormed again in June-July when infection picked up during the early part of the rains would have developed into young adults and before massive pasture contamination with ova and larvae. The new broad spectrum anthelmintics such as Fenbendazole and Oxfendazole are the drugs of choice.

External parasites should be controlled by washing animals or spraying them and their sleeping places with acaricides. The pyrethroids such as Deltamethrin, Flumethrine and Cyfluthrine have been found to be effective, with low animal toxicity and long-acting effect. Spraying or washing should be at fortnightly intervals during the rainy season, April to October and monthly during the dry season. This would control ticks as well as fleas and lice. Tick control would prevent tick-borne diseases.

Routine vaccinations and medications

Peste des petits ruminants - sheep and goats should be routinely vaccinated twice a year against this most devastating disease. First in February/March before the rains, and again in November/December before the onset of the cold harmattan period for those too young to have been vaccinated in February/March. Animals are most susceptible to the disease during the rains and the dry season. The Tissue Culture Rinderpest Vaccines (TCRV) has been found to confer immunity for over one year to sheep and goats (Majiyagbe, 1985 and Taylor, 1985). Vaccination and other routine treatments such as deworming against PGE and coccidiosis should be aimed at whole village flocks instead of on individual or household flocks.

Where animals are being raised in large numbers on sheep and goat farms, especially under plantation crops or alley farms, routine vaccination and treatments should be vigorously pursued.

All deaths should be promptly investigated so that major disease outbreaks or diseases of high morbidity but low mortality can be detected for prompt control and preventive measures to be instituted accordingly.

Routine disease surveys on whole village flocks should be carried out yearly to monitor any latent diseases and appropriate preventive measures taken.

Animal health package

A package of vaccination against PPR, deworming and acaricide washing should together with improved housing, feeding and mineral supplementation cut down drastically the high incidence of mortalities characteristic of current small ruminant production (Table 3).

Table 3. Disease control package for village sheep and goats in the sub-humid region of West Africa

Activity	Vaccine/Drug Acaricide	Age of Animal	Period
Vaccination against PPR	TCRV (1 ml)	3 months upwards	a) February-March b) November-December
Control of Helminths	Broad spectrum Anthelmintic	3 months upwards	a) January-March b) June-July
Control of Ecto-parasites	Pyrethroids	3 months upwards	Dry season - monthly Wet season -fortnightly

ROLE OF GOVERNMENTS IN THE CONTROL OF HEALTH PROBLEMS OF SHEEP AND GOATS IN THE HUMID TROPICS OF WEST AFRICA

There are Veterinary Departments and Departments of Animal Husbandry or Animal Production within the Ministries of Agriculture in all the countries encompassing the humid sub-region of West Africa.

There are also Ministries of Science and Technology, Higher Education etc. responsible for National Research Institutes whose mandates and activities include fostering of research on animal production and animal diseases. Other departments or parastatals such as the National Livestock Production Department in Nigeria, State Farms and Livestock Investigation and Breeding Centres are also involved directly with animal production. There are, in addition, faculties of agriculture and veterinary medicine with departments of animal production or animal science in the universities.

Some of the countries have national bodies set up to coordinate specifically the improvement of sheep and goat productivity such as the Nationally Coordinated Research Project on Small Ruminants of the Ministry of Science and Technology of Nigeria and sheep improvement farms as in Côte d'Ivoire, societies encompassing farmers, and research scientists, such as the National Animal Science Associations. There are also National Veterinary Medical/Science Associations whose activities impinge on disease problems of animals including sheep and goats.

All these organizations receive encouragement by way of assistance in finance either as regular subventions or occasional donations from their National Governments.

International Research Organizations such as ILCA and IITA have collaborative research activities with some of the above agencies which deal with animal disease problems. Such collaboration is with the blessing of or fostered by the national governments.

Though disease problems of sheep and goats in West Africa have been reported upon by veterinarians and agriculturalists since the beginning of this century, (Beal, 1921; Beaton, 1930; Henderson, 1934), the involvement of governments in their production and disease control in the humid zone of West Africa is only recent (Oppong, 1966; Quartey, 1978). The veterinary services were set up primarily "to find out ways and means of improving local cattle" (Beal, 1921). This policy is largely true today.

Governments in West Africa have generally through the veterinary services carried out routine vaccinations, control of disease outbreaks and surveillance (Quartey, 1978) mostly in cattle. In recent years, however, Ghana, Côte d'Ivoire and Nigeria as well as other countries of the West African sub-region in collaboration with the Food and Agriculture Organization of the United Nations (FAO) have embarked on sheep and goat improvement including their disease control.

The government's role in small ruminant productivity since the 1970s has been mostly to set up sheep and goat multiplication farms or centres such as at Ejura and Techniman in Ghana, Katsina (sheep) and Zugu (goats) and a large number of Livestock Investigation and Breeding Centres in Nigeria. On most of these farms the objective has been "to improve indigenous breeds of sheep and goats and also to demonstrate modern production technology to farmers" (David-West, 1985). An aspect of the improvement has been "to upgrade mutton quality and quantity of crossbreeding" (Tafida, 1985).

The role of the Government of Nigeria in small ruminant production has been summed up by the Director of the Federal Livestock Department of Nigeria (David-West, 1985) as being:

i) Policy formulation and development which include planned government expenditure and allocation of resources to research and production, breeding policy, nutrition policy and feeding security, disease control and eradication.

ii) Training and provision of extension services to livestock farmers.

iii) Disease control.

iv) Provision for research and efficient information flow.

v) Provision of credit to farmers.

vi) Establishment of elite farms such as Livestock Breeding and Investigation Centres.

All governments in the sub-region follow and implement similar policies. The pace however is not quick enough and results not too obvious due to a late start and the current economic climate.

Recommendations

Governments should set up within the Departments of Animal Husbandry and Veterinary Services, if they already do not exist, Small Ruminant Extension Units (SREU). Staff from these units will work closely with sheep and goat farmers to help them improve housing, feeding and disease control measures.

Governments should encourage or assist research institutions to study vigorously the improvement of sheep and goat husbandry and their disease control and make available their results to the SREU for implementation.

Governments should encourage or assist in the timely provision of vaccines such as PPR, acaricides and anthelmintics for the control of sheep and goat diseases.

Governments should provide coordination for all the agencies within their territories dealing with some aspects of sheep and goat production and disease control.

Governments should collaborate with each other within West Africa to set up a sub-regional programme to control and eradicate PPR. Towards this the assistance of FAO may be sought.

The condition "Ataxic" syndrome in sheep should as a matter of urgency be investigated, with a view to understanding its aetiology and preventive measures instituted. To this end an international and/or sub-regional collaborative effort is required.

REFERENCES

Adekeye, J.O. (1984). Studies on zaerobic bacteria associated with ovine and caprine pneumonic lungs in Zaria. Nig. Vet. J. 13 (1): 5-8.

Adeoye, S.A.O. (1985). Disease profiles of sheep and goats in two groups of villages in Southwest Nigeria. Sheep and Goats in Humid West Africa: Proc. Workshop on Small Ruminant Production Systems in humid zone of West Africa - ILCA, Addis Ababa. p. 13-21.

Akerejola, O.O., Schillhorn, Van Veen, W.I. and Njoku, O.C. (1979). Ovine and caprine diseases in Nigeria: a review of economic losses. Bull. Anim. Hlth. Prod. Afr. 27: 65-70.

Akerejola (1982). Management of diseases affecting goat production under the intensive system in Nigeria. Proceedings of 3rd International Conference on Goat Production and Diseases. Tuckson Arizona, USA. pp. 289.

Assoku, R.K.G. (1979). A study of the incidence of blood-borne parasites of livestock in Southern Ghana. Bull. Anim. Hlth. Prod. Afr. 27: 29-39.

Assoku, R.K.G. (1981). Bull. Anim. Hlth. Prod. Afr. 29: 1-10.

Beal, W.P. (1921). Department of Animal Health Reports Vol. 1. 1901-1921, Accra - Government Printer.

Beal, W.P. (1928). Report on Veterinary Department 1927-1928, Accra: Government Printer, Gold Coast.

Beal, W.P. (1929). Report on Veterinary Department 1927-1928, 1928-1929, Accra: Government Printer, Gold Coast.

Beaton, W.G. (1930). Annual Report on Veterinary Department, Nigeria Government Printer.

Bonniwell, M.A. (1978). Veterinary problems associated with sheep rearing in the Ashanti region. Proc. First African Veterinary Congress (Accra) Tad. Pub. Cuxhaven, F.G.R.; 1: 116-126.

Bonniwell, M.A. (1983). The results of TCRV in Ghana. Peste des petits ruminants (PPR) in sheep and goats: Ed. D.H. Hill. ILCA, Addis Ababa. pp. 85-87.

Borquaye, S.A. (1981). Studies on health problems of sheep reared under tree crop plantation. B.Sc. (Hons.) Agric. Dissertation. Dept. of Animal Science, University of Ghana, Legon.

Campbell, A.D. (1956). Annual Report on Veterinary Department Eastern Nigeria, Government Printer Enugu.

Campbell, A.D. (1957). Annual Report on Veterinary Department Eastern Nigeria. Government Printer Enugu.

Charray, N., Aman, N. and Tanoh, K.G. (1985). Note sure une enzootie d'adénocarcinome de la muqueuse pituitiare des brebis Djalonké. Rev. Elev. Med. Vet. Pays Trop. 38(4): 406-410.

Chiejina, S.N. and Emehelu, C.O. (1986). Evaluation of three strategic anthelmintic programmes for the prophylaxis of parasitic gastroenteritis in cattle in Nigeria. Trop. Anim. Hlth. Prod. 18: 55-63.

Devendra, C. and Burns, M. (1970). Goat Production in the Tropics, Tech. Comm. No. 19 Commonwealth Agric. Bureaux, Bucks, U.K.

David-West, K.B. (1985). Role of Government in small ruminants production in Nigeria. Proceedings National Conference on Small Ruminant Production, NAPRI, Zaria. pp. 10-16.

Dettmers, A., Igoche, C.A. and Akinkuolie, K. (1976). The West African Dwarf sheep. I. Reproductive performance and growth. Nig. J. Anim. Prod. 3: 139-147.

Edwards, E.E., Judd, J.M. and Squire, F.A. (1956). Observations on trypanosomiasis in domestic animals in West Africa. Ann. Trop. Med. Parasit. 50: 223-241.

Falade, S., Sellers, K.C. and Ojo, M.O. (1975). A serological survey of caprine brucellosis in Nigeria. Bull. Epiz. Dis. Afr. 22: 335-339.

Falade, S. and Sellers, K.C. (1976). Reproductive losses in female goats. Nig. J. Anim. Prod. 3: 131-133.

Falade, S. and Smith O.B. (1985). Caseous lymphadenitis of sheep in Ile Ife Nigeria. Case Report. Bull. Anim. Prod. Afr. 33: 271.

Fry, N.C. (1958). Diseases of sheep in Ghana (Gold Coast). Br. Vet. J. 114: 209-215.

Henderson, W.W. (1934). Annual Report Veterinary Department Nigeria.

Hill, D.A. (1957). Quinquennial Report (1950-1955) Sheep Section, Animal Husbandry and Health Division, Faculty of Agric., University of Ibadan.

Hill, D.H. (1960). West African Dwarf sheep. Third Ann. Conf. Sci. Assoc. Nig., Ibadan.

Jahnke, H.E. (1982). Livestock production systems and livestock development in tropical Africa. Kieler Wissenschaftsverlag, Vauk, Kiel.

Jollans, L.O. (1960). The West African Dwarf goat. West African Journal of Biological Chemistry, 3: 74-80.

Kramer, J.W. (1966). The incidence of trypanosomiasis in West African Dwarf sheep and goats in Nsukka, Eastern Nigeria. Bull. Epiz. Dis. Afr. 14: 423-428.

Mack, S.D., Sumberg, J.E. and Okali, C. (1985). Small ruminant production under pressure: The example of goats in South-east Nigeria. Sheep and goats in humid West Africa. Ed. Sumberg and Cassaday, ILCA, Addis Ababa, pp. 47-52.

Mackinnon, E. (1956). Report on Animal Health Department for 1955-1956 Accra. Government Printer Gold Coast.

Maclennan, K.J.P. (1970). Epizootiology of trypanosomiasis in livestock in West Africa. In African Trypanosomiasis (Ed. Mulligan). pp. 751-765. George Allen & Unwin. Ltd. London.

Majiyagbe, K.A. (1985). Health management in small ruminants with emphasis on peste des petits ruminants (PPR). Small Ruminant Production in Nigeria: Proceedings of National Conference on Small Ruminant Production. NAPRI Zaria. pp. 220-230.

Mohan, K. and Uzoukwu, M. (1985). Mycoplasma sp. from pneumonic goats and sheep in Eastern Nigeria. Bull. Anim. Hlth. Prod. Afr. 33: 235-239.

Molokwu, E.C.I. (1982). Goat production in Nigeria - prospects and problems. Proc. National Workshop on Small Ruminant diseases and production in Nigeria. University of Nigeria, Nsukka. May, 1982.

Nduaka, O. and Ihemelandu, E.C. (1973). Observations on pneumonia-enteritis complex in Dwarf goats in eastern states of Nigeria - preliminary report. Bull. Epizoot. Dis. Afr. 21: 87-98.

Obasaju, M.F. and Otesile, E.B. (1980). Ctenocephalides canis infestation of sheep and goats. Trop. Anim. Hlth. Prod. 12: 116-118.

Obasaju, M.F. and Olufemi, B.E. (1981). The infestation of sheep and goats with lice in Ibadan, Nigeria. Bull. Anim. Hlth. Prod. Afr. 29: 259-262.

Obi, T.U. (1985). Serological survey of some rural infections in goats in Southern Nigeria. In sheep and goats in humid West Africa. Ed. J.E. Sumberg and K. Cassaday, ILCA, Addis Ababa, pp. 17-21.

Obrien, J.M. (1912). Report on the laboratory department for 1911, Accra Government Printer, Gold Coast.

Odeniyi, A.O. and Afolabi, M.K. (1985). Contagious ecthyma (ORF) in West African Dwarf goats. In small ruminant production in Nigeria. Proceedings National Conference on Small Ruminant Production - NAPRI, Zaria. pp. 273.

Ojo, M.O. (1976). Caprine pneumonia in Nigeria. I. Epidemiology and bacterial flora of normal and diseased tracts. Trop. Anim. Hlth. Prod. 8: 85-89.

Ojo, S.A. (1980). The merits of indigenous goats as a competitive meat producer in meeting Nigeria's protein requirement. Proc. 18th Annual Conference Nigerian Veterinary Medical Association, Ibadan, Nigeria.

Okoh, A.E.J. (1980). Abortion in sheep near Kano, Nigeria. Trop. Anim. Hlth. Prod. 12(1): 11-14.

Okoh, A.E.J. (1986). Enzootic abortion of ewes in Nigeria: an investigation into the naturally occurring disease in a research animal facility. Rev. Elev. Med. Vet. Pays. Trop. 39(2): 181-184.

Opasina, B.A. (1983). Epidemiology of PPR in the humid forest and derived savannah zones. Peste des petits ruminants (PPR) in sheep and goats. Ed. D.H. Hill, ILCA, Addis Ababa, pp. 14-21.

Opasina, B.A. (1985). Disease prevalence among village goats in Southwest Nigeria. In small ruminant production in Nigeria. Proc. National Conference on Small Ruminant Production, NAPRI, Zaria. pp. 275.

Oppong, E.N.W. (1965). A note on goats in Ghana with reference to the need to develop goat husbandry to improve the nations diet. The Ghana Farmer 9(4): 144-149.

Oppong, E.N.W. (1966). Ticks - their importance and control. The Ghana Farmer 10: 197-202.

Oppong, E.N.W. (1973). Diseases of sheep in Ghana. Ghana Jnl. Agric. Sci. 6: 3-7.

Oppong, E.N.W. and Yebuah, N.M.N. (1981). Some production traits of the West African Dwarf goat. Trop. Anim. Hlth. Prod. 13: 208-212.

Osuagwuy, A.I.A. and Akpokodje, J.U. (1981). West African Dwarf (Fouta Djallon) goat. I. Causes of early mortality. Int. Goat and Sheep Res. 1: 303-309.

Osuagwuy, A.I.A. and Akpokodje, J.U. (1984). The reproductive performance of the West African Dwarf (Fouta Djallon) goat. Trop. Anim. Prod. 9: 231-238.

Osuagwuy, A.I.A. and Akpokodje, J.U. (1985). An outbreak of abortion in West African Dwarf (Fouta Djallon) goat due to malnutrition. Trop. Vet.

Otesile, E.B., Kasali, O.B. and Nzekwu, C.K.N. (1983). Mortality in goats on the University of Ibadan Teaching and Research Farm. Bull. Anim. Hlth. Prod. Afr. 31: 281-286.

Quartey, S.B.K. (1978). Proc. First African Veterinary Congress (Accra). Tad. Publications Cuxhaven, F.G.R. 1: 14-17.

Reynolds, L. Atta Krah, A.N. and Francis, P.A. (1987). A strategy for improving goat productivity under village production systems in the humid tropics. International Workshop on Goat Productivity in Humid Tropics, O.A. University Ile-Ife, Nigeria.

Rombaut, D. and Van Vlaenderen, G. (1975). FAO IVC Ministère de la Production Animale Rep. de Côte d'Ivoire.

Sadig, N.A. (1985). Studies on anaplasmosis of small ruminants. In small ruminant production in Nigeria. Proceedings of National Conference on Small Ruminants in Nigeria, NAPRI, Zaria. pp. 271.

Smith, O.B. and Olubunmi, P.A. (1983). Incidence, prevalence and seasonality of livestock diseases in the hot humid zone of Nigeria. Trop. Anim. Prod. 8: 7-14.

Smith, O.B. and Van Houtert, M.F. (1984). Health aspects of intensive management of West African goats in the humid forest zone of Nigeria. Proceedings National Conference on Diseases of Ruminants, NVRI, Vom.

Smith, O.B., Ayeni, O.A., Onawunmi, A.O. and Ademosun, A.A. (1986). Helminths and Haematozo on parasites of Dwarf goats in Southwest Nigeria. Bull. Anim. Hlth. Prod. Afr. 34: 67-70.

Smith, O.B., Van Houtert, M.F.J. and Olubonmi, A.O. (1987). Herd health problems in West African Dwarf goats reared in total confinement in the humid tropics. Paper presented at Int. Workshop on Goat Production of the Humid Tropics, Ile-Ife, Obafemi Awolowo University - Ile-Ife.

Stewart, J.L. (1931). Report on Veterinary Department Accra. Government Printer Gold Coast.

Stewart, J.L. (1937). Report on Veterinary Department (1936-1937), Accra; Government Printer, Gold Coast.

Stewart, J.L. (1943). Report on Veterinary Department (1943-1944), Accra; Government Printer, Gold Coast.

Tafida (1985). In small ruminant production in Nigeria. Proceedings National Conference on Small Ruminant Production - NAPRI, Zaria. pp. 7-9.

Taylor, W.P. (1985). A case of PPR in Eastern Nigeria. In peste des petits ruminants in sheep and goats. Ed. D.H. Hill, ILCA, Addis Ababa.

Tuah, A.K. and Baah, J. (1985). Reproductive performance, pre-weaning growth rate and pre-weaning lamb mortality of Djallonké sheep in Ghana. Trop. Anim. Hlth. Prod. 17: 107-113.

Ugochukwu, E.K. (1983). Pathology of bacterial pneumonia of goats in Nsukka and Enugu Zones of Anambra State, Nigeria. Bull. Anim. Hlth. Prod. Afr. 31: 343-347.

Vohradsky, F. (1966). Analysis of health of animals based on postmortem findings. Annual Report (1965-1966). University of Ghana, ARC Nungua.

Vohradsky, F. (1974). Adenocarcinoma of the olfactory mucosa of sheep and pigs in Ghana. Acta. vet. 43(3): 243-249.

UTILIZATION OF PASTURE AND FODDER SHRUBS IN THE NUTRITION OF SHEEP AND GOATS IN THE HUMID TROPICS OF WEST AFRICA

A.N. Atta-Krah and L. Reynolds
ILCA Humid Zone Programme, P.O. Box 5320
Ibadan, Nigeria

RESUME

Une alimentation pauvre et inadéquate est l'une des principales contraintes pour la production des petits ruminants sous les tropiques humides de l'Afrique de l'Ouest.

Dans cette zone les petits ruminants sont considérés comme une entreprise d'élevage mineure, recevant peu ou pas d'investissement en aliments, santé et logement. La contrainte alimentaire est vue, dans ce document comme étant la conséquence de plusieurs raisons, dont notamment: 1. l'intensification de l'agriculture qui diminue les ressources fourragères provenant des terres en jachère; 2. l'absence de ressources de haute valeur nutritive dans les pâturages naturels; 3. le surpâturage par surcharge des pâturages et des arbustes fourragers naturels; 4. le manque de ressources et d'intérêt pour la production fourragère destinée aux petits ruminants.

Les potentialités des pâturages naturels et artificiels, aussi bien que les arbres et arbustes fourragers pour l'amélioration de la production des petits ruminants par l'amélioration de l'alimentation (en quantité et en qualité) sont analysées. Le rôle particulier des arbres fourragers et leur importance dans une situation de ressources minimales est explicité.

Les pâturages artificiels de légumineuses et de graminées fourragères sont présentés comme non attractif au niveau des petits éleveurs, alors que des potentialités existent pour leur utilisation au niveau des élevages de moyenne et grande taille. Les espèces adaptées de légumineuses et de graminées pour de tels pâturages sont recensées.

La nécessité d'une évaluation économique complète, avant d'établir des recommandations finales sur les pâturages destinés aux petits ruminants, est mise en évidence. L'article préconise aussi la nécessité de démontrer la faisabilité des systèmes de production fourragère à travers la collaboration de la recherche, du développement et de l'encadrement.

SUMMARY

Poor and inadequate nutrition is one of the major constraints to small ruminant production in the humid tropics of West Africa. In this zone small ruminants are generally kept as a minor farm enterprise, receiving little or no investment in feed, health or housing. The nutrition constraint is viewed in this paper as due to a variety of reasons including: (i) intensification of crop agriculture which has led to diminishing feed resources from fallow lands; (ii) inadequate resources of high nutritive value in natural pasture; (iii) overgrazing/overlopping of natural pasture and fallow trees; and, (iv) lack of resources and interest in pasture production for small ruminants. The potential of natural and planted pasture, as well as of fodder trees/shrubs in improvement of small ruminant production through improved feed, in quality and quantity, is analysed. The special role of tree fodder and its relevance for the smallholder minimum-resource situation are stressed. Planted pasture with forage legumes and improved grasses is presented as unattractive under smallholder situations, though some potential exists for its use for medium/large scale production of small ruminants. Suitable grass and legume species for such pastures are listed. The need for a thorough economic assessment before making final recommendations on pasture for small ruminant production is stressed. The paper also advocates the need to demonstrate workability of pasture production systems through collaboration of research, development and extension.

INTRODUCTION

The humid region of West Africa, receiving over 1500 mm annual rainfall with a growing season in excess of 270 days, covers the coastal strip with lowland forest and derived savannah zones. The lowland forest contains farmland under cultivation and bush fallow. Coarse grasses invade these areas and natural clearings but grass cover is sparse or absent under the trees. The derived savannah belt is found adjacent to and to the north of the lowland forest. This area is subject to regular fires and tree cover has been reduced to low trees, shrubs and bushes. Fallow areas are covered by coarse grasses but a reduction in the frequency of burning on uncultivated land allows an invasion of woody species and reversion to forest. *Pennisetum* spp are typical of the forest zone grasses associated with secondary tree growth, merging with *Hyparrhenia* in the northern parts of the derived savannah (Rattray, 1960). These two belts - lowland forest and derived savannah - together constitute the humid zone of West Africa (HZWA) (Figure 1).

Livestock production in the HZWA has generally been limited by the disease, trypanosomiasis, transmitted by the tsetse fly, and most resident animals are indigenous trypanotolerant dwarf breeds. An estimated 14 million small ruminants are found in the zone (Table 1), managed as one of a number of minor farm enterprises. Small ruminants represent the dominant ruminant livestock species in the zone, and their production is mainly by smallholder farmers. The importance of these animals in the zone is shown by their widespread distribution in villages and farmer households, and in their use as a major animal protein source and means of investment and savings by farmers.

Numbers kept per household are usually low (2-5) and it is estimated that they contribute only about 5 percent of total farm income (Flinn, 1974). However, an overwhelming proportion of small ruminants in the humid zone are kept under such smallholder village conditions, with probably much less than 5 percent under commercial large-scale management. An improvement in the productivity of animals at the smallholder, village level, will therefore have a great impact on the overall production of small ruminants in the zone.

Figure 1. The humid zone of West and Central Africa

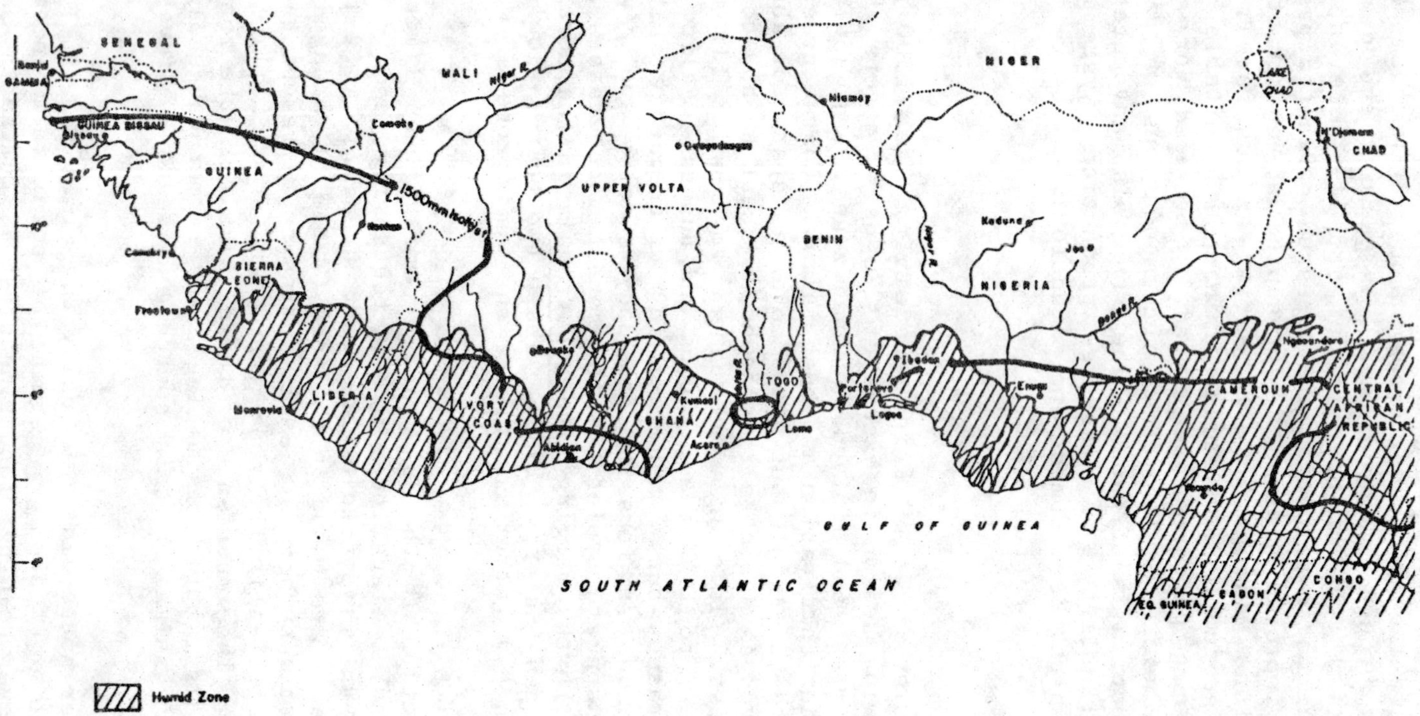

Scale 1: 20,000,000

Source: Derived by C de Haan from a map prepared by A Blair Rains.

Table 1. Small ruminant and human agricultural populations (in millions) in humid West Africa

Country	Small ruminants			Human Agricultural Population
	Goats	Sheep	Total	
Nigeria	5 621 (6 634)[a]	3 476 (1 886)	9 097 (8 520)	11 955
Ghana	1 200 (246)	990 (344)	2 190 (590)	4 347
Côte d'Ivoire	816 (426)	874 (533)	1 690 (959)	1 555
Liberia	190	190	380	1 268
Guinea	79	86	165	1 104
Sierra Leone	59	20	79	1 601
Togo	45 (304)	33 (342)	78 (646)	233
Benin	-	-	-	-
Total	8 010	5 669	13 689	22 063

[a] Data in parentheses have been taken from ILCA (1979).

Source: Jahnke (1982).

Major constraints to production in the humid zone have been identified as disease, feed and management (ILCA 1979; Sempeho 1985). This paper analyses the potential of pastures and fodder trees (browse) as tools in the elimination of the feed constraint for improved small ruminant production in the humid tropics of West Africa.

Available feed resources for small ruminants in the zone

Tropical grasses mature rapidly, and crude protein levels can fall to as low as 2 percent in the dry season. Deep rooted browse trees, however, show less variation in protein level throughout the year, and browse is often the only source of green forage in the dry season.

Under smallholder management systems, feed resources available for small ruminants range from those obtained by scavenging around households to grazing and browsing on natural vegetation in natural pasture, fallow lands or along roadsides. Under confinement systems these same materials have to be collected by the farmer and fed to the animals. Household scraps such as cassava and plantain peels and maize chaff also provide a significant contribution to feed resources for smallholder sheep and goats.

So long as flock sizes are kept at present low levels and availability of browse and other fodder from fallows and natural pasture is maintained, there is not likely to be a major feed deficit for small ruminants. However, improvement in disease control is likely to result in an increasing flock size/farmer, and the growing human population is resulting in shorter fallows and diminishing grazing lands as cropping is intensified. It has been reported that as human population density increases, there is a decrease in farm size and crop yield/ha, but an increase in livestock numbers/farm (Lagemann, 1977). These situations, therefore, imply a potential major limitation in feed availability for small ruminants in the zone. The need to increase feed supply and quality through an improvement in the production and utilization of pasture and fodder shrubs is therefore obvious.

ROLE OF PASTURE AND BROWSE IN SMALLHOLDER SMALL RUMINANT PRODUCTION

(i) Natural pasture

In this article, the term "natural pasture" will be used to describe any uncultivated piece of land on which livestock have access to grazing or browsing. As the name implies pasture and fodder/browse trees and shrubs on such lands are not planted and in most cases are not managed.

Within the HZWA, natural pasture is of more relevance in the derived savannah belt than in the lowland forest areas. Agricultural land in the latter consists essentially of "crop land" and "fallow land". The fallows are usually, and ideally, dominated by trees and shrubs and very little grazing is done, which would not be realistic on such lands. Farmers, however, cut foliage from browse trees in fallows for feeding to their livestock. In the more open derived savannah zone, natural pasture consists of a mixture of grasses - (notably *Imperata cylindrica*, *Andropogon gayanus*, *Pennisetum* spp. and *Hyparrhenia* spp.), low-growing trees and shrubs and bushes. Such vegetation constitutes the basic form of feed for all classes of ruminant livestock in the zone (Aken'Ova, 1985).

It has been observed that natural pasture species in tropical environments are of low quality causing very low production per animal per hectare (Henzell and Mannetje, 1980). This is mainly because of the low nutritive value of tropical grasses (Adu and Adamu, 1982) and also because such pastures receive no management attention. They are overgrazed in the dry season and undergrazed in the wet season, during which period they grow rapidly, become coarse and fibrous and decline in nutritive value. In the dry season crude protein levels could drop as low as 2 percent. Thus the carrying capacity of most natural pastures is very low, at best 300 kg/3 ha natural grassland (Williamson and Payne, 1965). They do, however, contribute immensely even if inefficiently in maintaining sheep/goats and other ruminants in the derived savannah zone.

(ii) Planted pasture

Pasture establishment and management, whether with grasses or forage legumes, involve some expenditure in the form of land, labour and other inputs. Matthewman (1977) concluded that the experimental work on planted pasture would be of limited applicability to the small farmer sector because of the capital requirements and problems of management. Most smallholder farmers are also not willing or able to make this investment for small ruminants because of the minor role they play in the production system. Crop agriculture is the dominant farm activity in the zone and receives priority attention and resources. Any strategy to improve fodder production in the zone should not impinge negatively on crop production or crop land unless a clear economic or social benefit can be demonstrated.

Economic studies on pasture production for small ruminants are not available in the literature, but some indications are available with large ruminants. Doppler (1980), in an economic analysis of several years research into beef production from pasture at Avetonou, Togo, stated that costs were too high for economic production from pasture. Ruthenberg (1974) also concluded that ranches for multiplication of N'dama from pastures sown with Stylosanthes were not economically viable. De Leeuw and Agishi (1978) in the sub-humid zone of Nigeria stated that for beef production, the most economic system was grazing on natural pasture with supplementation.

It is against this background that the authors of this paper consider the issue of pasture establishment for smallholder production of small ruminants as a very delicate one which requires a lot of caution. The practicality, relevance and feasibility of such a system is clearly in doubt. Given the existing farming system in the zone, it does appear that there is very little scope for integration of improved grasses and herbaceous forages for small ruminants within local cropping systems.

The potential, however, exists for feed production through the use of fodder trees and shrubs. Trees have generally been considered as an integral part of the traditional farming system (the bush fallow/shifting cultivation system) and therefore, selected fodder trees and shrubs could be easily integrated into these systems (Atta-Krah, Sumberg and Reynolds, 1986; Atta-Krah and Okali, 1986). Furthermore, the establishment and management of fodder trees requires much less effort, time, expertise and resources than that for herbaceous legumes and grasses. Fodder trees can be established in farm plots, along farm boundaries, and around household areas, with very little management, to produce forage for small ruminants. The multipurpose nature of most trees is an additional attraction for the small farmer as other benefits such as fruits, fuelwood, poles, shade, etc. may be obtained from fodder trees.

The potential of fodder trees (especially nitrogen fixing leguminous ones) in contributing to soil conservation and fertility maintenance offers an entry point for their incorporation and intensification in crop fields, leading to an improvement in crop production and in many cases, in small ruminant feed supply.

Traditionally, browse plays a very important role in feed supply for sheep and goats in the humid zone. Animals under confinement or tethering management often receive browse fodder lopped from fallow lands. Wahua and Oji (1987) listed 35 local browse plants which were used in feeding confined small ruminants in Rivers State of eastern Nigeria, while Orok and Duguma (1987) working in Cross River State of southeastern Nigeria also identified 44 browse species used by farmers in the area. Both authors stressed the important role played by browse and strongly advocated a production strategy for local browse and other fodder trees within the existing farming system.

Introduced fodder trees for small ruminant production in the humid zone

The Humid Zone Programme (HZP) of the International Livestock Centre for Africa (ILCA) has since 1980 been working on two leguminous fodder trees, leucaena (Leucaena leucocephala) and gliricidia (Gliricidia sepium) in the development of smallholder fodder production systems. Both species are very well adapted to humid and sub-humid tropical conditions and are capable of nitrogen fixation. They therefore have a potential for improving soil fertility and enhancing crop production. The foliage from the two trees is rich in protein and other elements (Table 2) and therefore, offers a cheap means of supplementing available feeds, especially in the dry season.

Leucaena is the more productive of the two, and it is also more palatable; however, it contains a toxic element, mimosine, in its tissue, which can be harmful to small ruminants if leucaena is fed over 50 percent of total intake for long continuous periods. Gliricidia has proved to be a worthy companion and alternative species to leucaena and can be fed in much larger quantities without toxicity problems. Both species are fast-growing and coppice effectively. In various production systems developed by ILCA these two leguminous forages have shown fodder yields ranging from 6-38 tons DM/ha/annum on non-acid soils in the humid zone. The growth and productivity of both species, however, decline on acid soils and in low rainfall (<1000 mm) areas.

Table 2. Chemical composition (%, DM basis) of the edible parts of Gliricidia and Leucaena

	Crude Protein (CP)	Crude fibre (CF)	Ether extract	NFE*	Ash	ADF*	Lignin
Gliricidia							
Leaf	22.5	16.5	7.8	44.4	8.8	22.3	12.3
Petiole	8.1	32.5	2.0	47.3	10.1	49.1	12.7
Bark	12.2	30.5	4.0	41.7	11.6	38.1	15.6
Leucaena							
Leaf	18.3	22.4	12.0	37.9	9.4	20.5	9.7
Petiole	7.8	38.3	1.3	43.3	8.7	47.2	13.6
Bark	9.8	34.2	5.0	42.6	8.4	40.3	10.0

* NFE = Nitrogen-free extract; ADF = Acid detergent fibre.

Source: Mani, 1984.

Other tree species of potential for fodder production in the zone include Cajanus cajan (pigeon pea), Flemingia congesta (syn. F. macrophylla) and Calliandra calothyrsus. Systems based on these fodder trees need to be developed for smallholder intensive small ruminant production in the zone.

Production systems with fodder trees

A number of possibilities exist for the integration of fodder trees into smallholder farming systems. These trees could, as already indicated, be planted within crop fields or along farm boundaries. They could also be used for fencing around home compounds and sometimes as shade trees.

With leguminous fodder trees such as leucaena and gliricidia, a major entry point should be based on their soil improvement characteristic, as a means of linking crop and livestock production. Two production systems developed by the HZP of ILCA on this basis are described below.

Alley farming: Alley farming involves the planting of leguminous or other soil improving fodder trees in rows within arable crop farms. The concept is based on the alley cropping system (Kang, Wilson and Sipkens, 1981) developed at the International Institute of Tropical Agriculture (IITA) in which legume trees are integrated into cropping fields to maintain soil fertility and promote continuous cropping. Food crops are planted in the 4 m alleys between established tree rows, and the latter is managed to support crop production through the use of its nitrogen-rich foliage as fertilizer (green manure or mulch). In alley farming, the dominant requirement is for the tree species used to be of good fodder value, with a potential in enhancing sustainable crop production. Leguminous nitrogen-fixing fodder trees therefore have a special advantage in these systems - though non- legumes could also be used.

The establishment of an alley farm involves the seeding of leucaena and gliricidia (or other locally acceptable fodder trees) in alternate rows 4 m apart in farmers' crop fields. This planting is done in the first rainy season, either before or after food crops have been planted. Weed control is very essential in the first 3 months of growth as the trees, especially leucaena, compete poorly with weeds. Under normal circumstances on average fertility crop land, no fertilizer is required in the establishment, but on badly degraded land such as is due for fallow, application of NPK (15-14-15) fertilizer along tree rows at a rate of 60-80 g per m (equivalent to 150-200 kg fertilizer/ha) is beneficial (Reynolds, Atta-Krah and Francis, 1987). In areas where the tree species have not been previously grown, inoculation with appropriate Rhizobia prior to planting may be necessary for effective nodulation and nitrogen-fixation.

The trees should ideally receive a full year's growth prior to first cutting. An average height of 2.0 m should be attained by then. The cutting preceding planting of the arable crop should be total and uniform to avoid shading the planted crops, and cut foliage should be used almost entirely for soil fertility promotion either through mulching or incorporated into the soil. Subsequent regrowths can then be selectively and periodically harvested on a continuous basis for feeding small ruminants, or may be cut and used as additional fertilizer. Cutting management during cropping periods should be such as would prevent excessive shading of the accompanying arable crops.

Research at ILCA and IITA has shown the benefit to crop production of having these legume trees within cropping fields (Kang, Wilson and Sipkens, 1981; Kang, Grimme and Lawson, 1985; Atta-Krah, Sumberg and Reynolds, 1986). Foliage productivity from trees under alley farming management is in the range of 6-8 tons DM/ha annum, with 4-6 cuttings in a year, 25 percent of which can safely be used as animal feed. Table 3 shows foliage DM, nitrogen yield and crude protein contents of 4 tree species used in alley farming. Crop yields under alley farming with both leucaena and gliricidia have consistently been higher than without the trees (Kang, Wilson and Sipkens, 1981; Atta-Krah, Sumberg and Reynolds, 1986; ILCA, 1987). It has also been shown that where short grazed fallows (2 years) are rotated with cropping phases in alley farming, crop yields when such grazed plots return to cropping, are boosted compared to continuous alley cropping (Table 4). Such grazing under the trees within an alley farming framework is referred to as alley grazing (Sumberg, 1984; Atta-Krah, Sumberg and Reynolds, 1986). Even though the response to soil, crop and tree is all positive, animal management within the system under smallholder conditions remains problematic (Atta-Krah, Sumberg and Reynolds, 1986). The presence of the trees on farmers' fields and their continued productivity in the dry season are providing farmers in a number of villages in southwest Nigeria, where this technology is being tested (Atta-Krah, 1985; Atta-Krah and Francis, 1987) with a high quality supplement to the diet of sheep and goats.

<u>The intensive feed garden:</u> These are intensively cultivated plots of leguminous fodder trees and productive grasses. Unlike alley farms no food crops are planted in this system, as the space between tree rows is planted to grass (usually <u>Panicum maximum</u> or <u>Pennisetum purpureum</u>). When tree rows are spaced 4.0 m apart, there is a possibility of transforming a feed garden into an alley farm after a number of years of production. Productivity in an intensive feed garden depends on the ratio of grass to trees, and on the cutting management adopted. With trees spaced at 4 m apart and four rows of <u>Panicum</u> within alleys, a DM yield of over 20 tons/ha is obtainable (ILCA, 1987). A similar level of production is obtained with trees spaced at 2.5 m apart and 2 rows of grasses within alleys. This latter arrangement has a higher tree density and therefore a higher protein content in the total production. It however requires some more management attention than the former design.

Feed gardens can also be established with trees only for production of protein supplement to available traditional diets. In a management trial with leucaena in such a system, the most productive option was an interrow spacing of 0.5 m, with a cutting frequency of 12 weeks, yielding 38 tons DM/ha of foliage (Figure 2).

No figures are available on productivity of fodder trees as live fences, shade trees, etc. in the West African humid zone. Such usage is however common among small ruminant keepers and contributes significantly to feed supply for small ruminants. In Central America from where gliricidia originates, the species is commonly established as live fences, and loppings from such fences provide feed for small ruminants (Romero *et al.*, 1987).

Table 3. Leaf biomass, nitrogen and crude protein yield of 4 alley farming tree species

Species	Total Leaf Biomass Yield[a]	Nitrogen Yield[a]	Crude protein[b]
	t DM/ha/yr	kg/ha/yr	%
Acioa barterii	3.0	40.5	8.2
Alchornea cordifolia	4.0	84.8	12.0
Gliricidia sepium	5.5	169.1	20.0
Leucaena leucocephala	7.4	246.5	21.25

[a] Source: B.T. Kang - unpublished (from Kang and Reynolds 1986).
[b] Crude protein (CP) content estimated as follows:

CP = Kjeldahl nitrogen X 6.25.

Table 4. Ear leaf nitrogen and grain yield of maize in conventional farming, continuous alley cropping and alley farming after a 2-year grazed fallow with leucaena (Atta-Krah, unpublished data).

Cropping System	Ear Leaf %	Grain Yield[a] t/ha/yr
Conventional (no trees)	1.37	3.06 (100)
Alley cropping (continuous)	1.79	4.11 (134)
Alley cropping (after grazed fallow)	2.02	5.35 (175)
LSD P = 0.05	0.37	0.65
CV	16.58	20.21

[a] Values in parentheses are yield expressed as percentage of yield under conventional cropping.

Figure 2: Effect of cutting frequency and inter-row spacing on fodder dry-matter yield of leucaena under intensive cultivation, Ibadan, 1986.

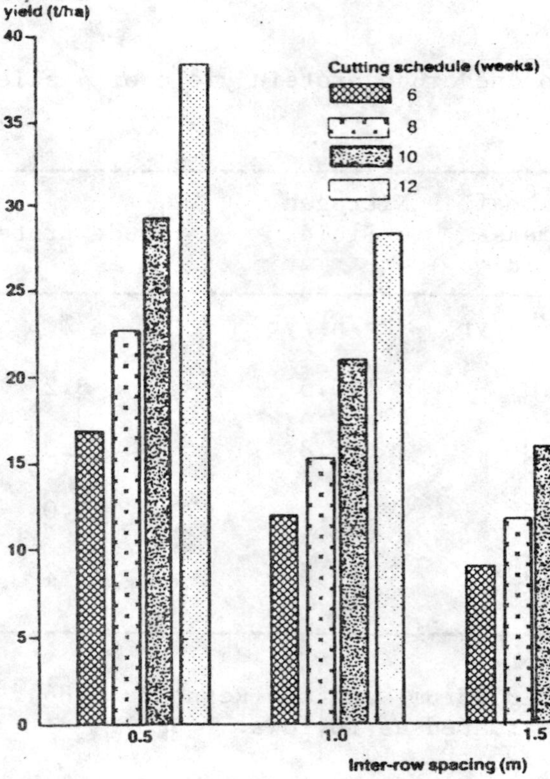

Figure 3: Dry matter intake, adult sheep July 1986 - January 1987

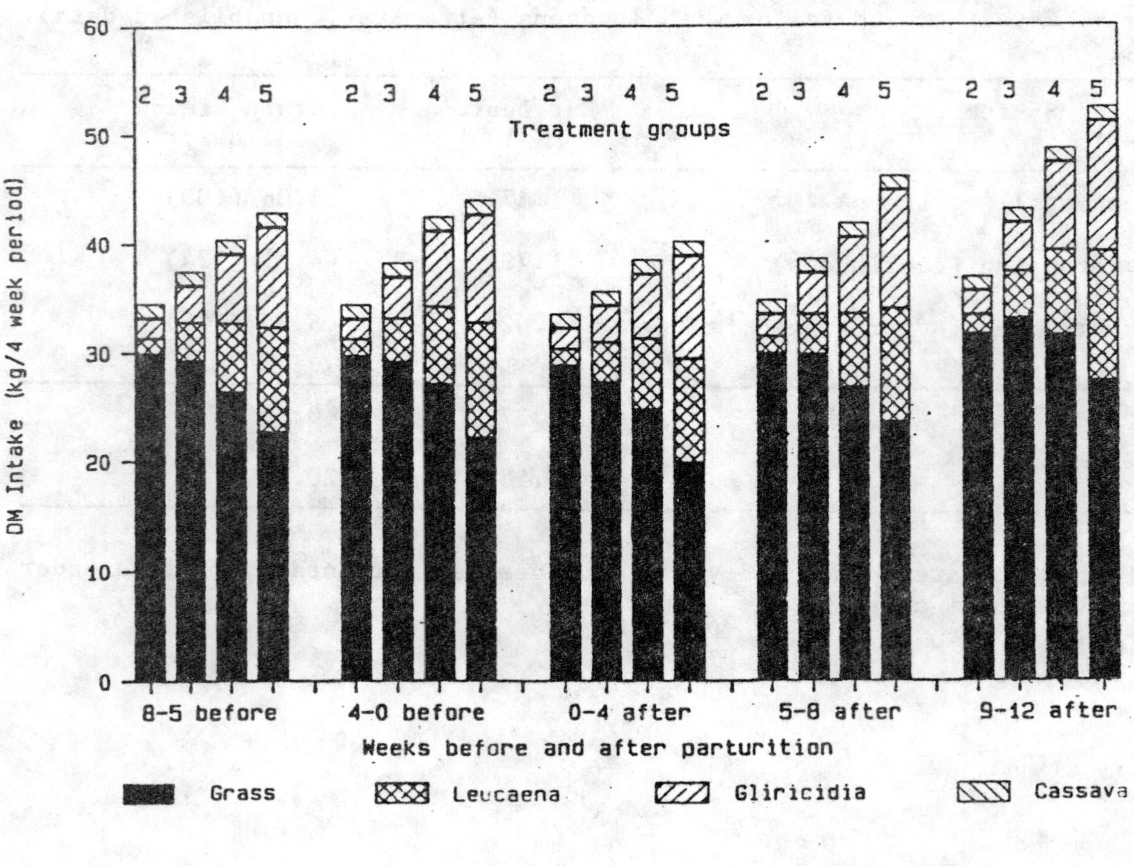

Animal response to supplementation with legume tree fodder

Effect of leucaena/gliricidia supplementation: Given the existing farming system in HZWA, supplementation strategies will appear to be the most appropriate way of increasing smallholder small ruminant production. This view is also expressed by van Eys *et al.* (1986) for small ruminant production in south and southeast Asia. Results from a nutrition study at ILCA (ILCA, 1983; Reynolds and Adediran, 1987) in which different levels of supplementation of leguminous browse (1:1 ratio of leucaena and gliricidia) were fed to sheep on *ad lib.* *Panicum* basal diet showed (Figure 3) that increasing levels of supplementation led to:

(i) a decrease in intake of *Panicum*;

(ii) an increase in intake of both leucaena and gliricidia, reflecting amounts offered; and,

(iii) an overall increase in total DM intake.

Similar results have been presented by Ademosun, Jansen and van Houtert (1985) using leucaena and gliricidia in separate trials as supplements to *Panicum* hay. The same authors also reported a linear relationship in the amount of legume fed with dry matter intake and digestible dry matter.

In another ILCA on-station trial to determine the effects of supplementation on lamb growth rates and survival, and on long-term animal productivity, leucaena and gliricidia were offered to dams in the last 2 months of pregnancy and 3 months of lactation (Reynolds and Adediran, 1987). Increasing levels of supplementation resulted in significant increases in growth rate of lambs (Table 5) and in survival to 24 weeks (Table 6). A regression analysis of this data showed that each 100 g of browse DM consumed daily raises the productivity index by 1.41 kg lamb weaned/dam/year (Reynolds - personal communication). Similar improvements in animal productivity from browse supplementation have been made by Ademosun, Jansen and van Houtert (1985).

POTENTIAL ROLE OF PASTURE IN INTENSIVE/COMMERCIAL SMALL RUMINANT PRODUCTION

While it is strongly felt that the issue of pasture establishment is irrelevant and impracticable for smallholder small ruminant production in the humid zone, there can be a role for pastures in medium and large-scale production. With the effective control of PPR, and other diseases, mortalities fall and animal numbers, even at the smallholder level, are bound to rise. There is going to be an increasing drive towards intensification and commercialization of small ruminant production. Such is already being evidenced in southern Nigeria, where a survey of small ruminant stocks per household gave a range of 1-120 for goats and 1-100 for sheep (Orok and Duguma, 1987; Wahua and Oji, 1987). Orok and Duguma also reported encountering a single farmer with over 1 000 goats.

Table 5. Supplementary feeding with Leucaena and Gliricidia on growth rate of lambs

Dietary Treatment	Browse intake (g DM/day)		Growth rate (g/day)	
	Dams*	Lambs+	Birth-12 weeks	Birth-24 weeks
1	0	0	39.0^{abc}	25.4^{gh}
2	120	34	46.7^{de}	30.7^{ij}
3	239	77	57.2^{af}	34.0^{kl}
4	441	136	66.3^{bd}	44.5^{gik}
5	741	250	84.0^{cef}	50.3^{hjl}

Values within a column with the same letter are significantly different.

$P<0.05$ af; $P<0.01$ bdegjl; $P<0.001$ chik

* Between 8 weeks prepartum and 12 weeks postpartum

+ Between weaning at 12 weeks postpartum and 24 weeks.

Table 6. Effect of browse supplementation on the survival rates to weaning* and 24 weeks of lambs.

Dietary+ Treatment	Survival rates	
	Weaning	24 weeks
1	0.50	0.50
2	0.87	0.62
3	0.78	0.70
4	1.00	0.89
5	1.00	1.00

* Weaning at 12 weeks of age
+ Dietary treatment as shown in Table 5
Source: Reynolds and Adediran, 1987.

For large-scale production of small ruminants some investment in pasture establishment is necessary. This view is shared by Mathewman (1977), who remarked that "intensification of production would involve a change to a system based on high inputs of time, labour and capital and would require a re-orientation of ideas towards livestock".

Leguminous fodder trees such as leucaena and gliricidia could form the basis of pasture and fodder production systems for HZWA, with forage legumes (herbaceous) and grasses providing the bulk feed required. The legume fodder trees will provide the much-needed dry season supplement, as well as assist in the maintenance of soil fertility in grass pastures. They will also help reduce the total cost of pasture production and make pasture establishment more economically feasible.

A considerable number of studies on pasture development in the humid zone was carried out in the 1960s and 1970s and reviews published (Crowder and Chheda, 1977, 1982; Matthewman 1977; ILCA, 1979). These have provided relevant information on pasture development in the humid zone.

Pasture species to use

1. Grasses

Work on the genetic improvement of suitable grasses has been confined mainly to Panicum maximum, (guinea grass), Pennisetum purpureum (elephant grass), Cynodon spp. and Andropogon spp. (Crowder and Chheda, 1977). In addition to these grasses, McIlroy (1962) mentioned Digitaria decumbens, Brachiaria mutica and Axonopus compressus as being suitable for the lowland forest region.

Productivity

Dry matter percentage of most grasses in West Africa do not vary widely up to 6-8 weeks of growth and range from 15-20 percent for tall growing fodder grasses such as guinea grass and elephant grass, and 25-30 percent for pasture species such as star grass (Crowder and Chheda, 1982).

The productivity of grasses depends very much on the fertility status of the soils and on availability and use of nitrogen fertilizers. In general, yields of grasses are low in unfertilized plots (Table 7) but can be increased dramatically by application of adequate fertilizers (Adegbola, 1964). It has also been established that a wide range of variation on productivity exists both between and within species. A collection of Pennisetum purpureum varieties from southern Nigeria gave DM yields of between 8-12 t/ha annum under low fertility conditions, and crude protein from 10-17 percent (Chheda, 1971). C. dactylon vars coursii and elegans, C. aethiopicus and C. nlemfuensis vars robustas and nlemfuensis showed a high degree of pasture potential with several ecotypes yielding over 15 t DM/ha annum (Chheda, 1974). In 1968, Cynodon strain IB 8 which is a selection of C. nlemfuensis var nlemfuensis was released for general cultivation. This strain is easy to establish vegetatively, is drought tolerant, greatly superior to existing Cynodon cultivars in productivity and responds well to fertilizer application. With adequate fertilization and good management DM yields of 15-20 t/ha/annum are common under humid/derived savannah conditions, compared with yields of 3-4 t/ha/annum for local Cynodon cultivars (Matthewman, 1977).

Table 7. Dry matter production of unfertilized selected grass species at Agege, Western Nigeria, 1959-61.

Species	Dry Matter Production (t/ha)	
	1959-60	1960-61
Andropogon gayanus	14.48	17.74
Pennisetum purpureum	20.61	8.35
Panicum maximum	5.56	6.65
Cynodon dactylon	6.15	3.76
Digitaria decumbens	4.67	3.41
Melinis minutiflora	6.30	4.30

Source: Adapted from Adegbola, 1964.

Pasture legumes

Pasture legumes have received relatively less attention in the humid zone than have grasses. Work at Moor Plantation (Ibadan) in 1960 showed that four pasture legumes Centrosema pubescens (Centro), Stylosanthes gracilis (Stylo), Pueraria phaseoloides and Calopogonium mucunoides are all well adapted to conditions in the humid zone (Ahlgren et al.,1959; McIlroy, 1962; Adegbola, 1964). Yields realized from these legumes in unfertilized plots at Ibadan are given in Table 8.

Results of pasture legume experiments in Nigeria have shown the superiority of Stylosanthes gracilis over the three other legumes in terms of dry season productivity (Adegbola, 1964). This legume therefore has a great potential for providing an all season feed for sheep, goats and other ruminants (Ademosun, 1970).

A preliminary evaluation of forage legume carried out at the humid zone programme of the International Livestock Centre for Africa at Ibadan, Nigeria, also confirmed the productivity of these legumes. Other promising legumes emerging from this evaluation were: Centrosema pascianum, Lablab purpureus cv. Jhonsi, Desmodium turtuosum, Desmodium cinereum, Calopogonium caeruleum and Desmanthus virgatus.

Table 8. Dry matter production of selected forage legumes at Agege, Western Nigeria, 1959-61.

Legume spp.	Dry Matter Production t/ha	
	1959-60	1960-61
Stylosanthes gracilis	9.91	5.98
Centrosema pubescens	4.30	3.93
Peuraria phaseoloides	5.56	5.41
Calopogonium mucunoides	2.64	4.13

Source: Adapted from Adegbola, 1964.

Grass/legume mixtures

A combination of forage grasses and legumes have the potential for producing energy and protein required for optimum growth of small ruminants. In the production system, the presence of the legumes enhances the production capacity of the grasses, through the latter's ability to fix nitrogen, which the grasses share. A number of trials carried out in the humid zone have shown the suitability of combinations of various tropical grasses including *P. purpureum*, *P. maximum* and *Cynodon* spp. with a legume such as *Centrosema* (Ahlgren *et al.*, 1959; Borget, 1969; Evans, 1961; McIlroy, 1962). At Ibadan short grass-legume mixtures (e.g. *Cynodon*, with *Centrosema* or *Stylosanthes*) have provided about 15 t DM/ha annum while tall growing grasses (*P. maximum*, *P. purpureum*) in legume (Centro, Stylo) mixtures yielded 25 t DM/ha annum (Olubajo and Oyenuga, 1971). Olubajo (1974) further reports that at Ibadan, a sown pasture of *Cynodon nlenfuensis* var *robusta* and *C. pubescens* was generally superior in productivity and digestibility to four other mixtures of *Cynodon nlemfuensis*, *Centrosema pubescens*, *Digitaria decumbens*, *Chloris gayana* and *S. gracilis*. The *Cynodon/Centrosema* pasture was reported to have yielded over 30 t DM/ha annum when rotationally grazed at various stocking rates over 8 years.

Grass-legume mixture may be ideal for ruminant production but grazing/cutting management is critical in maintaining the optimum balance of the grass and legume components, and carrying capacity will vary widely between wet and dry seasons. The economics and financial viability of such pastures will determine their suitability for small ruminant production.

Establishment and management of sown pastures

This subject has been extensively reviewed by Crowder and Chheda (1982) and also by Matthewman (1977). The essential points in these reviews are as follows:

Seedbed preparation

Successful establishment of most fodder and pasture species is directly related to the extent of tillering prior to sowing (Rains, 1963). In most cases, ploughing, harrowing and soil firming processes are required to ensure soil and seed contact for effective germination, seedling emergence and development. These requirements are less critical for vegetatively propagated species than for the seed-sown ones.

Sowing or transplanting

Most pasture legumes are established from seed while the grasses are usually vegetatively propagated. Seed propagation of forage grasses is problematic, because of difficulties in seed production and maintenance of viability under tropical conditions. Seeds of herbage grasses and legumes are usually broadcast, though semi-decumbent and spreading types (e.g. *Brachiaria* spp., *Cenchrus* spp. and *Chloris* spp.) can be sown in rows generally spaced 1 m apart. Vegetatively propagated grasses such as *Panicum maximum*, *Cynodon* spp., *Pennisetum purpureum*, *Digitaria decumbens*, *Andropogon gayanus* and *Brachiaria* spp. are usually transplanted by hand into rows 1.0 m apart, with intra-row spacing ranging from 0.50 to 1.0 m.

Sowing at the beginning of the major rainy season is desirable, but this usually conflicts with labour demand for other agricultural activities, e.g. planting food crops. Establishment during this period may also be hindered by serious weed problems and also by run-off and erosion which may bury or wash off forage seeds. It is advisable to delay planting until after the first heavy rains, or until the end of the short dry season where a bimodal pattern prevails (Ahlgren *et al*., 1959).

Information on seed rate, depth of sowing and seed treatment depends very much on seed characteristics (size, viability, dormancy, etc.) of the various species. Seed rates generally range from 10 kg/ha to more than 40 kg/ha for grasses and from 5 kg/ha to 15 kg/ha for legumes (Adegbola, 1965; Ahlgren *et al*., 1959; Rains, 1963). The optimum depth of sowing of most grasses lies between 1-3 cm. Large seeded legumes such as *Centrosema*, *Clitoria* and *Leucaena* could emerge even from 4 cm depth, but small seed types such as stylo, glycine, peuro, calopo and *Desmodium* spp must not be placed deeper than 2.5 cm (Crowder and Chheda, 1982).

Some form of scarification is usually required for most tropical legumes to improve germinability. Hot-water, acid and mechanical means of scarification are the three most common means employed.

Cutting management

The frequency at which herbage is cut from pasture legumes and grasses has a big influence on total productivity of the pasture species as well as on its survival and sustainability. According to Crowder and Chheda (1982), an extended period between cuttings has the following results: an increase in the percentage contents of dry matter, crude fibre, lignin, and cell wall; an increase and then a decrease in total dry matter production and nitrogen-free extract; a decrease in leaf/stem ratio, percentages of crude protein, mineral constituents, ash and soluble carbohydrates; an increase and then a decrease in the amount of nitrogen uptake by the plant and nitrogen recovery; and a rapid decline in animal intake and in digestibility.

In a trial comparing four cutting frequencies (6, 8, 10, 12 weeks) on productivity of leucaena (ILCA, 1987), both total and fodder dry matter yields were found to be positively correlated to cutting interval, in all inter-row spacings tested (Figure 2). Too frequent cutting reduces total forage yields, depletes carbohydrate reserves, causes a decline in root development and adversely affects regrowth potential (Akinola et al., 1971; Rains, 1963). The loss in nutritive value over extended periods of cutting is greater in grasses than in the legumes. More nutritious forage is obtained with reduced cutting intervals, thus an optimal harvest period must be chosen for a balance between quality and yield (Borget, 1969; Chheda and Akinola, 1971a, 1971b). A 4-6 week cutting cycle has been found to be ideal for most tropical grasses during the wet season. Cutting frequencies in the dry season are strongly controlled by the extent of dryness and the growth rate during this period. An 8-12 week cutting cycle is also found to be suitable for leucaena and gliricidia.

Fertilizer use

Fodder and forage crops can usually be established without fertilizers, but continuous cropping and removal of residues reduces soil fertility (Matthewman, 1977). Fertilizer use has been reported to have a remarkable effect on the productivity of pastures (Borget, 1969; Adegbola, Onayinka and Eweje, 1968; Rains, 1963). However, the economics of their use in pastures, especially for smallholder sheep and goat production is yet to be amply demonstrated.

With adequate fertilization yields can be considerably increased. While nitrogen inputs are essential for grasses, phosphorous is the most important nutrient in the successful establishment and maintenance of forage legumes. In addition to its effect on DM yield P often increases nodulation and hence increases N or crude protein content and P concentration or uptake by the plant (Haque and Tothill, 1987). Adegbola (1964) recommended 100-200 kg P_2O_5/ha and 50-100 kg N/ha in three instalments applied after 10 days regrowth, as being sufficient for establishment and early growth of legume and grass pastures. Adegbola, Onayinka and Eweje (1968) used a level of 100 kg N/ha for natural grassland (predominantly *A. gayanus*) and obtained more than 100 percent increase over unfertilized plots in the derived savannah zone. Some more specific reports on the effect of fertilizer use on pasture productivity are reviewed by Crowder and Chheda (1982).

A combination of grasses and legumes (both herbaceous and woody) can be managed such that a portion of the legume tree foliage is applied to the soil as mulch/green manure, to maintain fertility and reduce requirement for N fertilizer thereby reducing input costs. The efficiency of such a system and its effect on dry matter productivity and quality of forage needs to be explored.

Improvement of natural pastures

The low livestock returns on natural pastures can be said to be due to (i) low numbers of high quality species; (ii) lack of management; and (iii) indiscriminate burning during the dry season. Natural pasture can potentially be improved through fertilization, introduction of legume trees and proper management to avoid overgrazing. Where natural pasture is on communal land the incentive and modalities for making such improvements may not exist. Where individual ownership is possible, farmers may fence off a portion of such land, and improve it by fertilization for enhanced grass growth and also by introducing suitable legume trees within the pasture. Experience has shown that the introduction of legumes into natural pastures may not succeed if not coupled with limited phosphate fertilization (Agishi and de Leeuw, 1985). Such plots of improved natural pasture may serve as fodder banks for animals during the dry season.

By far the biggest institutional obstacle to improvement of natural pasture is land tenure regulations which makes natural pasture "open to all" in many countries. The requirement for fencing, the cost of which can be prohibitive and out of reach of most small ruminant keepers, represents the major financial obstacle to improvement of natural pasture. These two obstacles make the prospect of natural pasture improvement by livestock farmers indeed slim.

SUMMARY AND CONCLUSION

Small ruminant production in the humid zone is currently an under-exploited resource. A great potential exists for increased production and productivity if the major constraint of health and nutrition are removed. The nutrition constraint can be removed through an improvement in the production, management and utilization of feed resources for small ruminants.

Fodder trees and browse play a special role in this development. As an important component in the diet, they supply protein especially in systems involving low quality fibrous feeds. Their soil improvement characteristic and multiple-use efficiency make them most suitable for integration into smallholder production systems, and they make a valuable contribution to feed supply throughout the year. The production and wider utilization of these forages both at farm level and at medium/large scale level merits high priority.

Improved pasture development (herbaceous legumes and grasses) has limited relevance to the small farmer situation in the humid zone, but such could be developed for medium/large scale production of small ruminants. Grass species with potential for the zone include *Panicum maximum*, *Pennisetum purpureum*, *Cynodon* spp. and *Andropogon* spp. Promising legume forages for the zone include *Stylosanthes guyanensis (gracilis)* *Centrosema pubescens*, *Calopogonium mucunoides* and *Puereria phaseoloides*. Other legumes such as *Centrosema macrocarpum*, *Lablab purpureus*, *Calopogonium caeruleum* and *Desmanthus virgotus* are also important. A three-species pasture system involving legume trees, forage legumes and grasses is advocated for medium/large scale production in the humid zone.

Natural pastures are of much less relevance in the humid zone, though they exist at the northern boundary of the zone (i.e. derived savannah belt). Their improvement, though technically and biologically possible, is faced with serious socio-cultural, institutional (such as land tenure) and economic constraints, which make them unrealistic and impracticable for smallholder producers.

Efforts should be made at establishing a feed budget for the zone, to match availability of feed throughout the year with livestock (small ruminant) demands. To even out the seasonal feed supply there is need for increased attention on preservation and conservation of feed in times of plenty, such as in the wet season for utilization in dry seasons. This should apply to both pasture forages and tree fodder.

Efforts should also be made, through collaboration of research, development and extension, to demonstrate the workability, practicality and economic viability of intensive or commercial medium/large scale production of small ruminants in the humid zone. Until some concrete evidence is made available, through such a process, the issue of improved production of small ruminants in the humid zone will continue to be a "flying potential" which never lands. It is in the best interest of the region that this potential is made to touch ground in the very near future. Research organizations, both international and national, development agencies and extension services all have a role to play in this task.

REFERENCES

Adegbola, A.A. (1964). Forage crop research and development in Nigeria. Niger. Agric. J. 1. pp. 34-39.

Adegbola, A.A. (1965). Stylosanthes gracilis: a tropical forage legume for Nigeria, Proc. Agric. Soc., Nigeria 4: 57-61.

Adegbola, A.A., Onayinka, B.O. and Eweje, J.K. (1968). The management and improvement of natural grasslands in Nigeria. Nig. Agric. J. 5: 4-6.

Ademosun, A.A. (1970). Nutritive evaluation of Nigerian forages. II. The effects of stage of maturity on the nutritive value of Stylosanthes gracilis. Nigerian agric. J. 7: 164-173.

Ademosun, A.A., Jansen, H.J. and van Houtert, V. (1985). Goat management research at the University of Ife. In: Sheep and goats in humid West Africa, ILCA, Addis Ababa, Ethiopia. pp 34-37.

Adu, I.F. and Adamu, A.M. (1982). The nutritive value of two tropical grass hays by sheep. Trop. Grasslands 16(1): 29.

Agishi, E.C. and de Leeuw, P.N. (1985). The performance of Stylosanthes spp. in different production systems in Nigeria. Paper presented at a workshop on potentials of forage legumes in farming systems of sub-Saharan Africa; Addis Ababa, Ethiopia. 16-19 September 1985.

Ahlgren, G.H., Adegbola, A.A., Eweje, J.K. and Salami, A. (1959). The development of grassland in the Western Region of Nigeria, Ministry of Agriculture National Research ICA Project, Final Report 61.13, 050, 133 pp.

Aken'Ova, M.E. (1985). The use of improved pastures in intensive small ruminant production. Proc. Conf. Small Ruminant Prod. Zaria, Nigeria. October 6-10 1985. NAPRI, Shika - Zaria, Nigeria.

Atta-Krah, A.N. (1985). Developmental approach to on-farm research: A pilot project for improving small ruminant production in humid West Africa. In: Research methodology for livestock on-farm trials: Proceedings of a workshop held at Aleppo, Syria 25-28 March (Nordblom, T.K., Ahmed, A.K.H. and Potts G.R. (Eds.)), Ottawa, IDRC.

Atta-Krah, A.N. and Okali, D.U.U. (1986). Woody plants, environmental stability and agricultural productivity in tropical Africa. Paper presented at the Advisory Group Meeting on Use of Nuclear Techniques in Studying the Roles of Trees in Restoring and Maintaining Soil Fertility. IAEA, Vienna, Austria, 24-28 November 1986.

Atta-Krah, A.N., Sumberg, J.E. and Reynolds, L. (1986). Leguminous fodder trees in the farming system - an overview of research at the Humid Zone Programme of ILCA in Southwestern Nigeria. In: Haque, I., Jutzi, S. and Neate, P.J.H. (Eds.) Potentials of forage legumes in farming systems of sub-Saharan Africa. Proc. of a workshop held at Addis Ababa, Ethiopia, 16-19 September, 1985. ILCA, Ethiopia.

Atta-Krah, A.N. and Francis, P.A. (1987). The role of on-farm trials in the evaluation of composite technologies: The case of alley farming in Southern Nigeria. Agricultural Systems 23: 133-152.

Blair-Rains, A. and Kassam, A.H. (1980). Land resources and animal production. In: Land resources for populations of the future, pp. 303-332. FAO, Rome.

Borget, M. (1969). Résultats et tendances présentes des recherches fourragères de l'IRAT. Agron. trop., Nogent 24: 103-155.

Chheda, H.R. (1971). Cynodon improvement in Nigeria. Ford Foundation/IRAT/IITA Seminar on Forage Crops Research in West Africa, Ibadan.

Chheda, H.R. (1974). Forage crops research at Ibadan. I. Cynodon spp. In: Animal production in the tropics (eds. Loosli, J.K., Oyenuga, V.A. and Babatunde, G.M.). pp. 19-94. Heinemann Educational Books, Ibadan, Nigeria.

Chheda, H.R. and Akinola, J.O. (1971a). Effects of cutting frequency and levels of applied nitrogen on productivity, chemical composition, growth components and regrowth potential of three Cynodon strains. I. Yield, chemical composition and weed competition. Nig. Agric. J. 8: 44-62.

Chheda, H.R. and Akinola, J.O. (1971b). Effects of cutting frequency and level of applied nitrogen on crude protein production and nitrogen recovery of three Cynodon strains. West African J. Biol. appl. Chemistry 14: 31-38.

Crowder, L.V. and Chheda, H.R. (1982). Tropical grassland husbandry, London. Longman Group Ltd. 562 pp.

de Leeuw, P.N. and Agishi, E.C. (1978). A partial economic analysis of grazing systems in the savanna zone. Paper presented at the Annual Livestock Conference, Samaru, Nigeria.

Doppler, W. (1980). The economics of pasture improvement and beef production in semi-humid West Africa. GTZ. Germany 195 pp.

Evans, D.C.P. (1961). A review of past and present work connected with grassland, pasture and fodder problems in Ghana, Grassl. Symp. I. Science Service Division, Ministry of Agriculture, Accra, Ghana.

Flinn, J.C. (1974). Resource use, income and expenditure patterns of Yoruba smallholders, Ibadan, IITA, Mimeo.

Haque, I. and Tothill, J.C. (1987). Forage and pastures in mixed farming systems of sub-Saharan Africa. International Livestock Centre for Africa, Addis Ababa, Ethiopia.

Henzell, E.F. and Mannetjé, L.T. (1980). Grassland and forage research in tropical and sub-tropical climates. In: Perspectives of world agriculture. CAB, pp. 485-532.

ILCA (1979). Small ruminant production in the humid tropics. ILCA, Addis Ababa, Ethiopia 122 pp.

ILCA (1983). Annual Report for 1982. ILCA, Addis Ababa, Ethiopia 79 pp.

ILCA (1987). Annual Report for 1986/87. ILCA, Addis Ababa, Ethiopia 82 pp.

Jahnke, H.E. (1982). Livestock production systems and livestock development in tropical Africa. Kieler Wesenchaffsverlag Vauk, Kiel.

Kang, B.T., Wilson, G.F. and Sipkens, L. (1981). Alley cropping maize (*Zee mays L.* and leucaena (*Leucaena leucocephala* Lam.) in Southern Nigeria. Plant and Soil 63: 165-179.

Kang, B.T., Grimme, H. and Lawson, T.L. (1985). Alley cropping. Sequentially cropped maize and cowpea with *Leucaena* on a sandy soil in Southern Nigeria. Plant and Soil 85: 267-276.

Kang, B.T. and Reynolds, L. (1986). Alley farming in the humid and sub-humid tropics. Paper presented at IITA's Board of Trustees Meeting, April 12-15, 1986.

Lagemann, J. (1977). Traditional African farming systems in Eastern Nigeria. Welt forum Verlag, Munchen.

Mani, R.I. (1984). Browse selection and intake behaviour of West African Dwarf sheep and goats. M.Sc. Thesis. University of Ibadan, Nigeria 88 pp.

Matthewman R.W. (1977). A survey of small ruminant production at the village level in the derived savanna and low forest zones of S.W. Nigeria. Reading Univ. Dept. of Agric. and Hortic.

McIlroy, R.-J. (1962). Grassland improvement and utilization in Nigeria. Outlook on Agric. 3: 174-179.

Olubajo, F.O. (1974). Pasture research at the University of Ibadan. In: Animal production in the tropics. Eds. Loosli, K.J.K., Oyenuga, V.A. and Babatunde, V.M. Heinemann Educational Books, Ibadan.

Olubajo, F.O. and Oyenuga, V.A. (1971). The measurement of yield, voluntary intake and animal production of tropical pasture mixtures. J. Agric. Sci. Camb. 77: 1-4.

Orok, E.J. and Duguma, B. (1987). Sheep and goat production in the Humid Cross River State of Nigeria. Proceedings of a Symposium organized by ILCA, HZP, at Federal Univ. of Technology, Owerri, Imo State, 4 May 1987.

Rains, A.B. (1963). Grassland research in Northern Nigeria. Samaru Misc. Publ. Institute agric. Res., Ahmadu Bello University, Zaria. Headly Bros., London.

Rattray, J.M. (1960). The grass cover of Africa. FAO, Rome. 168 pp.

Reynolds, L. and Adediran, S.O. (1987). The effects of browse supplementation on the productivity of WAD sheep over two reproductive cycles. Paper presented at the International Workshop on Goat Production in the Humid Tropics. Obafemi Awolowo University, Ile-Ife, Nigeria, 20-23 July 1987.

Reynolds, L., Atta-Krah, A.N. and Francis, P.A. (1987). Guidelines on Alley Farming. Programme Document. ILCA Humid Zone Programme, Ibadan. 20 pp.

Romero, F., Sanchez, G., Ghana, C., Sanchez, L.A. and Borel, R. (1987). Productividad de Gliricidia sepium en la zona Atlantica de Costa Rica. Paper presented at the International Workshop on Gliricidia sepium (Jacq.) Steud. CATIE, Turialba, Costa Rica, 21-27 June 1987.

Ruthenberg, H. (1974). Artificial pastures and their utilization in the Southern Guinea Savanna and the derived Savanna of West Africa. Tour d'Horizon of an Agric. Economist. Struttgart, Univ. of Hohenheim.

Sempeho, G. (1985). Sheep and goats in Nigerian agriculture. Edition Herodot GmbH, Gottingen. 337 pp.

Sumberg, J.E. (1984). Alley farming in the humid zone: linking crop and livestock production. ILCA Bull. 18: 2-6.

van Eys, J.E., Mathius, I.W., Pongspan, P. and Johnson, W.L. (1986). Foliage of the tree legumes Gliricidia, Leucaena and Sesbania as supplement to napier grass diets for growing goats. J. Agric. Sci. (Cambridge) 107: 227-333.

Wahua, T.A.T. and Oji, U.I. (1987). Survey of browse plants in upland areas of Rivers State. In: Proceedings of a symposium organized by ILCA, HZP, at Federal Univ. of Technology, Owerri, Imo State, 4 May 1987.

Williamson, G. and Payne, W.J.A. (1965). An introduction to animal husbandry in the tropics. Longman, London.

UTILIZATION OF CROP RESIDUES IN THE NUTRITION OF SHEEP AND GOATS IN THE HUMID TROPICS OF WEST AFRICA

O.B. Smith
Department of Animal Science
Obafomi Awolowo University
Ile-Ife, Nigeria

RESUME

Les cultures principales qui poussent en zone tropicale humide d'Afrique de l'Ouest de desquelles sont utilisés des résidus pour l'alimentation des chèvres et des moutons ont été identifiées. Il s'agit du maïs, du sorgho, du riz, des arachides, du niébé, du palmier, de l'igname, du manioc, de la banane plantain et du cacao. Les grandes quantités de résidus produits à la récolte ou durant les différentes étapes de transformation des produits à la ferme (pailles, fanes, tiges, feuilles, écorces) ne sont pas utilisés d'une manière optimale à cause d'un certain nombre de contraintes.

Une des contraintes majeures est la faible valeur nutritive de ces résidus de culture. Ils ont une faible teneur en azote, une teneur en fibres élevée et sont faiblement digestibles de telle sorte qu'ils ne couvrent que rarement les besoins d'entretien des chèvres et moutons adultes. Ils ont besoin d'être enrichis par différents traitements ou encore par une supplémentation appropriée afin qu'ils remplissent parfaitement le rôle qu'ils pourraient occuper dans l'alimentation des chèvres et moutons.

On estime que pour des raisons économiques et pratiques, les traitements les plus susceptibles d'être employés dans les systèmes de petit élevage sont: le hachage et l'humidification (traitement physique), l'ammonification par traitement à l'urée, ou aux alcalis en utilisant les cendres caustiques des résidus de récolte (traitement chimique), l'ensilage avec ou sans déjections animales ou urée (traitement biologique). Pour les mêmes raisons l'urée, les excréments de volailles, les feuillages et herbes récoltés par ramassage (Gliricidia, Leucaena), les épluchures de tubercules et les bananes impropres à la consommation ont été suggérés comme étant les supplémentations les plus appropriées riches en protéines et énergie.

Sur la base des données et de la littérature disponibles, on a conclu que les résidus de récolte ont un rôle significatif à jouer dans l'alimentation des ovins et caprins des régions tropicales humides de l'Afrique de l'Ouest. On a souligné, cependant, que des programmes de nutrition basés sur les résidus de récolte ont besoin d'être testés au niveau du village ou du petit élevage de telle manière que d'éventuelles contraintes quant à leur utilisation et efficacité puissent être identifiées et éliminées.

SUMMARY

The major crops grown in the humid tropics of West Africa, and which provide residues of potential value for goats and sheep were identified. These include maize, sorghum, rice, groundnut, cowpea, oil palm, yams, cassava, banana/plantain and cocoa. The large quantities of residues produced at harvest or during primary on the farm processing of the crops (stovers, straws, haulms, vines, leaves, peels) are not being maximally utilized because of a number of constraints.

One of the major constraints identified is the generally low nutritive value of these crop residues. They have low nitrogen, high fibre contents and are poorly digested such that they barely meet the maintenance requirements of adult goats and sheep. They need to be upgraded by treatment or appropriate supplementation in order to exploit fully the role they could play in goat and sheep nutrition.

It is suggested that because of economic and practical considerations the treatments most likely to be adopted in small scale farming systems are: chopping and wetting (physical), ammoniation via urea treatment, alkali treatment using the caustic ash of crop residues (chemical), ensiling with or without animal manure or urea (biological). For the same reasons, urea, poultry excreta, browse (gliricidia, leucaena) crop foliages, tuber peels and reject bananas were suggested as the more appropriate protein/energy supplements.

It was concluded on the basis of available data in the literature that crop residues have a significant role to play in the nutrition of goats and sheep in the humid tropics of West Africa. It was emphasized, however, that feeding strategies built around crop residues need to be tested under village or small scale farm conditions so that constraints to their adoption and effectiveness can be identified and eliminated.

INTRODUCTION

The humid tropics of West Africa occupy a total land area of 707 000 km^2, stretching from the lower third of Nigeria up to Guinea. According to Jahnke (1982) annual rainfall in this zone is well over 1500 mm, and the crop growing season can be as long as 270 days or more. This zone (humid tropics) corresponds ecologically, to the derived savannah and rainforest zones described by Keay (1959).

The goat and sheep population in the humid zone of West Africa is presented in Table 1, together with the cattle population for comparison. It is clear that goats and sheep are much more important, population wise, and represent a major undeveloped food resource.

Table 1. Goat and sheep population in humid West Africa (000)

Country	Goats	Sheep	Total small ruminants	Cattle
Nigeria	5 621	3 476	9 097	857
Ghana	1 200	990	2 190	558
Côte d'Ivoire	816	874	1 690	65
Liberia	190	190	380	38
Guinea	79	86	165	1 530
Sierra Leone	59	20	79	92
Togo	45	33	78	225
TOTAL	8 010	5 669	13 679	3 365

Source: Jahnke, 1982.

Three main production systems for goats and sheep are common in humid West Africa: (i) low-input extensive or subsistence system based on free grazing of roadside forages complemented with kitchen wastes, crop residues and by-product supplements when available. (ii) Intensive cut and carry feeding of confined or tethered animals on grasses, browse, crop residues and by-products. (iii) Commercial grazing of sheep flocks that may also benefit from crop residue and by-product feeding.

In other words, crop residues play a significant role in the nutrition of goats and sheep in this area. Nevertheless, for reasons which will be discussed later, the various crop residues and by-products produced have not been maximally utilized for feeding goats and sheep. Experimental and practical evidence showing the important role these feed resources could play in the nutrition of goats and sheep will be reviewed in this presentation.

DEFINITIONS

Crop residues and by-products are often used interchangeably. There is a need to differentiate between the two terms as they may serve slightly different nutritional roles. Crop residues are the materials left in the field after harvesting the target crops (maize stover, cassava tops, maize cob, cassava peels). They are usually fibrous, low in nitrogen and widely spread geographically because they are produced on the farm. They form the basal or principal feed in small-scale farming systems during the dry season.

Agro-industrial by-products, on the other hand, are produced mainly after processing of crops for the production of a main product that may be radically different from the starting crop. They may be rich in nitrogen (oil seed cakes, brewery and flour milling by-products) and may be both low or high in fibre (sugar cane bagasse, palm press fibre). Since they are produced at factory sites, they are less widespread geographically. With a few exceptions, they are used mainly as supplements and not main or basal feeds. A list of major crop residues and by-products produced in the humid zone of West Africa is shown in Table 2.

Table 2. Major crop residues and agro-industrial by-products produced in humid West Africa

Crop	Residue	By-product
Maize	Stover Cob	Bran
Rice	Stubble Straw	Bran Husks Rice mill feed
Sorghum	Stover	Bran
Wheat (imported)	-	Bran, offals
Barley (imported)	-	Spent grains
Groundnut	Haulms Husks	Groundnut cake
Cowpea	Vines	-
Cocoa	Pod	-
Coconut	Husk	Copra cake
Oil palm	Empty fruit bunch	Palm pressed fibre Palm kernel cake
Rubber	-	Rubber seed meal
Banana/Plantain	Leaves Pseudostems Peels and rejects	-
Sugar cane	Tops	Molasses Bagasse Cane-juice
Cassava	Tops Peels and rejects	-
Sweet potatoes	Vines and peels	-
Pineapple and citrus fruits	-	Pulps

CROP RESIDUE INVENTORY

Estimates of the available quantities of the major crop residues for the whole of Africa excluding North Africa in 1980 are shown in Table 3. Maize stover and rice straw estimates for humid West Africa in 1984 are also shown in Table 4.

Table 3. Available quantities of major crop residues in Africa

CROP	RESIDUE TYPE	RESIDUE QUANTITY (000 Tonne)
Maize	Stover	62 000
Sorghum	Stover	48 600
Rice	Straw	9 300
Sugar cane	Tops	17 070
Groundnut	Haulms	8 200
	Husk	1 250
Cocoa	Pods	9 710
Banana/Plantain	Leaves	15 020
	Pseudostems	32 700
Cassava	Tops	45 000

Source: FAO, 1980

Table 4. Maize and rice straw quantities available in humid West Africa (000 Tonnes)

Country	Maize		Rice	
	Crop	Stover[1]	Crop	Straw
Nigeria	1 600	3 200	1 100	1 100
Ghana	534	1 068	66	66
Côte d'Ivoire	468	936	490	490
Liberia	-	-	230	230
Guinea	56	112	400	400
Sierra Leone	20	40	450	450
Togo	163	326	10	20
Benin	379	758	8	8
Total	3 220	6 440	2 754	2 754

[1] Estimated yield assumed crop residue to grain of 1:1 for rice, and 1:2 for maize (Owen, 1976).

The two tables give an idea of the large quantities of crop residues available for feeding livestock. According to Sansoucy and Emery (1982), if all the available residues were fed to livestock, about 3 kg dry matter would be available to each tropical livestock unit daily. (One tropical livestock unit being one adult bovine weighing 250 kg at maintenance.)

Unfortunately, only a small fraction of the available residues is currently being used for livestock feeding. A number of constraints to the optimum utilization of these crop residues have been identified (Sansoucy and Emery, 1982; Owen, 1985).

These constraints include (i) a lack of knowledge of where the residues are produced, when, where and to which animals they could be fed. (ii) The difficulty and expense of collecting, handling and storing large quantities of bulky crop residues. (iii) Seasonality of production, which should be an advantage, since most crop residues are produced during the dry season when the quantity and quality of forage is low. In actual fact, the seasonal production often constitutes a constraint to optimum utilization, because the large amounts produced cannot be all utilized when available, and have to be stored for future use. (iv) Alternate uses such as for fuel, construction, composting, pharmaceutical use, etc. Such alternate uses may be more profitable than for animal feeding. (v) The apparently poor nutritive value of the residues.

POTENTIAL FEED VALUE OF CROP RESIDUES

Theoretical considerations: From a nutritional standpoint, the plant material is made up of two fractions - the cell contents and the cell wall. Cell contents, which are usually highly digestible, constitute only a small fraction of the dry matter of crop residues, and hence make only a minor contribution to the feed value of crop residues. The cell walls which constitute the major fraction of crop residues may be highly or poorly digestible, depending on the relative proportions of its component parts - lignin, cellulose, hemicellulose, silica, and how they are complexed with each other.

In other words, the relative proportions of the cell are major factors that will determine the value of a particular crop residue for animal feeding. Another factor which has to do with the animal is that for efficient utilization of any feed material, the ruminant requires a supply of (i) fermentable energy and nitrogen, micronutrients such as sulphur and phosphorus, and roughage for the development of an adequate or efficient rumen ecosystem. (ii) By-pass protein and energy for the complementary needs of the animal as a whole (Preston, 1982; Preston and Leng, 1981). Apparently, a deficiency of any of the above leads to poor feed intake and utilization.

Nutrient contents of crop residues: The potential value of crop residues as nutrient sources for goats and sheep is well demonstrated in Tables 5 and 6. Nutrient concentrations vary from as low as 2 percent crude protein for maize stover to as high as 27 percent for cassava tops. The wide ranges observed within a particular crop residue for specific nutrients are attributable to factors such as variety, age of residue or stage of harvest, physical composition, i.e. the proportion of stems and leaves, length of storage, cultural and harvesting practices. Considerable caution needs to be exercised therefore when using mean values to formulate diets or predict animal performance.

A close scrutiny of Tables 5 and 6 shows that, in general, crop residues have fairly high cell wall contents, low fermentable carbohydrates and except for leguminous residues, low protein content. As indicated earlier, such materials cannot sustain an efficient rumen ecosystem, and are therefore poorly fermented in the rumen. The very high $T_{1/2}$ values of most of the residues confirm their poor degradability in the rumen. Such slow rates of degradability mean slow movement of the material out of the rumen, and therefore low intake, and low total digestibilities.

Voluntary intakes and digestibilities of crop residues: A review of some published studies in which crop residues were fed as the sole or major material confirmed the above. Cheva-Isarakul and Cheva-Isarakul (1985) fed adult wethers, weighing about 30 kg, five different varieties of rice straw ad libitum to estimate voluntary intake and digestibility. On the average the sheep consumed about 2.2 percent of their body weight or 52 g/kg metabolic weight of the straw. Dry matter digestibility was 49.8 percent. Suriyajantratong and Senakas (1985) reported higher dry matter intakes for sheep fed groundnut haulms (2.9 percent BN), with a dry matter digestibility of 52 percent. Alhassan et al. (1984) reported lower values for goats. Mean dry matter intakes were 1.1 (sorghum stover), 0.7 (maize stover), 2.0 (sorghum leaves) and 0.8 percent body weight (cowpea vines). Dry matter digestibilities were 52, 53, 57 and 47 respectively. According to Doyle (1982) and Pearce (1984) such low dry matter digestibilities coupled with low intakes may not satisfy maintenance needs. If diets based on crop residues are to be productive, the residues must be upgraded to improve the nutritive value.

Improvement of nutritive value of crop residues

Three alternatives are available for improving the intake and digestibility of fibrous residues. These are (i) treatment of the residue to improve biodegradation, (ii) appropriate supplementation with additional nitrogen, readily available energy and minerals, and (iii) a combination of treatment and supplementation.

Treatment of crop residues: Available treatments are listed in Table 7. Many of them are unsuitable for use in small scale farming systems found in humid West Africa. The various treatment methods are briefly discussed below in terms of their mechanism of action, effectiveness and suitability.

Table 5. Proximate composition of major crop residues

Crop residue	% Dry matter						
	Moisture (%)	Crude Protein	Organic Matter	Crude fibre	Ether extract	Ash	NFE
Maize stover	10	2-8	85-91	28-46	1-2	9-15	35-53
Sorghum stover	10	3-6	96	31-35	1-2	4	50-56
Rice straw	10	2-9	75-90	20-45	1-4	10-25	29-48
Groundnut haulms	10-12	11-17	87-90	21-29	1.5-2.5	10-13	51-57
Cowpea vines	10-12	6-18	82-90	25-30	1-1.5	8-10	48-50
Cassava tops	70-80	17-27	89-94	8-26	3-8	6-11	35-60
Sweet potato tops	90	20-22	82-83	15	3-3.5	17-18	42-46
Sugarcane tops	70-80	5-8	81-95	28-34	1.5-2.5	5-9	44-54
Banana leaves	80	10-15	91	24	12	9	45
Banana Pseudostems	90	2-9	86-91	21-32	2-3	9-14	61
Cocoa-pods	75	2-9	75-90	20-45	1-4	10-25	33-56
Empty oil palm fruit bunch	56	3-4	95	-	6-8	5	-

Source: Adapted from several authors.

Table 6. Detergent fibre content and in situ degradability of major crop residues

Crop residue	% DM							In situ degradability	
	Cell wall (NDF)	Cell content	ADF	Lignin	Cellulose	Hemi-cellulose	Silica	$T_{1/2}$(Hr)	% Dm losses (24 hrs)
Maize stover	70-80	-	-	7-9	43	24	5	70	30-80
Sorghum stover	70-75	26	-	8-11	31	30	5	130	25
Rice straw	60-80	20	45-55	4-10	24-52	5-45	12-17	60-80	30-34
Groundnut haulms	42-45	-	39-40	7-9	32	7	-	38	36
Cowpea vines	75	-	-	5-6	-	-	-	-	-
Cassava tops	30-45	20	-	-	-	-	-	30-50	45
Sugarcane tops	65-75	-	43	5-6	-	-	-	50-128	10
Banana leaves	40-60	10	-	-	-	-	-	50-60	-
Banana Pseudostems	35-40	10	-	9-10	35	18	-	40-50	50

Source: Adapted from several authors.

Table 7. Currently available treatments for improving the nutritive value of crop residues

Physical	Chemical	Physico-chemical	Biological
Soaking and wetting	Alkali treatment	Grinding/ chemicals	Composting
	(i) NaoH		Ensiling
Chopping	(ii) $Ca(oH)_2$	Pelleting/ chemicals	Fungal growth
Grinding and pelleting	(iii) KOH		
	(iv) NH_3 anhydrous	Steaming/ chemicals	Enzyme-addition
	(v) NHYOH NH_4OH		
Boiling	(vi) Urea		
	Acid treatment		
Ball milling	(i) H_2SO_4		
Gamma irradiation	(ii) HCl		
High pressure steaming	Oxidation		
	(i) Sulphur dioxide		
	(ii) Oxone		
	(iii) Chlorine and Chlorinated compounds		

Physical treatments: Soaking and wetting crop residues is unlikely to improve their intake or digestibility. It might in fact result in reduced feed value because it causes substantial losses of soluble cell contents with a resultant decrease in digestibility. Thus, according to Dumlao and Perez (1976) dry matter losses of 8-14 percent resulted from soaking rice straw for 3 days. A 5 percent reduction in nylon bag degradability of soaked rice straw was reported by McManus and Choung (1976). Ibrahim and Pearce (1982) also reported a reduction in the soluble cell material and in vitro digestibility of cowpea vines soaked in boiling water for 30-90 mins. Increased intake of crop residues following soaking or wetting have however been reported (Chaturvedi, Singh and Ranjhan, 1973) occasionally. Although wetting and soaking are simple procedures that small scale farmers can easily adopt, the benefits are not clear.

Chopping crop residues before feeding may reduce wastage and facilitate feeding. Since chopping does not alter cell wall structure, it generally does not improve digestibility, although Adu and Lakpini (1983) reported that lambs fed chopped groundnut haulms performed better than those fed long haulms in terms of intake, digestibility and growth. Intake of certain crop residues such as maize and sorghum stovers and rice straw may be improved by chopping, although there are reports that chopped and long rice straws are equally well consumed and digested by sheep (Devendra, 1983). Nevertheless, chopping long crop residues to manageable lengths before feeding is recommended.

Grinding and pelleting are more severe physical treatments which reduce particle size. Reduction in particle size has the dual effect of increasing rate of passage and hence increasing intake, as well as increasing the cellulosic surface area exposed to microbial attack in the rumen, with the resultant increase in digestibility. Excessive reduction in particle size such as that achieved by ball milling or fine grinding may reduce digestibility because of increased rate of passage, although Minson (1982) pointed out that digestible dry matter may still be high under such circumstances. In spite of the reported positive beneficial effects of grinding by the usual methods on intake and digestibility, small scale farmers in the humid zone may not adopt the procedure because of economic considerations.

High pressure steam treatment exerts both physical (separation of cell wall structures) and chemical effects (cleavage of cell wall constituent bonds, degradation of hemicellulose, formation of acids which hydrolize other constituents) on crop residues. These processes may improve the digestibility of the treated materials and the net yield of available digestible dry matter (Doyle, Devendra and Pearce, 1986). These improvements have not always been observed during in vivo evaluations. Negative effects on intake and digestibility have indeed been reported (Garret et al., 1981; Rangnekar et al., 1982). Overtreatment is probably responsible for such negative results, as the optimum conditions of treatment for different residues have not been well defined. Such a costly, energy intensive and marginally effective treatment method cannot be recommended for our target users.

Gamma-irradiation according to Doyle, Devendra and Pearce (1986) may reduce resistance of fibrous residues to physical degradation without the necessity for fine grinding. McManus et al. (1972) indeed noted that irradiated rice straws had a shorter mean retention time in sheep than non-irradiated straw, suggesting that irradiation rendered the straw more susceptible to physical breakdown. Walker (1984) also reported that irradiation solubilizes cellulose, hemicellulose and lignin in the cell wall. In vivo results, however, do not confirm these apparently beneficial effects, as the procedure has in general been shown to depress dry matter digestibility, and to have no effect on voluntary intake (McManus et al., 1972). The process obviously has no practical application for farmers in humid West Africa.

Chemical treatments: The three classes of chemicals currently being used to treat fibrous residues are alkalis, acids and oxidizing agents. All three are capable of weakening cell wall component complexes (lignin-carbohydrates), solubilizing the components (lignin, cellulose etc.), and increasing the swelling capacity of the cell wall, thus facilitating microbial enzyme entry.

Sodium hydroxide is generally regarded as the most effective alkali for improving the digestibility of crop residues. Substantial increases in in vitro as well as in vivo digestibilities and intake of treated crop residues have been reported (Ibrahim and Pearce, 1983; Doyle, Devendra and Pearce, 1986), although the increases observed for in vivo digestibilities are usually lower (Doyle, 1982). In spite of the effectiveness of sodium hydroxide in improving crop residue feeding value, it can hardly be recommended for use on small scale farms in humid West Africa, because of problems of availability, cost and handling. What could be recommended, and which under limited experimentation appeared to be as effective as sodium hydrodixe, is the use of the caustic ash of some crop residues.

Adebowale (1985) reported high levels of potash in the ash of a number of crop residues. Potassium concentration in cocoa-pod ash for example was 44 mg/kg. The amount of hydroxyl ions (OH) present in the ash solution as sodium hydroxide and potassium hydroxide was 20.5 and 28.7 percent respectively. Titrimetric and potentiometric analyses showed that about 4.4 kg of cocoa-pod ash was equivalent to 1 kg of sodium hydroxide. In subsequent feeding trials, the author fed maize straw treated with varying levels of cocoa-pod ash solutions in complete diets to goats, and reported that dry matter and digestible energy intake of goats fed the treated maize straw diets were higher than those of control goats fed untreated maize straw diets. Growth rates were 42 and 20 g/day.

Smith and Osafo (1987) also evaluated cocoa-pod ash solutions as a treatment medium for crop residues. They reported a linear increase in the rumen degradability of the dry matter, acid detergent fibre and neutral detergent fibre of crop residues treated with cocoa-pod ash solutions equivalent in alkalinity to 2, 4, 6 and 8 percent NaOH. Apparently the rumen degradability rates and extent of residues treated with cocoa-pod ash solutions and sodium hydroxide of equivalent alkalinity were similar. The authors suggested that using suitable crop residue ash solutions as sources of alkali for treating fibrous residues may be a better alternative to sodium hydroxide treatment since in the village setting, these ashes are already being used to make soap, and the farmers are therefore used to handling them. The technology is cheap, local and sufficiently simple for use on the farm.

Other chemicals that have been successfully used to improve the nutritive value of crop residues are shown in Table 7. Apart from urea, most of the other treatments may not be suitable for use in humid West Africa mainly because of problems of handling, availability and cost. Urea is used as fertilizer, and is currently used to treat crop residues in developing Asian countries such as Bangladesh, Indonesia, Sri Lanka and Thailand. Well planned studies need to be carried out to determine optimum treatment conditions for crop residues peculiar to the humid tropics.

Physico-chemical treatments: There is evidence that combining physical treatments such as milling, grinding and steaming, which decrease particle size, with chemical treatments, increase the effectiveness of the chemicals (Thiruchittampalam and Jayarisuya, 1978), although the effects may not always be additive (Coombe et al., 1979). In any case, such severe physico- chemical treatments may be out of reach of village farmers in humid West Africa.

Biological treatments: Of all the available biological methods, ensiling appears to be the only feasible and valuable method for our target users.

Composting causes substantial losses of organic matter leading to an increase in ash and lignin content (Doyle, Devendra and Pearce, 1986), with a resultant decrease in nutritive value. Fungal and purified enzyme inoculations have also been used, and have been shown to be useful only under ideal conditions of temperature, pH, aeration and moisture content. Ensilage of crop residues with forages or animal wastes appears to be a simple effective means of improving crop residue quality.

Reports from Asia indicate that silages made from rice straw and (i) water hyacinth (Chhibbar and Singh, 1971), (ii) potato vines (Krishna, 1982), (iii) poultry litter (Neog and Pathak, 1976) supply enough nutrients for maintenance. In Cameroon, Fomunyan and Meffeja (1986) fed goats maize stover ensiled with wet brewers grains, and obtained digestibility values similar to those reported for sodium hydroxide and ammonia treated maize stovers.

It can be concluded from the foregoing that simple processing such as cropping, ensiling with urea or animal manure, or chemical treatment with crop residue ash solutions are the more practical and economical means of improving the nutritive value of crop residues under the small scale farming context.

STRATEGIC SUPPLEMENTATION

According to Devendra (1985) the characteristics of a maintenance feed for adult ruminants are: a crude protein level of 6-7 percent, a dry matter digestibility of 50-55 percent and a dry matter intake of about 1.7 percent of body weight. Data summarized in Table 8 show that crop residues rarely meet these requirements.

Table 8. Voluntary intake and digestibity of selected crop residues

Crop residue	%CP	Intake % BW		Dry matter digestibility		Source
		Sheep	Goat	Sheep	Goat	
Maize stover	4.0	-	0.7	-	53	1
Sorghum stover	4.0	-	2.0	-	57	1
Rice straw	4.2	1.4	1.9	47	48	2
Cocoa pod	5.0	-	-	20	-	3

Source: 1. Alhassan, 1984
2. McManus et al., 1972
3. Smith and Adegbola, 1982.

Chemical or other treatments reviewed earlier may improve intake and digestibility, but unless adequate supplementation of deficient nutrients is made, much of the additional energy released will be inefficiently used. Adequate supplementation is therefore required for efficient utilization of crop residues.

Preston and Leng (1981) have suggested that to optimize the utilization of crop residues, nutritional supplements should provide the following: (i) fermentable energy (ii) fermentable nitrogen (iii) micronutrients e.g. S.P. and B vitamins (iv) roughage (v) by-pass protein (vi) by-pass energy. The first four ensure an adequate rumen ecosystem, while the last two complement the needs of the animal as a whole. In other words, adequate supplementation is essential for proper utilization of crop residues. Some of the potentially valuable supplements are listed in Table 9.

Table 9. Sources of nutritional supplements to crop residues

Nutritional factor	Supplement
Fermentable nitrogen	Urea, animal manure
Fermentable carbohydrate	Molasses, cane juice, citrus and pineapple pulp, palm-pressed fibre, cassava chips, cassava peels, reject banana/plantain, rice bran, maize bran.
Roughage-micronutrients	Forages such as gliricidia, leucaena, water hyacinth, cassava tops, sugar-cane tops, banana leaves and pseudostems...
Bypass protein	Oil seed cakes, leucaena, gliricidia, other tannin-rich forages, fish meal.
Bypass energy	Corn, broken rice, rice polishings.

Practical examples of adequate supplementation using some of these supplements are briefly considered. Olayiwole, Timberger and Akinola, (1978) fed ensiled sorghum stover to sheep with or without urea-molasses supplementation. Supplementation increased intake from 33 to 41 g/kg metabolic weight, and crude fibre digestibility from 40 to 57 percent. More impressive results were obtained by Sudana and Leng (1985) when they supplemented sheep fed a basal wheat straw diet with urea-molasses (fermentable nitrogen and energy) and cotton seed cake (bypass protein). Their results, summarized in Table 10, show that supplementation improved rumen fermentation (352 mgNH_3- N/litre), and promoted a faster (90 g/day) and more efficient (8:1) growth rate.

Table 10. Performance of lambs fed wheat straw with appropriate supplementation

Diet	Rumen NH_3 level $mgNH_3$-N/ litre	Straw intake gDM/day	Total intake gDM/day	Liveweight change (g/day)	FCR gDM/g
Straw	26	330	330	-53	-
Straw plus Urea + molasses (Block)	262	421	498	10	50:1
Straw + block + Cotton seed meal	352	480	675	90	8:1

Source: Sudana and Leng, 1985.

Alhassan and Akorfur (1982) reported a significant increase in the digestibility of rice straw fed to West African Dwarf sheep, when the straw diet was supplemented with oil palm slurry. Winugrolo and Chaniago (1983) reported an increase in the nitrogen content (1.0 to 2.4 percent) and in-vitro dry matter digestibility (35 to 47 percent) of rice straw treated with urea-ammonia. The treated and untreated straws were then fed to goats with or without cassava leaves. The results summarized in Table 11 show the beneficial effect of forage supplementation.

Table 11. Performance of goats fed rice straw supplemented with cassava leaves

Diet	Dry matter intake (g/day)	Growth rate (g/day)
75% NH_3-treated rice straw plus 25% cassava leaves	1721	84
75% untreated rice straw plus 25% cassava leaves	1518	45
100% NH_3-treated rice straw	989	27

Source: Winugroho and Chaniago, 1984.

Acceptable dry matter intakes and growth rates were obtained in goats fed diets consisting entirely of crop residues by Soedomo-Reksohadiprodjo (1985). The combination of crop residues was such that the basal feeds (corn stover, sorghum stover and sugarcane tops) were well complemented. The supplements used as shown in Table 12 were groundnut vines, cassava tops and leucaena leaves.

Table 12. Dry matter intake and growth rate of goats fed solely on crop residues

Performance data	BASAL Diets[1]		
	Corn stover	Sorghum stover	Sugarcane tops
Dry matter intake g/kg metabolic weight/day	78.5	74.8	67.3
Growth rate (g/day)	56.3	55.0	50.0

[1] All three diets supplemented with groundnut haulms, cassava tops and leucaena leaves.

Source: Soedomo-Reksohadiprodjo, 1985.

Evidently, supplementation along the lines suggested earlier will improve crop residue utilization by goats and sheep. The choice of supplement must tilt towards the more readily available and less costly alternatives. As availability and cost of the various supplements listed in Table 9 may vary from one area to another, no blanket recommendation can be made. Nevertheless, forages such as leucaena, gliricidia and cassava tops, urea-molasses mixtures in liquid or block form, poultry manure, and peels of tubers may play increasingly significant roles as supplements to crop residue feeding. By-pass protein sources such as oil seed cakes and fish meal may be too expensive for use in the small-scale farming system.

MINERAL SUPPLEMENTATION

At the level of productivity obtained under unimproved feeding systems in the small-scale farming setting, goats and sheep do not often show symptoms of mineral deficiencies or respond to mineral supplementation. Responses to mineral supplementation only occur after the major nutrient imbalances have been corrected. A feeding strategy based on treated and supplemented crop residues may correct these major nutrient deficiencies and improve productivity to such an extent that mineral requirements increase. Mineral supplementation may then become important, not only to avoid deficiency problems, but also to improve performance further.

According to Little (1985) crop residue based diets are most likely to be deficient in sodium, copper and phosphorus. These are the same minerals found to be marginal or deficient in tropical grasses (Kabaija, 1985). Preston and Leng (1986) reported that most straws are deficient in the same three minerals in addition to sulphur, cobalt and calcium. The high concentrations of oxalates and silicates in some of the straws, such as rice straw, may further reduce the availability of calcium and magnesium, which are lost as silicates and oxalates in the urine and faeces.

Table 13. Mean mineral contents of selected crop residues

Crop residue	Ca	P	Mg	Na	S	Cu	Zn	Mo	Co	Fe	Se
			g/kgDm								
Rice straw	3.5	1.5	2.1	0.9	1.2	4.3	21	0.51	0.53	-	1.3
Maize stover	4.4	2.1	2.6	0.3	1.5	7.8	28	0.83	0.22	-	0.8
Cassava tops	20.3	2.9	6.0	0.5	2.4	7.0	83	1.6	0.20	-	1.7
Sweet potato vines	14.4	2.7	6.8	0.2	2.7	10.6	32	0.4	0.31	-	0.9
Sugar cane tops	4.4	2.6	4.5	0.8	-	3.2	22	-	-	85	-
Banana leaves	6.0	2.4	3.8	0.6	-	6.1	23	-	-	110	-

Source: Little, 1985

Very little work has been done in general in the area of ruminant mineral nutrition. It is possible therefore that goats and sheep fed mainly on well supplemented crop residues may become deficient in other minerals. There certainly will be a need for mineral supplementation studies to identify and correct the major mineral deficiencies likely to be associated with feeding strategies based on crop residues. Mineral contents of selected crop residues are shown in Table 13. Meanwhile, as suggested by Little (1985), routine provision of salt supplements to animals fed crop residues is necessary.

CONCLUSIONS

The abundant crop residue resource present in the humid tropics of West Africa needs to be harnessed and utilized effectively in the nutrition of goats and sheep. Efficient utilization of the residues is possible through treatments, supplementation and a combination of these, and feeding strategies built around the more common and available residues and supplements in a particular area need to be developed for that area.

These feeding strategies need to be evaluated under farm conditions, as only on-farm trials can accurately assess whether the feeding packages would be acceptable economically and socially to the farmer. Furthermore, constraints that may not be fully appreciated under laboratory conditions, but which are real to the farmer (limited water supply for NaOH treatment or absence of straw chopping equipment) will be identified and hopefully eliminated.

REFERENCES

Adebowale, E.A. (1985). Organic waste ash as possible source of alkali for animal feed treatment. Anim. Feed Sci. Technol. 13: 237-248.

Adu, I.F. and Lakpini, C.A. (1983). Effect of feeding chopped and unchopped groundnut haulm (Harawa) on nutrient utilization and the production of some rumen metabolites in Yankasa lambs. Nig. J. Anim. Prod. 10: 110-113.

Alhassan, W.S. and Akorfur, V.A. (1982). Influence of oil palm slurry on the digestibility of rice straw by sheep. J. Anim. Prod. Res. 2: 81-89.

Alhassan, W.S., Ehoche, O.W., Adu, I.F., Obilana, A.T. and Kallah, M.S. (1984). Crop residue potential of agricultural development projects: (b) Nutritive value and residue management. Annual Report, National Animal Production Research Institute, Zaria, Nigeria.

Chhibar, S.S. and Singh, G.D. (1971). Paddy straw and water hyacinth silage. Indian Farming 20: 24-26.

Chaturvedi, M.L., Singh, U.B. and Ranjhan, S.K. (1973). Effect of feeding water-soaked and dry wheat straw on feed intake, digestibility of nutrients and VFA production in growing zebu buffalo calves. J. Agric. Sci. Cambridge. 80: 393-397.

Cheva-Isarakul, B. and Cheva-Isarakul, B. (1985). Variation in the nutritive value of rice straw in Northern Thailand: II. Voluntary feed intake and digestibility by sheep. In proceedings of International Workshop on Relevance of crop residues as animal feeds in developing countries (Eds. Wanapat and Devendra). Thailand, 1985.

Coombe, J.B., Dinius, D.A., Goering, H.K. and Oltjen, R.R. (1979). Wheat straw-urea diets for beef steers: alkali treatment and supplementation with protein, momensin and a feed intake stimulant. J. Anim. Sci. 48: 1223-1233.

Devendra, C. (1983). Physical treatment of rice straw for goats and sheep and the response to substitution with variable levels of cassava (Manihot esculenta crantz), Leucaena (Leucaena leucocephala) and gliricidia (Gliricidia maculata) forages. MARDI Research Bulletin, 11: 272-290.

Devendra, C. (1985). Forage supplements: Potential value in feeding systems based on crop residues and agro-industrial by-products in South East Asia. In: Proceedings of an International Workshop on relevance of crop residues and animal feeds in developing countries (Eds. Wanapat and Devendra) Thailand, 1985.

Doyle, P.T. (1982). Options for the treatment of fibrous roughages in developing countries. A review in: The utilization of fibrous agricultural residues as animal feeds. (Ed. Doyle, P.T.) Australian Government Printing Services, Canberra.

Doyle, P.T., Devendra, C. and Pearce, G.R. (1986). Rice straw as a feed for ruminants. Australian Government Printing Services, Canberra.

Dumlao, C.T. and Perez Jr., C.B. (1976). Improving the feeding value of rice straw by calcium oxide treatment. Philippines. J. vet. Anim. Sci. 2: 95-110.

FAO (1980). Production Yearbook. FAO, Rome.

Fomunyan, R.T. and Meffeja, F. (1986). Maize stover in maintenance diets for sheep and goats in Cameroon. In: Towards optimal feeding of agricultural by-products to livestock in Africa. ARNAB publication. ILCA, Ethiopia.

Garret, W.N., Walker Jr. H.G., Kohler, G.O., Hart, M.R. and Graham, R.P. (1981). Steam treatment of crop residues for increased ruminant digestibility. II. Lamb feeding studies. J. Anim. Sci. 51: 409-413.

Ibrahim, M.N.M. and Pearce, G.R. (1982). The effects of boiling and of steaming under pressure on the chemical composition and in-vitro digestibility of crop by-products. Agric. Wastes, 4: 443-452.

Ibrahim, M.N.M. and Pearce, G.R. (1983). A soak-and-press method for the alkali treatment of fibrous crop residues. Laboratory studies on aspects of the procedure. Agric. Wastes, 8: 195-213.

Jahnke, H.E. (1982). Livestock production systems and livestock development in tropical Africa. Kieler Wissenchaftsverlag Vauk, Kiel, Federal Republic of Germany.

Kabaija, E. (1985). Factors influencing mineral content and utilization of tropical forages by ruminants. Ph.D. thesis, University of Ife, Nigeria.

Keay, R.W.J. (1959). Vegetation map of Africa south of the tropic of cancer, Oxford University Press, London.

Krishna, G. (1982). Nutritional evaluation of a new maintenance fodder for feeding adult buffaloes. 1. Ensiled paddy straw and potato haulm, Wld. Rev. Anim. Prod. 18: 29-37.

Little, D.A. (1985). The dietary mineral requirements of ruminants: Implications for the utilization of tropical fibrous agricultural residues. In: The utilization of fibrous agricultural residues as animal feeds. (Ed. Doyle, P.T.). Australian Government Printing Services, Canberra.

McManus, W.R., Manta, L., McFarlane, J.D. and Gray, A.C. (1972). The effect of diet supplements and gamma irradiation on dissimilation of low quality roughages by ruminants. III. Effects of feeding gamma-irradiated based diets of wheaten straw and rice straws to sheep. J. Agric. Sci. Cambridge 79: 55-56.

McManus, W.R. and Choung, C.C. (1976). Studies of forage cell walls. 2. Conditions for alkali treatment of rice straw and rice hulls. J. Agric. Sci. Cambridge, 86: 453-470.

Minson, D.J. (1982). Effects of chemical and physical composition of herbage eaten upon intake. In: Nutritional limits to animal production from pastures. (Ed. Hacker, J.B.) CAB, Farnham Royal, U.K.

Neog, B.N. and Pathak, N.N. (1976). Voluntary intake and nutritive value of paddy straw-poultry litter silage. Ind. J. Nutr. Dietetics, 13: 413-415.

Olayiwole, M.B., Timberger, G.W. and Akinola, J.O. (1978). Evaluation of dry sorghum stover and its treated and untreated silages using cattle and sheep. Annual Report, National Animal Production Research Institute, Zaria, Nigeria.

Owen, E. (1985). Crop residues as animal feeds in developing countries, use and potential use. In: Proceedings of an International Workshop on relevance of crop residues as animal feeds in developing countries. (Eds. Wanapat and Devendra), Thailand, 1985.

Owen, E. (1976). The efficiency of the human food chain in nutrient cycles. (Eds.). Duckham, A.N., Jones, J.G.W. and Roberts, E.H. North Holland Printing Company.

Pearce, G.R. (1984). Factors contributing to variation in the nutritive value of fibrous agricultural residues. In: The utilization of fibrous agricultural residues as animal feeds (Ed. Doyle, P.T.). Australian Government Printing Services, Canberra.

Preston, T.R. (1982). A strategy for the efficient utilization of crop residues and agro-industrial by-products in animal production based on their nutritional constraints. In: Proceedings of FAO/ILCA Workshop on crop residues and agro-industrial by-products in animal feeding. Dakar, Senegal.

Preston, T.R. and Leng, R.A. (1981). Utilization of tropical feeds by ruminants. In: Digestive physiology and metabolism in ruminants (Eds. Ruschebush and Thivend). London, MPA Press Ltd.

Preston, T.R. and Leng, R.A. (1986). Matching livestock production systems to available resources, ILCA, Ethiopia.

Rangnekar, D.V., Badve, V.C., Kharat, S.T., Sobale, B.N. and Joshi, A.L. (1982). Effect of high-pressure steam treatment on chemical composition and digestibility in vitro of roughages. Anim. Feed Sci. Technol. 7: 61-70.

Sansoucy, R. and Emery, B. (1982). Utilisation actuelle des residus de recolte et sous-produits agro-industriels en alimentation animale. In: Proceedings of the FAO/ILCA Workshop on crop residues and agro-industrial by-products in animal feeding. Dakar, Senegal.

Smith, O.B. and Adegbola, A.A. (1982). Evaluation of cocoa-pods as a feed ingredient for ruminants in Nigeria. In: Proceedings of FAO/ILCA Workshop on crop resiudes and agro-industrial by-products in animal feeding. Dakar, Senegal.

Smith, O.B. and Osafo, E.K. (1987). Strategies for improving the utilization of cocoa-pod based diets by ruminants. Anim. Feed Sci. Technol. (In press).

Soedomo-Reksohadiprodjo. (1985). The use of agricultural waste by-products supplemented with Leucaena leaves for growing goats. In: Proceedings of an International Workshop on relevance of crop residues as animal feeds in developing countries (Eds. Wanapat and Devendra). Thailand, 1985.

Sudana, I.B. and Leng, R.A. (1985). Effects of supplementing a wheat straw diet with urea or a urea-molasses block and/or cottonseed meal on intake and liveweight change of lambs. Anim. Feed Sci. Technol. (In press).

Suriyajantratong, W. and Senakas, U. (1985). Yield and nutritive value of groundnut vines at the pod-harvesting stage. In: Proceedings of an International Workshop on relevance of crop residues as animal feeds in developing countries. (Eds. Wanapat and Devendra). Thailand, 1985.

Thiruchittampalam, S. and Jayasuriya, M.C.N. (1978). Influence of particle size on the nutritive value of alkali treated rice straw. J. Natl. Agric. Soc. Celon. 15: 97-100.

Walker, H.G. (1984). Physical treatment. In: Straw and other fibrous by-products as feeds. pp 79-105. (Eds. Sundstöl, F. and Owen, E.). Development in Animal and Veterinary Sciences, 14. Elsevier Amsterdam.

Winugroho, M. and Chaniago, T.D. (1984). Inclusion of cassava leaf in a pelleted rice straw based diet to improve the weight gain of young goats. In: The utilization of fibrous agricultural residues as animal feeds. pp 231-238. (Ed. Doyle, P.T.).

MANAGEMENT OF SHEEP AND GOAT FLOCKS IN THE HUMID TROPICS OF WEST AFRICA

R.T. Wilson, L. Reynolds and T. Armbruster
International Livestock Centre for Africa
P.O. Box 5689 Addis Ababa Ethiopia

RESUME

Relativement peu de recherches ont été entreprises jusqu'ici sur la gestion des systèmes de production des petits ruminants dans les zones humides africaines. Néanmoins, il y a un intérêt évident à améliorer la productivité de ces animaux qui représentent encore un secteur trop souvent négligé. Il est également évident que les recherches devront être entreprises par des institutions aux niveaux national, régional et international ainsi que par les universités.

Les résultats existants ont déjà servi à créer le besoin d'approfondir les recherches afin d'en ressortir des informations supplémentaires et à affirmer la volonté d'intensifier les efforts concernant la gestion des troupeaux de petits ruminants. Une analyse perspective de certains résultats suggère que le domaine le plus critique (c'est-à-dire où les améliorations sont le plus nécessaire) est celui des mortalités dont il faut essayer de freiner le taux. L'approche la plus évidente est celle du renforcement des mesures de contrôle sanitaire comme part exemple le contrôle de la PPR. L'amélioration des techniques d'alimentation aura également un effet dépressif sur la susceptibilité aux maladies et donc sur la mortalité.

Des variations du taux de croissance per se ne semblent avoir qu'un impact limité sur les rendements. le second facteur le plus influent sur l'ensemble des facteurs économiques est le taux de reproduction. Celui-ci sera vraisemblablement amélioré, dans une phase initiale tout au moins, par l'amélioration des techniques de gestion.

SUMMARY

Relatively little research has so far been undertaken on management in small ruminant production systems in the African humid zones. There is, nonetheless, an evident interest in improving productivity from this previously neglected sector. This is evident from research currently being carried out by universities and national, regional and international research bodies.

Existing results have served to lay the foundation for additional and more intensified efforts to be made in the field of small ruminant management research. Sensitivity analysis of some of these results (Upton, 1984) suggests that the most critical area (i.e. where improvements are most needed) is that of reducing mortalities. The most obvious approach is through veterinary control measures such as the control of PPR. Improved nutrition might also, however, have an impact on disease susceptibility and therefore on mortality. Variation in growth rate per se seems to have a relatively small impact on returns. The second most influential factor on overall economic performance appears to be the reproductive rate. This is most likely to be improved, initially at least, by improved management.

INTRODUCTION

The West African humid zone has traditionally depended on areas to the north to meet its demand for animal protein. Trypanosomiasis has generally limited livestock production and most small ruminants in the zone are indigenous trypanosomiasis-tolerant dwarf breeds. Dwarf sheep and goats are the most common ruminant species, with an estimated 14 million dwarf goats and sheep within the zone in 1984 (Table 1).

Table 1: Small ruminant and human agricultural populations (in millions) in humid West Africa

COUNTRY	Small Ruminants			Human agricultural population	Small ruminant human population ratio
	Goats	Sheep	Total		
Nigeria	5 621	3 476	9 097	11 955	0.76
Ghana	1 200	990	2 190	4 347	0.50
Côte d'Ivoire	816	874	1 690	1 555	1.09
Liberia	190	190	380	1 268	0.30
Guinea	79	86	165	1 104	0.15
Sierra Leone	59	20	79	1 601	0.05
Togo	45	33	78	233	0.33
Benin	-	-	-	-	-
TOTAL	8 010	5 669	13 679	22 063	0.62

Source: Adapted from FAO, 1985

While such census data are only crude estimates, small ruminants would appear to be a major underexploited food and capital resource in the humid zone. They are raised almost exclusively for meat but also provide a flexible financial reserve for the rural population and play important social and cultural roles. There have been few systematic attempts by farmers or development agencies to increase small ruminant production, and small ruminants have, until recently, rarely been mentioned in any detail in descriptions of farming systems in the area.

All the available evidence suggests that goats and sheep are owned by a large proportion of the rural population in the humid zone. Small ruminants are also owned by individual men and women rather than by domestic units or kin groups. The majority of rural owners are male farmers engaged in food and tree crop production or women involved in food processing or marketing. Both groups of owners have relatively limited skills in livestock husbandry.

Sheep and goat production throughout much of the zone is one of several minor farm enterprises that add a measure of diversity to the overall farm economy. Livestock are not generally integrated with crop production; few forage crops are grown, and manure is not generally returned to cultivated plots.

The nature of small ruminant production varies from extensive, low-input scavenging to more intensive cut-and-carry feeding of confined animals and commercial grazing of sheep flocks. Although there has been no systematic study of production systems on a zonal basis, it is probable that the majority of animals are kept in free-roaming flocks which may or may not be tethered during the cropping season. Owners of free-roaming animals do not generally provide special feed, housing or veterinary care and there is no control of reproduction. The major investment is in acquiring new stock but caretaking of animals is commonly practised, thereby greatly reducing the initial cash investment. The potential complementarity between smallstock husbandry and other farm activities is evident in the combination of food processing and goat rearing common among women in many rural areas.

Small ruminants are an important item of trade within humid West Africa. Demand and consumption patterns for sheep and goats differ but the importation of animals from the arid north indicates a vast potential market in the humid zone for locally produced animals. The marketing of sheep reaches a peak at Muslim religious holidays, whilst goats are used for all ceremonies throughout the year, such as births, deaths, marriages and festivals. Demand for goats is therefore consistently high. There is a clear price premium for male sheep during the festival period, and some early purchasing for fattening and re-sale takes place.

Under traditional management, sheep appear to yield a higher output and rate of return than goats. Goats are more prolific but sheep are bigger, heavier and have lower mortalities, in addition to fetching a higher price (Upton, 1984). Small-scale sheep production is a somewhat more specialized enterprise than goat rearing, demanding greater management inputs in exchange for higher returns. This specialization, often involving older men with more available time, is a direct response to market forces and illustrates one potential development path for small ruminants in the zone. The commercial sheep flocks currently found in Côte d'Ivoire and Ghana are a further example of this type of specialized development.

Most research with West African Dwarf goats and sheep has taken place on experimental stations, often under the auspices of university departments of animal science and veterinary medicine. Much of this work has recently been reviewed by Ademosun et al (1983) and Berger (1983). These studies give some indication of the biological potential and of potential productivity under certain "improved" management practices but there is now also a considerable body of published and unpublished data on traditional and improved traditional management. The authors of this paper consider that improving husbandry practices in the traditional sector could considerably increase output from that sector. Relatively little work has been done on this, however, and subsequent sections of this paper will concentrate on management in the reproduction, nutrition and health fields through the medium of a number of case studies.

REPRODUCTIVE PERFORMANCE

Field studies of reproductive performance have been undertaken in Nigeria and in Côte d'Ivoire as well as elsewhere.

Under the traditional conditions in south-west Nigeria the average litter size in goats was 1.50 kids and the kidding interval was 259 days. This gave an annual reproductive rate (ARR) (litter size x 365/kidding interval) of 2.1 kids per breeding female per year. For sheep in the same environment the average litter size was 1.23 lambs and the lambing interval was 322 days: this gave an annual reproductive rate of 1.4 lambs per ewe (Mack, 1983). In this system there was no control of the reproductive processes and does and ewes were mated for the first time when they achieved puberty (first parturition at about 430 days) and produced young all the year round.

In Côte d'Ivoire, data were obtained from three different systems of sheep management which were otherwise operating under very similar ecological conditions. These systems were: uncontrolled traditional breeding management; traditional management with some control of breeding which involved seasonal mating (élevage encadré-lutte groupée); and a ranching system.

In the completely open traditional system age at first lambing was 413 days, in the controlled traditional system it was 480 days and in the ranching system it was 494 days.

Intervals between parturitions (Figure 1) were shortest in the open traditional system (230 ± 53.6 days) and were longer in both the controlled traditional (275 ± 75.6 days) and ranching (267 ± 107.5 days) systems. There were no apparent differences in litter sizes between the three systems, the number of lambs born in each at each parturition being 1.18, 1.23 and 1.15. There were significant differences in the annual reproductive rate between the systems. In the open traditional system the ARR was 1.97 lambs per ewe per year, in the controlled system it was 1.56 and on the ranch it was 1.76.

Figure 1: Distribution of parturition intervals in sheep under three systems of management in Côte d'Ivoire

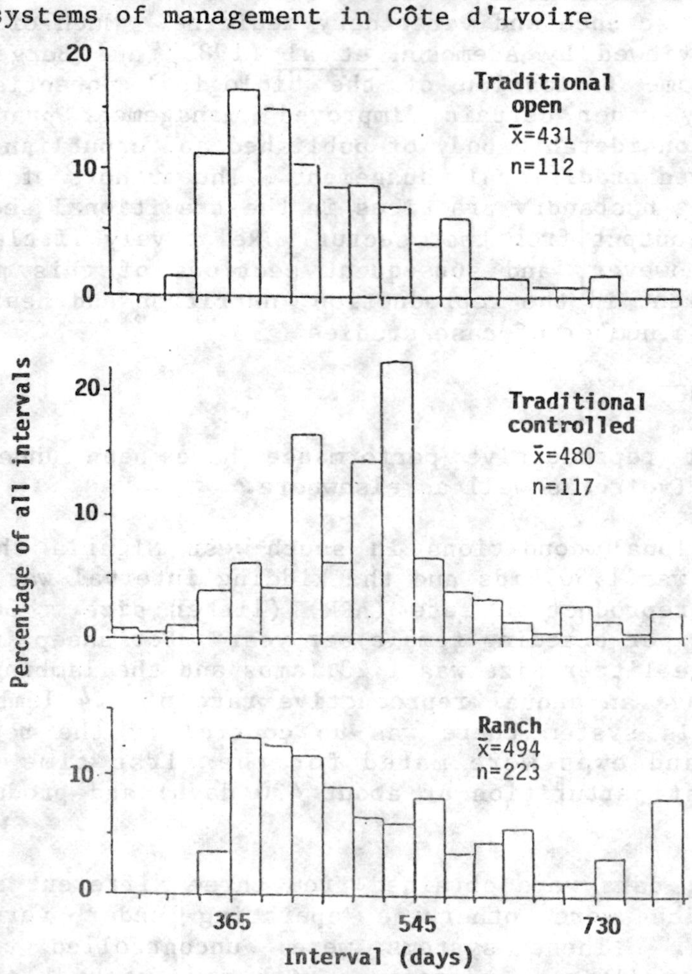

Within each major system (traditional and ranching) the sources of variation which may have acted on both the lambing interval and the litter size were analysed. There were some differences evident between the two systems, particularly for the two sources over which management could be expected to exert some control. There was a strong ($P < 0.01$) seasonal effect on lambing interval in the traditional system but not in the ranch system and there were no effects on this trait of the age of the ewe in either system. Similarly, there was an effect of season ($P < 0.05$) on litter size in the traditional system but not in the ranching system. In both systems, the age of the ewe very strongly ($P < 0.01$) influenced the litter size with the number of lambs born at each parturition being greater in ewes in the middle-age groups of three to four years.

The combined effects of parturition interval and litter size on ARR did not produce any significant differences due to season in either the traditional (although results were apparently better in the open than in the controlled one) or the ranching system. There were significant differences in this trait, however, due to the age of the ewe with, once again, older ewes producing more young per year.

Although these are only preliminary data, the evidence from these humid zone studies seems to be in general agreement with those found in other ecological zones of Africa (Wilson & Durkin, 1983 and 1987). In the absence of management measures which include factors other than a simple control of breeding (e.g. improved nutritional status at conception), there appear to be few if any advantages to be gained from the practice of controlling the reproductive process. Keeping more middle-aged ewes than young or very old ewes in the flock may improve reproductive performance to a limited extent but it is possible that greater advantages will accrue from concentrating on nutritional and health measures in the early stages of a management improvement programme.

NUTRITION

Nutritional constraints in the humid zone are sometimes considered to be less severe than in other ecological zones of Africa. Whilst quantity might often be adequate, the quality of food on offer is often poor. In many systems there is little attempt to overcome these deficiencies but the potential complementarity between smallstock husbandry and other farm activities is evident in the combination of food processing and goat rearing common among women in many rural areas. Household wastes, combined with cassava peels or other crop by-products of small-scale commercial food processing, are important feed resources available to livestock owners having no direct access to land or to fodder crops. Indeed, this kind of feed supplementation is one of the few discernable management inputs in the free-roaming production system. Individual ownership of a relatively limited number of animals could make this an attractive and efficient combination of enterprises.

The major feed resource in extensive systems is, however, uncultivated browse and grasses. Goats in particular are able to select the most nutritious plants and parts of plants, obtaining a reasonably balanced diet throughout the year. It is rare to see extensively raised goats in poor condition unless carrying capacity is exceeded. Farmers may assist by lopping branches that would otherwise be out of the reach of livestock and by providing water to animals at night.

Use must also be made of whatever crop residues are available. Crop residues left in the field will help to maintain soil structure through the provision of organic matter. Is it more beneficial to incorporate residues into the soil or to return manure from livestock as a by-product of crop-residue feeding? The feeding value of a particular residue will be related to the overall feed situation. Where there is a shortage of forage, a residue of low nutritional value will assume a greater importance than when adequate feed is available. Under the latter conditions, quality rather than quantity becomes the major factor.

As human population density rises, the importance of crop-residue feeding increases relative to uncultivated forage. Livestock can have free access to arable fields after harvest in addition to whatever natural forage is available. Animals grazing maize stover always waste part of the feed by knocking it over. Contamination with soil, urine and faeces occurs, and the resultant mixture is unpalatable. A bimodal rainfall pattern limits access to first-season crop residues in situ because cultivation for the second crop closely follows the first harvest. Storage of first-harvest maize is difficult in the absence of drying facilities, so it is often picked green. The remaining stems and leaves can be fed to animals. Farmers can carry forage to the animals each day during harvest, to feed in the pen at night. Any wastes can be composted to fertilize vegetable gardens or can be returned to the fields. Access to fields after the second harvest is less restricted and labour is more readily available for collection and transportation of residues to animal pens.

In many areas, maintenance of soil fertility depends on the inclusion of fallow periods in the farming system. Regrowth during these periods can be made available to animals. Alley farming - growing rows of leguminous trees such as Leucaena leucocephala and Gliricidia sepium with food crops between the rows - provides mulch and browse to the advantage of both crops (Table 2) and livestock (Table 3). The leguminous trees provide high quality, cut-and-carry feed for confined animals. The trees are managed for maximum forage availability in the dry season. In addition, mulch nitrogen helps to maintain soil fertility and reduces the need for a fallow period, so that a larger proportion of land can remain under cultivation. The resultant crop residues are important feed resources during the dry season. The cut-and-carry system of feeding a portion of the tree foliage to small ruminants is highly flexible and can be used with both free-roaming and confined animals. Depending on the availability and quality of other fodder resources, a range of browse feeding strategies can be developed. Browse may be fed as a protein supplement or as a sole feed and it can be fed all the year or solely during the dry season. The effect of browse supplementation to a basal Panicum maximum and cassava peel diet, when offered to adult sheep in the last two months of pregnancy and for a three month lactation period, on productivity index, measured as kg lamb weaned/ewe/year is shown in Figure 2.

Table 2: The effect of alley farming on the yield of maize cobs in southern Nigeria

	Maize yield (t/ha)				
	1983	1984		1985	
	1st season	1st season	2nd season	1st season	2nd season
Continuous cropping (control)	2.19	2.55	1.16	2.49	1.09
Continuous alley cropping	2.54 (1.16)[1]	3.75 (1.47)	1.45 (1.25)	2.83 (1.14)	2.00 (1.83)
Alley grazing/cropping	-	-	-	3.88 (1.56)	2.40 (2.20)
Alley cropping/grazing	2.56 (1.16)	3.43 (1.35)	1.27 (1.09)	-	-

Note: 1) Values in parentheses indicate yields as proportions of control yields.

Source: Attah-Krah, Sumberg & Reynolds, 1986.

Table 3: The effects of supplementary leucaena and gliricidia, with ad libitum Panicum maximum, on the productivity of West African Dwarf sheep (means ± S.E.)

Browse offered (g DM/day)	0	400	800
Parturition interval (days)	265 ±13.5	226 ±8.4	241 ±8.9
Litter size	1.26 0.087	1.19 ±0.082	1.17 ±0.078
Survival to 90 days	0.65	0.65	0.82
Birth weight (kg)	1.80 ±0.069	1.52 ±0.073	1.72 ±0.067
Daily liveweight gain to 90 days (g)	64.4 ±2.98	73.4 ±4.98	83.8 ±3.69
Productivity index[1)]	8.67	10.15	13.46

Note: 1) Productivity index = kg lamb weaned/year.

Source: Reynolds & Adeoye, 1985.

Figure 2: Effects on productivity index of humid zone sheep of provision of a browse supplement

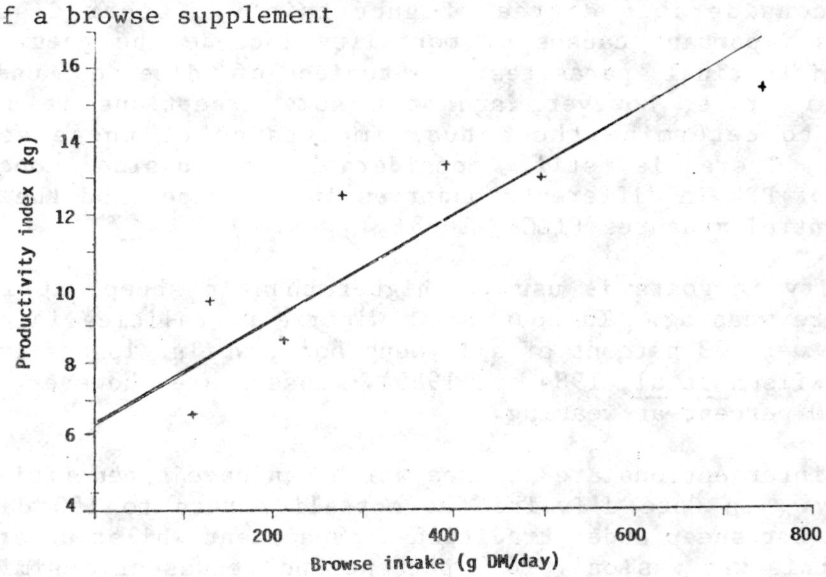

In order to give sufficient benefit to the crop and to ensure that nutrients are returned to the soil, the results of crop yield studies indicate that approximately 75 percent of the available tree foliage should be applied to the soil as mulch. An annual tree foliage yield of 4 t DM/ha would then give 1 t DM/ha of feed. This amount would be sufficient to support approximately 14 adult animals/ha when used as a year-round supplement (25 percent of daily feed intake), or 4 animals/ha when used as a sole feed.

The management of browse trees within the alley farming context must take into account the requirements of the crop for nutrients and light, as well as the seasonality of demand for fodder. Year-round browse feeding, for example, will require a tree management strategy different from simple dry season supplementation.

Where there is only a limited amount of supplement available, preferential feeding to animals in late pregnancy and lactation, or perhaps to growing weaners, is advisable. This will ensure that animals under the greatest nutritional stress will benefit. In intensive systems, the provision of extra rations prior to mating (steaming-up) has been demonstrated to increase litter size, particularly when breeding females are in poor to moderate body condition initially. Steaming-up would be difficult to implement in extensive systems with open breeding but it could be used where animals are confined.

HEALTH AND MORTALITY

Mortalities from disease are high, particularly among goats. Peste des petits ruminants (PPR), a rinderpest-related viral disease, is perhaps the most important cause of mortality, and can drastically reduce the numbers of animals in the flocks. Small ruminant production therefore entails a considerable degree of uncertainty. Other diseases often mentioned as important causes of mortality include the pneumonia complex and gastro-intestinal parasites. Studies of diseases under village conditions are rare, however, and with some exceptions it is currently impossible to determine the actual importance of these as causes of mortality. There is still considerable discussion concerning the importance of PPR in different countries in the zone, and the efficacy of available control measures (ILCA, 1983).

Mortality in goats is usually higher than in sheep, at least in the period before weaning. In south-west Nigeria mortalities in goats to 150 days of age were 23 percent of all young born, whilst losses in sheep were 16 percent (Wilson et al, 1984 and 1985). Losses are, however, known to be as high as 40 percent at weaning.

Health interventions are an area which can have a beneficial impact on productivity. In Côte d'Ivoire the mortality rate to 150 days averaged 29.3 percent for sheep under traditional management whilst under controlled management this was was only 16.7 percent and it was at a similar rate of 15.7 percent in the ranching system. After weaning, mortalities continued at a high level in the uncontrolled traditional system such that by one year of age 48.1 percent of animals born had already died. In the controlled system the death rate at one year was only 28 percent (Figure 3).

Figure 3: Mortality rates in traditional and improved traditional systems of sheep production in Côte d'Ivoire

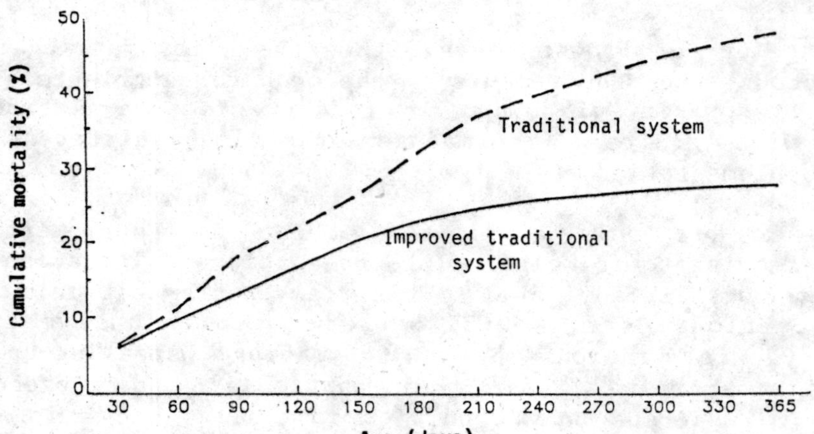

There are good possibilities for reducing mortality via a relatively simple intervention package. In the Nigerian humid zone, for example, a veterinary package comprising vaccination against PPR and a regular dipping programme to control external parasites has been tested. This has had the effect of significantly increasing the survival rate from 0.67 for animals not benefitting from the package to 0.86 percent for those which did benefit from it (Figure 4). The main effect of these measures was to reduce mortality in the most stressful period during the rains. At 1983 prices the added value of weaned kids was the equivalent to US$ 4.64 per breeding female (Mack, 1983).

Figure 4: Survival rates of goats with and without a veterinary intervention package in south-west Nigeria

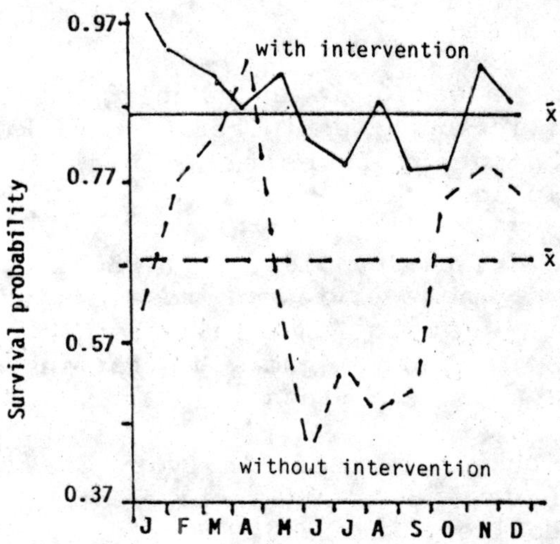

Reducing the number of deaths resulting from the husbandry factor offers one of the best prospects for improving productivity but is perhaps one of the most difficult problems to resolve. The factors leading to reduced losses for individual owners need to be identified and then extended to all owners operating within the same production system. Analytical and diagnostic work on this aspect of mortality is in its infancy, but more attention to dams and young at the time of birth and during the first week of life would obviously pay considerable dividends.

Environmental factors influencing mortality include some of those already discussed under the section on reproduction. In addition to system, season and dam age, they would include the sex of the young and the type of birth. The "flock" effect considered to result, at least in part, from individual management abilities, as has just been mentioned, is also an important variable influencing the death rate. Other factors include predation by wild animals (which can also be considered as a husbandry factor). A decrease in the death rate could obviously be achieved within, and perhaps between, countries by attempting to transfer comparative advantages from one system to another and by controlling the season of breeding. In some systems, advantages may also accrue from selecting for birth type or manipulating flock structures so that most breeding females are in the middle age groups.

ACKNOWLEDGEMENTS

This paper has been compiled from various earlier sources, mostly produced by our colleagues in ILCA. Sources are acknowledged in the reference list but we take this further opportunity of thanking those colleagues for allowing us the use of their material.

REFERENCES

Ademosun, A.A., Benyi, K., Chiboka, O. and Munyalbuntu, C.M. (1983). Review of hair sheep studies in south-west Nigeria. In: Fitzhugh, H.A. and Bradford, G.E. (eds.) Hair sheep of Western Africa and the Americas. Westview Press: Boulder, Colorado.

Attah-Krah, A.N., Sumberg, J.E. and Reynolds, L. (1986). Leguminous fodder trees in the farming system - An overview of research at the Humid Zone Programme of ILCA in south-western Nigeria. In: Proceedings of the workshop on the potential of forage legumes in farming systems of sub-Saharan Africa. ILCA: Addis Ababa (in press).

Berger, Y.M. (1983). Djallonke hair sheep in Ivory Coast. In: Fitzhugh, H.A. and Bradford, G.E. (eds.) Hair sheep of Western Africa and the Americas. Westview Press: Boulder, Colorado.

FAO. (1985). Production Yearbook, Volume 39. FAO, Rome.

ILCA. (1983). Peste des petits ruminants (PPR) in sheep and goats. Proceedings of the international workshop held at IITA, Ibadan, Nigeria. 16-24 September 1980. ILCA: Addis Ababa.

Mack, S.D. (1983). Evaluation of productivities of West African Dwarf sheep and goats in southwest Nigeria. Humid zone programme document No. 7. ILCA, Ibadan.

Reynolds, L. and Adeoye, S.A.O. (1985). Small ruminant productivity and nutrition in southern Nigeria. Paper presented at the National Conference on Small Ruminant Production, 6-10 October 1985, Zaria, Nigeria.

Upton, M. (1984). Models of improved production systems for small ruminants. In: Sumberg, J.E. and Cassaday, K. (eds.) Sheep and goats in humid West Africa. Proceedings of the workshop on Small Ruminant Production Systems in the Humid Zones of West Africa, held in Ibadan, Nigeria, 23-26 January 1984. ILCA: Addis Ababa. pp. 55-67.

Wilson, R.T. and Durkin, J.W. (1983). Livestock production in Central Mali: Weights at first conception and ages at first and second parturitions in traditionally managed goats and sheep. J. Agric. Sci. (Camb.) 100: 625-628.

Wilson, R.T. and Durkin, J.W. (1987). Livestock production in Central Mali: Litter sizes, parturition intervals and annual reproductive rates in goats and sheep in the traditional system. Livestock Prod. Sci. In press.

Wilson, R.T., Traore, A., Peacock, C.P. and Mack, S. (1984). Mortalité avant le sevrage dans les systèmes africains traditionnels d'élevage. In: Yvore P. and Perrin G. (eds.) Les maladies de la chèvre (Colloques de l'INRA No. 28). INRA: Paris. pp. 665-672.

Wilson, R.T., Traore, A., Peacock, C.P., Mack, S. and Agyemang, K. (1985). Early mortality of lambs in African traditional livestock production systems. Vet. Res. Commun. 9: 295-301.

THE ELEMENTS OF AN EFFECTIVE EXTENSION SERVICE TO SHEEP AND GOAT PRODUCTION IN THE HUMID TROPICS OF WEST AFRICA

R. von Kaufmann and P. Francis
International Livestock Centre for Africa
P.O. Box 5689, Addis Ababa, Ethiopia

RESUME

La mise en place d'un service d'encadrement efficace pour les éleveurs de moutons et de chèvres dans les zones tropicales humides de l'Afrique Occidentale pose des problèmes du fait que les systèmes de production sont déjà relativement bien développés en termes d'objectifs et de ressources pour le petit éleveur. En plus, les animaux sont gardés en petit nombre et les résultats des innovations de gestion seront faibles par unité familiale. Toutefois, il existe des interventions essayées en matière de santé et de nutrition qui sont des contraintes dans la production des petits ruminants. Il est proposé que de telles innovations qui incluent souvent l'intégration du cheptel avec la production végétale, soient fournies par un service d'encadrement intégré plutôt qu'un encadrement séparé pour le bétail. Des structures appropriées en formation, programmation, supervision, recrutement et carrière seraient essentielles pour assurer un service efficace et motivé. Les coûts pourront être partagés par la suite, par la constitution de groupements d'éleveurs ou par la formation para-professionnelle des éleveurs susceptibles d'être formés. La disponibilité des intrants supplémentaires doit être assurée, quoique le crédit aux fournisseurs puisse être un moyen plus efficace que l'octroi de crédits à un nombre élevé de petits producteurs.

Des recherches en matière d'encadrement doivent être conduits par les institutions nationales sans exclure les centres internationaux de recherche.

Des réticences pour discuter des problèmes d'encadrement empêchent la recherche de solutions et ne se justifient plus car les problèmes sont largement similaires à travers les différents pays et systèmes d'élevage.

SUMMARY

The provision of an effective extension service to sheep and goat producers in the humid tropics of West Africa is problematic, as production systems are relatively efficient in terms of the objectives and resources of small farmers. Furthermore, animals are kept in small numbers and the return on management innovations would thus be small on a per household basis. Nevertheless, proven interventions exist in the fields of health and nutrition - the major constraints facing small ruminant production. It is proposed that such innovations, which often involve the integration of livestock with cropping enterprises, be delivered by a single agricultural extension service rather than a separate, livestock, branch of extension. Appropriate training, programming, supervision, recruitment and career structure will be critical to ensuring an efficient and motivated service.

Costs may further be spread through bringing farmers together into groups or providing paraprofessional training to suitable farmers. The availability of complementary inputs must be assured, although supplier credit may be a more effective way of doing this than administering credit to numerous small-scale producers.

There should be deliberate research on extension led by national institutions without excluding the international research centres. Reticence in discussing the problems of extension is hindering their resolution and is unwarranted because the problems are largely similar across different countries and livestock systems.

INTRODUCTION

It is widely recognized that the lack of effective extension is a major constraint in the development of sheep and goat production in the humid tropics of West Africa. However, the problems of extension still attract far less attention than the search for technical means of increasing animal productivity. This paper attempts, through the literature, to represent these problems and demonstrate by way of example how remedies might be found. The dearth of direct literature on the topic is itself indicative of a reticence to discuss the difficulties facing the task of providing effective extension services. However, the fact that literature drawn from other regions can be used to illuminate the problems in the humid zone, indicates their universality and it is hoped that this will stimulate more research and discussion than there has been in the past.

LITERATURE

In recent years, there has been considerable research interest in small ruminant production. Including the recent seminar at Obafemi Awolowo University, Ile Ife, Nigeria alone has had three national conferences on small ruminant production in just six years (Adu et al. 1985; Sumberg and Cassaday, 1985). There have also been a succession of international meetings elsewhere in Africa and abroad concerning small ruminants (SR-CRSP, 1983; 1984; FAO, 1986; CTA, 1986). These conferences have concurred that an effective extension service is of paramount importance to the development of small ruminant production, but they have otherwise virtually ignored the subject. While the national conference hosted by the National Animal Production Research Institute (Adu et al. 1985) did have a session on socio-economics, extension services and marketing, this drew only one paper (Awogbade, 1985) which hardly mentioned extension even under issues of development. Awogbade (1985) nevertheless concludes that "informal lectures and guidance programmes by extension agents should be introduced at the grass roots level to boost ruminant production". A similar situation is found in the expert consultation, sponsored by FAO (1986), where no-one spoke on the subject of extension yet it was recommended that adequate and effective training and extension programmes be an integral part of all development plans and programmes for small ruminant production. Frequently, the topic is simply ignored. The IBRD (1983) technical paper has over six pages of summarized recommendations without referring to extension. Such literature as there is on extension services to sheep and goats in the humid tropics of West Africa tends to be in report form: quantitative accounts of the personnel and facilities of particular departments and projects. Such accounts are usually neither analytical nor evaluative.

This silence in the literature should not be taken to mean that all is well with livestock extension in the zone. Amogu (in Adu et al, 1985) concludes that the poor performance of extension and training is "a major constraint" to livestock development. Ademosun (1985) concurs with regard to Nigeria, where he states that "livestock extension is sadly lacking", especially when compared with the achievements of extension in the field of crop production in Nigeria. Because of the lack of literature relating specifically to the humid tropics of West Africa, this review also refers to information from other areas where relevant.

THE ELEMENTS OF AN EXTENSION SYSTEM

Extension may be defined as: "an informal, out-of-school, educational service for training and influencing farmers and their families to adopt improved practices in crop and livestock production, management, conservation and marketing" (United Nations, 1963). The basic constituents of an agricultural extension system are a set of technical recommendations ("the message"), and the means to deliver them ("the medium"). In addition, certain complementary goods and services, the provision of which need not be the direct responsibility of the extension service, should be available for the farmer, so that he can take advantage of the advice being offered. We will consider these three elements in turn. First, however, the general characteristics of small ruminant production in humid West Africa will be outlined.

SHEEP AND GOAT PRODUCTION IN HUMID WEST AFRICA

Sheep and goats are the most important ruminant livestock species in the humid zone. The dominant breeds of both species are the trypanotolerant West African Dwarf. Flocks are usually small, typically numbering two to six animals per household, with goats outnumbering sheep by two or three to one. However, the structure of ownership is very broad, with most rural households keeping small ruminants and a large proportion of the stock being owned and managed by women. Small ruminants are kept as an adjunct to the main business of cropping; management and other inputs are low (Matthewman, 1977; Upton, 1985; Kaufmann et al., 1986). While animals may be confined for all or part of the year, the provision of special purpose housing is the exception rather than the rule. Free roaming animals scavenge around the village, while feed, consisting mainly of browse, is carried for confined animals. Food processing products and kitchen waste (e.g. cassava peels) are important under both systems of management. The use of purchased feed and veterinary inputs is not widespread. Although their productivity is low relative to their genetic potential, the local breeds of sheep and goats are highly efficient in terms of the objectives of farm families, particularly in respect of the critical shortage of labour. They are raised primarily as a source of cash and meat, though they are usually slaughtered only for special occasions such as ceremonies or festivals. They provide a preferred meat in conveniently sized units, a source of cash for emergencies and a degree of food security in the event of crop failure.

APPROPRIATE ADVICE

Small ruminant production in the humid zone thus involves large numbers of very small flocks kept by farmers who are primarily interested in cropping, but under systems which are relatively efficient in terms of their owners' objectives and resources. The small size, subsidiary nature, and relative efficiency of small ruminant enterprises in the zone pose a considerable challenge to extension from both the technical and administrative points of view.

The literature suggests that the improvement of management and other animal husbandry aspects will not be easy. Matthewman (1977) notes that traditional goat and sheep production is based on an extensive system of free-range foraging and scavenging. It is a low input system and although the level of production is lower than could be obtained under intensive conditions, the efficiency of production is high in terms of returns per unit of input. Change would require a re-orientation of ideas towards livestock which would have to become "active" earners of income, replacing other enterprises in the system, rather than being "passive" earners that convert waste or marginal materials into food or saleable products.

Proposed interventions must address the major constraints on animal production without imposing labour or capital requirements which make them unattractive. The major constraints facing small ruminant production in the zones are:

1. High incidence of pests and diseases including: trypanosomiasis, peste des petits ruminants, pneumonia and ecto- and endo-parasites.

2. Fluctuating feed supply, particularly the wet/dry season feed imbalances under extensive management systems. These can be countered by the introduction of appropriate animal health measures; the provision of better feed and the improvement of animal husbandry.

Disease is the most important of these constraints, but considerable improvement in productivity can be achieved by introducing some simple disease control measures. Vaccination can control the endemic and epidemic *peste des petits ruminants* (PPR) and dipping can control ectoparasitic diseases, particularly sarcoptic mange (caused by *Sarcoptes scabiei*). The results of ILCA trials with these techniques were impressive. There was a major reduction in reported cases of PPR in goats: from approximately 14 percent to 4 percent in the forest zone. The monthly dipping also had a major impact: reducing cases of mange from 38 percent to 11 percent amongst goats in the zone. Similarly amongst sheep, mange was reduced from 13 percent to zero. The overall disease incidence dropped significantly from 257 to 56 reported cases for goats and from 128 to 43 for sheep. Overall mortality rates of goats fell from 30 percent to 12 percent. The fall from 20 percent to 14 percent was not so great for sheep because PPR and mange affect goats more than sheep (Sempeho, 1985).

The provision of better feed has been discussed by Atta-Krah and Francis (1987) in relation to alley farming which exemplifies the possibility of integrating the farmer's primary interest in cropping with improving the feeding of his small ruminants. Alley farming is an agroforestry system in which leguminous trees are intercropped with food crops. The trees are pruned regularly to minimize shade to associated crops and to provide nitrogen-rich foliage which can be used either as green manure for the maintenance of soil fertility or feed for small ruminants. In addition to the nitrogen-fixing ability of the trees, their deep roots recycle nutrients and check soil erosion. The trees may also be managed to provide staking material, poles and fuelwood. In allowing the continuous use of land, alley farming represents an alternative to shifting cultivation. The two most commonly utilized species in this system have been Leucaena and Gliricidia, both fast-growing trees wtih high coppiceability, a foliage nitrogen content of about 4 percent and crude protein of about 20 percent. Leucaena is not suitable as a sole feed as it contains mimosine, which may be toxic when fed in large quantities. For this reason, Leucaena and Gliricidia are planted in alternate rows of the alley farm and farmers are advised to feed a mixture of the species as a supplement. As a system, alley farming links tree planting and management with crop production, land and soil management and livestock husbandry. The trees may be used in a number of ways. Foliage may serve either as mulch for any arable crop or as feed for livestock. The wood may be used either as staking material or fire-wood. The products of the trees may be allocated among the enterprises in a multiplicity of ways. There is nothing integral to the system which determines, for instance, the respective proportions of the foliage which should go to crops and livestock. Flexibility is inherent in the system and this means that the farmers have continuous choices in the way they use the products from the trees and these choices will be made on the basis of their production objectives and resources.

According to Attah-Krah and Francis (1987), farmers are familiar with the management of trees in the context of a bush fallow system but the adoption of alley farming implies a number of innovations in farming practice and the acquisition of new skills. These include the planting and establishment of trees within arable farms, their management for mulch and fodder production, cut and carry feeding for animals, and the alteration of land use and rotation patterns. Extension advice is therefore essential to the introduction of this technology. Moreover, the issue is not simply one of managerial innovation. In the adoption of the new system, attitudinal, sociological and institutional factors such as the distribution of benefits derived from the technology among household members or the implication of land tenure systems may also intrude and need to be understood by extension staff.

Another example of an intervention linking livestock and cropping systems is the "fodder bank" an enclosed unit of sown forage legumes and grasses that are reserved for dry season supplementary feeding. ILCA's sub-humid zone programme has developed this intervention primarily for cattle owners. However, on the basis of early trials with farmers it appears also to have considerable potential for small ruminants (Kjenstad, 1987).

APPROPRIATE DELIVERY SYSTEMS

It is generally recognized that it is extremely difficult to develop and sustain low-cost delivery systems for agricultural support services to small farmers (Yudelman, 1977). These problems are particularly pertinent to our consideration because of the small flock sizes and widespread ownership of small ruminants in the humid zone of West Africa.

We have noted that the theoretical definition of extension is an educational service. The reality is different. As Benalcazar (1977) points out, in practice extension is "an organization responsible for all Ministry of Agriculture activities at the field level, including regulation, the provision of services, the collection of statistics and with very little attention paid to the educational activity".

Commenting on sheep and goat extension FAO (1976) noted that over half of the officers in the Kenya Ministry of Agriculture were extension workers who were expected to impart new ideas and technologies to farmers by whatever means available. However, it was almost entirely left to the lower echelon officers to carry out the extension work at farmer level.

The experience of implementing the Training and Visit system of extension, which has met with considerable success in many countries, has demonstrated that to be effective, an extension agent must concentrate on his education and communication functions. This means disburdening him of the multiple functions which he often fulfils in addition - credit supervision, input supply, the collection of statistics, etc. It also means developing a corps of well trained and motivated fieldworkers. The prerequisites for such a system have been widely discussed and are generally agreed. They include: clear and simple messages about techniques leading to demonstrable improvement in technology; concrete, well-defined objectives and a programme for addressing them; and adequate and active supervision and monitoring to ensure that these objectives are being met. At the level of personnel policies, appropriate recruitment policies and a career structure are also necessities.

The establishment of extension systems along such lines will require considerable policy and financial commitment on the part of governments. It is extremely doubtful, however, whether countries in the West African sub-region can support separate extension systems of such a kind directed at livestock and crop improvement. Given the nature of the local farming system and the fact that some of the most promising improvements are those directed at the further integration of the crop and livestock sub-systems, a single system of agricultural extension is the most appropriate.

Extension services usually have insufficient staff or funds to perform the services expected of them. Reynolds _et al._ (1984) found that field staff in Kenya were able to visit a mean of 23.2 individual households per month. This is small compared to the number of farm families per extension worker in West Africa. Reynolds' _et al._ (1984) conclusion that some form of _group extension_ is essential, applies to the humid zone of West Africa, as well as to the SR-CRSP project areas in Kenya.

Farmers tend to learn by seeing and doing, but it is difficult to combine the formation of groups with the spread of on-farm livestock interventions. Livestock husbandry demands continuous and close contact with the animals in situ to detect improvements. In contrast, crop interventions are carried out at particular times, when groups can be gathered together, and usually have highly visible results. In some environments, group arrangements such as cooperatives have been effective in the fields of input supply and marketing. Given the minimal use of inputs, the highly commercialized economy even in the most rural areas and the high demand for meat in the densely populated West African coastal states, there appears to be little scope for group activity except in the field of disease control.

Vaccination campaigns are suitable to the community approach because of the dangers of disease transmission from infected animals if coverage is not full. However, they require careful organization including adequate prior publicity of the visit of vaccination teams. The difficulty of capturing and restraining the highly individualistic dwarf animals that are accustomed to roaming freely means that the teams will have to settle for less than 100 percent coverage and depend on the vaccinated animals being able to withstand a certain degree of disease challenge from contact with infected animals. The results of peste des petits ruminants vaccination programmes in Nigeria are encouraging in this respect.

Sempeho (1985) indicates that communal labour is commonly used for projects of public interest in southwestern Nigeria. He suggests that the holding enclosures, watering and other handling facilities should be built communally. However, he realizes that the low level of commitment to small ruminant production makes such communal work unlikely even though there is a common interest in achieving maximum vaccination coverage and reducing the susceptible population to the minimum.

An alternative to reducing costs per farmer by increasing the number of farmers per extension officer through group activities, which have rarely been successful in Africa, is to reduce the cost per extension agent by employing paraprofessionals. These are persons residing within the target community who are trained to set an example and assist their peers in the adoption of new techniques. The concept is relatively simple but has often failed due to lack of appropriate support.

Taylor and Moore (1980) stated that the indigenous, community-based paraprofessional is a necessary extension to agencies charged with delivering services to rural populations. Through their greater cultural affinity, the paraprofessionals are expected to extend acceptable and appropriate services while activating local people to participate in improvement of their own welfare. Taylor and Moore (1980) caution that the cost of developing and realizing the potential of a paraprofessional programme may be considerably higher than expected. Merely tacking them on to an already overburdened extension service and expecting them to function without sufficient referral and support services will not be effective. They are more dependent on the programme's support services than professionals because of their minimal training and prior experience in the range of activities they are expected to perform. Villagers want and need resources and information from outside and the paraprofessionals' credibility often depends upon being able to provide access to them on a reliable basis.

Furthermore, no matter how thorough pre-service training may be, paraprofessionals cannot be expected to absorb enough material in a single training session. This is frequently recognized, but funds are generally not available for follow-up training. Supervision and control are less important than continuous training and encouragement to improve morale and credibility. Visible programme support is essential. Supervisors are often unprepared for the task in terms of personal communication skills and equipment, such as transportation and technical aids to use in the field.

Community input into the selection of the paraprofessional is an important factor in ensuring success, as is community management, not only to augment the infrequent visits by outside supervisors, but also to build a community-based self-sufficient programme. These committees are also usually inadequately prepared to take on this role. The modalities of shared community and agency responsibilities are yet to be worked out in most paraprofessional programmes.

The potential efficacy of paraprofessionals is indicated by the complaint in FAO (1976) that junior technical assistants who were farmers themselves were being replaced by qualified technical assistants, who, although formally trained, did not have the same level of application and efficiency. Most were not farmers and preferred to live in urban areas and they were frequently transferred.

The use of paraprofessionals is not as common as might be expected, considering the potential benefits. This may well be due to unsuccessful experiences which are themselves due to lack of appreciation of the support that the paraprofessionals need. A paraprofessional needs a different set of support measures than the fulltime trained extension agent, and any attempt to by-pass this support will be a false economy. A paraprofessional's effectiveness largely depends on his standing with the community peers. This requires clearly demonstrated support and recognition from professional staff and having access to the farm inputs essential for farmers to carry out their advice. The professional staff entrusted with the management of paraprofessionals need to be adequately prepared for the task, and given the facilities and time to carry them out. Given the small flock and herd sizes, there appears to be no other viable system that can be replicated widely at this time.

COMPLEMENTARY SERVICES

The farmer's ability to make use of extension advice is often dependent on his ability to obtain purchased inputs on a timely and reliable basis. Farmers should not be advised of production recommendations involving inputs, unless these are available (Benor and Baxter, 1984).

It is often assumed that the inability to obtain inputs is due to farmers' lack of liquidity or credit. Rural development packages aimed at the small farmer, thus, frequently include a credit element. Credit is attractive from the development planner's point of view: while extension consists of public expenditure aimed at essentially private benefits, the inclusion of credit improves the cost of recovery element in development projects. However, despite the determination evidenced in many projects to provide formal producer credit, it is not clear that it is always, or even usually, required (Kaufmann et al., 1986). Farmers complain more often of the lack of sources of inputs within their financial reach, than of funds with which to buy them. Farmers are understandably shy of credit.

Further, while a credit programme does increase the cost recovery element of a project, this is not to say the administration of the credit programme is not itself subsidized. Yudelman (1977) states that while the cost of loans to large producers is usually in the neighbourhood of 3 to 4 percent of outstanding loans the administrative costs of loans that pass from government through such groups as cooperatives, range from 10 to 20 percent. These costs do not include any charge for use of capital so an interest rate to cover both costs would be as high as 30 percent. Policy makers are naturally loath to charge small farmers such high rates of interest, so they provide credit at subsidized interest rates. Even this, however, does not necessarily lead to an equitable distribution of credit. Financial intermediaries can circumvent interest-rate regulations through non-price mechanisms. Cuevas and Graham (1986) found that transaction costs effectively rationed credit in a regressive way, such that small borrowers paid more per unit of borrowed funds than large borrowers. This applied to development banks as well as private banks, though more to the latter. The authors argue that higher interest rates would lead to reduced transaction costs, which would benefit smaller borrowers more than larger, and thus be more progressive. Another way of seeking to ensure that farmers have access to the inputs which they need has been to enjoin extension staff, who are often posted in areas where the main suppliers do not operate, to encourage shopkeepers, traders and cooperative societies to stock animal feeds and preventive drugs like drenches (Ministry of Agriculture, 1978). Kaufmann et al (1986) argue that supplier credit to village shop-owners and cooperatives rather than to the producer would be much cheaper and more effective in meeting the needs of small farmers. This would also match the borrowers' abilities more closely to the needs of credit institutions. It would follow the example of developed agricultural economies and developed areas of Third World farm economies, which all depend much more on unsecured supplier credit, than on formal producer credit. Without such credit there is no commercial reason for village shopkeepers to stock slow moving bulky farm inputs, and the blandishments of the extension agents are futile.

Here lies a major opportunity for extension which is very much under exploited. If rural suppliers were provided with inventory finance, preferably in kind, they would have a vested interest in moving the goods off their shelves. If they are instructed in the correct use of the inputs they can promote their products and their shops can become venues for advice. Since credit can be tied to the purchase of particular inputs, the supplier has no opportunity charge on that capital and can profit best only by selling as much as possible, and this will encourage him to provide the goods on credit to appropriate customers. Government can easily determine the on-lending rate from banks to suppliers, and so to farmer by altering the proportion and cost (gearing) of the loans it re-finances.

Administering credit to a few rural suppliers with fixed addresses and mortgageable properties would be much easier and cheaper to administer than to numerous small farmers. It would also exploit an established infrastructure for transporting, handling and storage. In the highly villagized West African coastal states such a system would take the goods and advice to within reach of the vast majority of farmers. Wherever farm suppliers have access to inventory finance, they are the main source of farm credit, yet planners persist in formulating unviable small-farm credit schemes.

RESEARCH AND EXTENSION, RESEARCH ON EXTENSION

"Farming systems" and related approaches to agricultural research and development have led to two salutary developments in the research process. First there has been increasing recognition on the part of research scientists that farmers are essential contributors to the process of research. Second, the importance of institutional linkages between research and extension has been increasingly acknowledged. Although these realizations have still to be put into practice by many agencies, this constitutes substantial progress.

The incorporation of extension staff into research teams has contributed greatly to the understanding of farmers' problems and ensuring the relevance of research. However, it must be stressed that the mere association of research and extension does not in itself lead either to the understanding of the problems of an extension service or the improvement of its functioning. In fact, most researchers assiduously avoid looking closely at the functioning of extension agencies. They tend rather to circumvent the problems in one of two ways. The first is to work with selected personnel, whose operational difficulties are solved on an ad hoc and individual level in order to ensure continued cooperation. Alternatively, researchers assume responsibility for extension themselves. These strategies, somewhat akin to proving that rice can be grown in the desert, if irrigated, are encouraged by the fact that researchers are increasingly being judged by the level of adoption of the technologies which they develop.

Reynolds *et al.* (1984) recommend that the development of technologies takes into account existing livestock extension services and the capability of extension officers to support smallholders' efforts by delivering appropriate technical assistance and advice. Benor and Baxter (1984) also point out the need to adapt extension systems; in their case the *Training and Visit* system, to the farming and administrative structure of the particular country in which it is to operate. To achieve this Benor and Baxter (1984) emphasize that extension and research must be interrelated and are dependent on one another for their success. However, they again concentrate on the role of research at the farm and field agent level and do not indicate in any detail how research can contribute at the institutional level.

In general, then, extension problems do not become research topics even if they are known to be obstacles to the adoption of the interventions. However, extension and input availability are as much a part of the environment in which the intervention will be adopted or rejected, as the rainfall. Researchers should take pains to understand the extension and supply situation, in order to develop more appropriate interventions. They should also do research on extension itself in order to suggest ways of making it more effective. Circumventing the extension system will, in all probability, lead to temporary and misleading impressions of the level of adoptability of the interventions under test. The international research organizations justify the exclusion of extension problems as research topics on the grounds that they are site specific. However, the recurrence of the same problems in all countries suggests that this may not be as true as is assumed, and that there are universal problems that would benefit from crosscountry analysis. However, such work is indisputably most appropriate to national research centres because of their much greater corporate experience of their governments' organizations and the local input supply systems. The pay-off in terms of increased adoptability of research results is likely to be as substantial as from on-farm research.

Government's intention in providing an extension service is to raise the wellbeing of the farmers and increase productivity. Since the government's resources are limited, there should be explicit or at least implicit positive cost-benefit assessments underpinning the organization of support services.

There are three ways around troublesome cost-benefit ratios: (1) underestimate the extension input required; (2) overestimate the adoptability of the intervention; or (3) call it a pilot project. These are not necessarily cynical responses. Most often they are attempts to make the best of a bad set of alternatives.

Despite this, research and development conferences continue to be dominated by exponents of health, breeding, feeding, housing and other technical innovations without heed to the problems of adoptability and inadequate support systems. A reappraisal of the premise of most research and development recommendations is long overdue. It is probable that this would focus attention on the institutional and development problems, as well as on the on-farm problems.

It is surprising that the policy makers, who frequently decide on research as well as extension expenditure, have not yet required researchers to demonstrate that the intervention can be supported pragmatically and economically, as well as proof of the potential increase in animal productivity through the adoption of the intervention. The objective of research on support services should be either to decrease the extension input required to achieve desired levels of adoption by better designed interventions and/or increase the efficacy of the support services.

CONCLUSION

The general recognition that the lack of adequate extension services is a major constraint to improving sheep and goat productivity in the humid tropics of West Africa, coupled with the dearth of literature on the subject, implies an urgent need for investigation and discussion. Unfortunately, it also indicates that many knowledgeable people are hesitant to air their views, presumably for fear of causing offence to the people concerned, with the examples they would necessarily quote.

Although the trypanotolerant West African Dwarf sheep and goats are the most important livestock species in the humid zone of West Africa they are kept only as secondary enterprises with minimal management and other inputs. Their utility is in their high return to labour, because they require very little work, and any member of the family, including children, can assist. This high efficiency in terms of the owners' objective is the foremost difficulty in increasing productivity in small ruminants in the humid zone of West Africa because it does not predispose the farmers to invest more than the minimum of effort and money in small ruminant production. The owners usually have more pressing priorities on their time and money in their primary business of cropping.

In the financial climate of present day West Africa, the provision of low cost extension to the multitude of small farmers who are sheep and goat owners is problematic. However, in the case of some promising nutritional interventions advice relates to the simultaneous improvement of both crop and animal production. Farmers are likely to be more eager to invest in improvements to the subsidiary enterprise of small ruminant keeping, if they can, at the same time, address problems such as crop yields, soil fertility and erosion. This also presents the possibility of a single, integrated extension system dealing with both crops and livestock. A broad and reliably delivered animal health system will also be required if producers are not to be deterred from intensifying production by the risk of disease (in particular, the epidemic, PPR). Vaccination programmes require coordination, infrastructure and equipment. With regard to other inputs, the constraint may be more one of availability than, as is often assumed, farmers' liquidity. Veterinary drugs and other inputs could be made available through local suppliers, and if necessary, aided by credit.

The appropriateness of proposed technical interventions will depend not only upon its costs and returns relative to the resources and objectives of the farmer, but also on the efficacy and cost of the necessary delivery and support system. Research has hardly begun on the administrative, institutional and logistical issues relating to these questions.

REFERENCES

Ademosun, A.A. (1985). Contributions of research to small ruminant production in Nigeria. In I.F. Adu, B.B.A. Taiwo, O.A. Osinowo and W.S. Alhassan (eds.). Small Ruminant Production in Nigeria: proceedings of a national conference on small ruminant production. National Animal Production Research Institute, Shika, Zaria, pp. 18-51.

Adu, I.F., Taiwo, B.B.A., Osinowo, O.A. and Alhassan, W.S. (eds) (1985). Small Ruminant Production in Nigeria: proceedings, national conference on small ruminant production, National Animal Production Research Institute, Shika, Zaria.

Attah-Krah, A.N. and Francis, P.A. (1987). The role of on-farm trials in the evaluation of composite technologies: the case of alley farming in Southern Nigeria. Agricultural Systems, 23. pp. 122-152.

Awogbade, M.O. (1985). Small ruminant factor in livestock production in Nigeria. In: I.F. Adu, B.B.A. Taiwo, O.A. Osinowo and W.S. Alhassan (eds.). Small Ruminant Production in Nigeria: proceedings, national conference on small ruminant production, National Animal Production Research Institute, Shika, Zaria.

Benalcazar, R. (1977). New techniques, agricultural extension services and credit facilities as instruments of economic development, with special reference to Latin America. In T. Dams and K.E. Hunt (eds.). Decision-making in agriculture. Proceedings, International Association of Agricultural Economists.

Benor, D. and Baxter, M. (1984). Training and visit extension. World Bank publication. Geneva.

CTA (1986). Coordination de la recherche pour le developpement des petits ruminants en Afrique: Compte rendu du Seminaire. Montpellier, France.

Cuevas, C.E. and Graham, D.E. (1985). Rationing agricultural credit in developing countries: the role and determinants of transaction costs for borrowers. In A. Maunder and U. Renborg, (eds). Agriculture in a Turbulent World Economy: proceedings, International Association of Agricultural Economists pp. 680-686.

FAO (1976). Sheep and Goat Development Project, Kenya: project findings and recommendations. United Nations Development Programme, Food and Agriculture Organization of the United Nations, Rome, Italy.

FAO (1986). Small ruminant production in developing countries. FAO Animal Production and Health Paper No. 58; V.M. Timon and J.P. Hanrahan (eds). Proceedings of an expert consultation held in Sofia, Bulgaria, 8-12 July 1985.

IBRD (1983). Sheep and goats in developing countries: their present and potential roles. World Bank Technical Paper. Winrock International.

Kaufmann, R. von, Wilson, R.T. and Reynolds, L. (1986). The economic role of small ruminants in agricultural communities and land use systems in Africa. In: Compte rendu du seminaire sur la coordination de la recherche pour le developpment des petits ruminants en Afrique. Centre Technique de Cooperation Agricole et Rurale Convention ACP-CEE de Lome Wageningen-EDE Pays-Bas. Montpellier, France.

Kjenstad, V.M. (1987). Technical adaption and social values among farmers in Ganawuri district, the sub-humid zone of Nigeria. ILCA, Sub-humid zone programme document, Kaduna.

Matthewman, R.W. (1977). A survey of small livestock production at the village level in the derived savanna and lowland forest zones of southwest Nigeria. Department of Agriculture and Horticulture, Reading University.

Ministry of Agriculture Animal Production Division (Kenya) (1978). Report of the July 1978 Seminar held at the Audit Studies Centre - Kikuyu for the animal production officers, Animal Production Division, Nairobi.

Reynolds, J.A., Mbabu, A.N. and Nolan, M.F. (1984). Extension services and the smallholder: A report of preliminary findings. In: proceedings of the Third Small Ruminant CRSP Kenya Workshop. Small Ruminant Collaborative Research Support Programme, Nairobi.

Sempeho, G. (1985). Sheep and goats in Nigerian agriculture; structure of small ruminant production in S.W. Nigeria and improvement possibilities. Socio-economic studies on rural development, vol. 59, Edition Herodot, Gottingen.

SR-CRSP (1983). Proceedings of the Second Small Ruminant CRSP Kenya workshop. Small ruminant collaborative research programme, Nairobi, Kenya.

SR-CRSP (1984). Proceedings of the Second Small Ruminant CRSP Kenya Workshop. Small ruminant collaborative research programme, Nairobi, Kenya.

Sumberg, J.E. and Cassaday, K. eds. (1985). Sheep and goats in humid West Africa. Proceedings of the workshop on small ruminant production systems in the humid zone of West Africa, held in Ibadan, Nigeria, 23-26 January 1984. ILCA: Addis Ababa.

Taylor, E. and Moore, C. (1980). Paraprofessionals in rural development. Reality and potential. Rural Development Participation Review, Vol. 2, No.1. Rural Development Committee, Cornell University, Ithaca, N.Y.

United Nations (1963). Science and technology for development, Vol. III. Agriculture, Report on the United Nations Conference on the application of science and technology for the benefit of less developed areas.

Upton, M. (1985). Returns from small ruminant production in Southwest Nigeria. Agricultural Systems, 17. pp. 65-83.

Yudelman, M. (1977). The role of agriculture in integrated rural development projects. The experience of the World Bank. In: T. Dams and K.E. Hunt (eds.) Decision-making in agriculture. Proceedings, International Association of Agricultural Economists, pp. 444-464.

TOGO - UNE ETUDE DE CAS SUR LE DEVELOPPEMENT DE LA PRODUCTION DES OVINS ET CAPRINS AU NIVEAU DU VILLAGE

G. Van Vlaenderen
Conseiller technique principal Projet PNUD/FAO TOG/86/006
Kara, Togo

S U M M A R Y

The implementation of improved husbandry practices for small ruminants in a rural environment with little traditional use of pastures is complex. The improved practices need to be carefully studied in relation to the local constraints (social, climatic, nutritional and health). An experimental phase with a reduced number of farmers will be necessary in order to determine what improvements to recommend in the future.

In the case of the region of Kara (North Togo) the experimentation was carried out in 1981-82 with 31 farmers and 1 250 head of animals. It was demonstrated that the best system not only in terms of economic and production results but also from the degree of acceptance by the farmers was the system that encompassed the maximum number of improved practices (health, housing, feeding and genetic improvement); however, the use of sown pastures was excluded.

This semi-intensive system allows an increase in the productivity of the flock of about 300 percent compared to the traditional system. These results combined with an important sociological impact has caused considerable enthusiasm among farmers for this type of system (342 farmers trained by the end of August 1987).

In order to achieve this, the project has opted for intensive training carried out by trained personnel. Once a stage of awareness by the rural farmers has been achieved, it is necessary to consolidate these improvements by good farmer training and their organization into associations in order to reduce to the minimum their dependence on the state.

Regarding the keeping of goats, the experience of the project is not encouraging. Actually the poor production and economic results coupled with the difficulties of management and control of goat flocks has led to a progressive decline in interest by farmers for goat raising in favour of sheep.

R E S U M E

L'implantation de l'élevage rationnel des petits ruminants dans un milieu rural à faible tradition pastorale est complexe. Les actions d'amélioration doivent être soigneusement étudiées en fonction des contraintes locales (facteurs humains, climatiques, alimentaires, sanitaires).

Une phase expérimentale sur un nombre restreint de paysans s'avère nécessaire afin de déterminer les types d'intervention à vulgariser par la suite.

Dans le cas de la région de la Kara (Nord Togo) l'expérimentation a été conduite en 1981-82 sur 31 élevages totalisant 1250 bêtes. Elle a montré que le meilleur système, au point de vue tant des résultats zootechniques et économiques que du degré d'acceptation des paysans est celui qui englobe le maximum de thèmes d'amélioration (soins vétérinaires, logement, hygiène, alimentation, amélioration génétique) à l'exclusion toutefois des pâturages artificiels.

Ce système (appelé semi-intensif) permet une augmentation de la productivité du troupeau de l'ordre de 300 pour cent par rapport au système traditionnel.

Les résultats spectaculaires couplés à un impact sociologique non négligeable ont justifié un engouement certain des paysans pour ce type d'élevage (342 élevages encadrés en fin août 1987).

Pour arriver à ce stade le projet a opté pour un encadrement dense exécuté par un personnel qualifié.

Une fois la phase de sensibilisation du monde rural atteinte, il importe de consolider les acquis par une formation adéquate des éleveurs et par une organisation de ceux-ci en association; ceci en vue de les rendre le moins dépendants possible des services étatiques souvent peu opérationnels du fait de carences en moyens ou en personnel.

En ce qui concerne le cas particulier de l'élevage des caprins de race guinéenne, l'expérience du projet en la matière n'est guère encourageante. En effet la médiocrité des résultats zootechniques et donc économiques couplée aux difficultés de conduite et de gestion d'un troupeau de chèvres ont déterminé un désintéressement progressif des paysans pour cette spéculation au profit des ovins.

PRESENTATION DE L'ELEVAGE TRADITIONNEL DES OVINS ET CAPRINS DANS LA REGION DE LA KARA

Présentation du milieu

Considérations géographiques: La région de la Kara s'étend sur une superficie de 11 500 km^2. Le relief, assez contrasté, est dominé par de vieux massifs accidentés, le plus souvent dénudés de toute végétation: monts Togo, massif Kabyè. Les zones intermontagneuses, plus propices à l'agriculture, sont couvertes d'une végétation plus ou moins arborée de type soudano-guinéen, entrecoupée de galeries forestières en bordure des cours d'eau.

Conditions climatiques: Le climat de la région de la Kara, de type tropical semi-humide, est caractérisé par deux grandes saisons:

- une saison des pluies allant d'avril à octobre;

- une saison sèche allant de novembre à mars, soit 5 mois de sécheresse quasi absolue.

La pluviométrie annuelle atteint une hauteur moyenne de 1 200 mm, mais les précipitations sont assez irrégulièrement réparties, puisque plus de la moitié de la pluviométrie est enregistrée pendant les mois de juillet, août et septembre.

La température moyenne est de 26°C avec des amplitudes allant de 18°C à 42°C.

Renseignements démographiques: La population de la Kara, évaluée à 430 000 habitants, est essentiellement rurale. Elle est répartie inégalement avec des densités très élevées en régions montagneuses (environ 100 habitants/km^2) alors que les plaines situées à l'ouest sont peu habitées. Cette densité de population est un facteur important à prendre en considération pour déterminer les potentialités de développement de l'élevage ovin dans une région, puisqu'elle détermine la disponibilité en terres et donc en pâturages. Dans ce sens, les territoires Kabyè, à l'est de la région de la Kara, sont les plus défavorisés.

Un autre facteur qui influe sur le développement de l'élevage d'une région est la tradition pastorale de ses habitants. Ici aussi l'est de la région Kara s'avère moins favorable, car les paysans Kabyè s'adonnent presque exclusivement aux activités de productions végétales alors que d'autres ethnies, au nord, sont traditionnellement plus éleveurs (Kokomba, Tamberma).

Race et cheptel ovins/caprins: La seule race ovine rencontrée dans la région de la Kara est celle du Fouta Djalon (ou Djalonké); rarissimes sont les moutons du Sahel; on rencontre parfois quelques moutons métissés.

Chez les caprins on ne rencontre que des animaux appartenant à la race "guinéenne".

Selon un recensement effectué en 1982, la région de la Kara disposerait d'un cheptel évalué à 323 000 petits ruminants (134 000 ovins et 189 000 caprins), soit une densité de 28 têtes/km^2.

Présentation de l'élevage traditionnel des petits ruminants

Bien que pratiquement toutes les familles possèdent du petit bétail en milieu rural, l'élevage ne constitue en fait qu'une activité de cueillette.

En effet, les animaux ne bénéficient d'aucun soin prophylactique (vaccinations, déparasitages, etc.) ou curatif (soins courants, traitements des plaies ou des maladies). En plus les petits ruminants ne disposent pas de parc de nuit, mais sont logés dans une case bergerie souvent trop exiguë, mal aérée et non entretenue (le fumier n'est sorti qu'une fois par an). Ce logement sert essentiellement de moyen de lutte contre le vol et la divagation des animaux durant la saison des cultures.

Aucun complément minéral ou énergétique n'est intentionnellement distribué aux animaux et la lutte, libre, est souvent faite par des jeunes mâles médiocres.

Néanmoins, un certain travail est effectué en faveur des moutons, même si le but recherché n'est pas directement l'élevage, mais la protection des cultures. Il en est ainsi de la conduite du troupeau, elle-même fonction des saisons.

En saison des pluies (depuis le semis jusqu'à la récolte), les ovins-caprins connaissent une certaine forme de gardiennage qui leur est souvent préjudiciable, mais qui dépend des régions et surtout du nombre d'animaux. Ainsi quand le nombre de moutons par propriétaire est faible (5 à 20 têtes), les animaux sont attachés au piquet dans la savane pendant une période allant d'avril-mai (semis) jusqu'au mois d'août (lignification des graminées). D'août à la fin novembre, ils sont attachés à proximité des cases et reçoivent en quantité insuffisante des feuilles de sorgho et parfois des peaux d'igname, ou des drèches de mil.

Pour les moutons, lorsque leur nombre est plus important et si les disponibilités en terres non cultivées le permettent, ils sont gardés par les jeunes enfants des propriétaires qui les conduisent dans la savane.

Dans ce cas les animaux sont également sous-alimentés car le temps de pâturage est réduit (4 à 6 h/jour).

En saison sèche, les moutons et les chèvres divaguent librement à la recherche de repousses en savane ou sur jachères. Le soir, seuls les moutons sont rentrés dans les cases-bergeries, les chèvres très indépendantes ne réintègrent pratiquement plus la ferme pendant toute la durée de la saison sèche.

En ce qui concerne l'abreuvement, les animaux se débrouillent en saison sèche pour trouver de l'eau soit dans les mares ou rivières permanentes, soit dans les récipients disposés près des cases et destinés à l'abreuvement de la volaille.

Pendant la saison des pluies, l'abreuvement se fait soit à la concession pour les animaux à l'attache soit au marigot pour les animaux en gardiennage.

Présentation du projet

Le "Programme d'aménagement et de développement intégré dans le Nord-Togo" est un projet assisté financièrement par le PNUD et techniquement par la FAO.

Son aire d'action s'est limitée à trois zones pilotes de dimension assez modeste (au total 60 000 ha) dispersées dans la région de la Kara. Ce projet dont les phases préparatoires ont débuté en 1967, a eu pour objectifs principaux le développement des infrastructures socio-économiques (centres médicaux, pistes, puits, magasins), l'augmentation de la production agricole par l'amélioration des techniques culturales et l'utilisation de la culture attelée, l'organisation du monde rural par la promotion des groupements pré-coopératifs, et enfin le développement de l'élevage en liaison avec l'agriculture. En fait, ce dernier volet est relativement récent puisqu'il n'a démarré effectivement qu'en 1981. Ses objectifs ont été, d'une part, le développement du petit élevage (ovin, caprin et avicole) en milieu rural et, d'autre part, l'association de cet élevage à l'agriculture (jachère fourragère, utilisation du fumier).

En décembre 1986, le projet Nord-Togo a pris fin et les différentes activités ont été rétrocédées soit aux services étatiques existants soit à d'autres projets exécutant le même type d'activité dans la région (projet Culture attelée de l'USAID). Dans le domaine du petit élevage, compte tenu d'une part, des bons résultats obtenus au cours des six premières années d'encadrement et, d'autre part, de la nécessité de maintenir un encadrement dense des paysans sur une durée suffisamment longue pour en faire de véritables éleveurs, le Gouvernement togolais, le PNUD et la FAO ont décidé la poursuite et l'extension des actions d'encadrement dans le cadre d'un nouveau projet intitulé "Projet de développement du petit élevage dans la région de la Kara" (PRODEPEKA).

A noter qu'au niveau des quatre autres régions du Togo, il existe un "Projet petit ruminant" dont le volet Ferme Contractuelle a débuté en 1983 dans la partie sud du pays. Les types d'actions sont très similaires à celles mises en place au projet Nord-Togo depuis 1981.

DEVELOPPEMENT DE LA PRODUCTION DES PETITS RUMINANTS

Avant-propos

Bien que la majorité des familles élèvent simultanément des chèvres et des moutons et que l'effectif en chèvres soit supérieur à celui des ovins, l'expérience a montré de façon très nette que ce sont essentiellement les moutons qui profitent des actions d'encadrement.

Ceci s'explique à plusieurs niveaux :

Tout d'abord, les chèvres guinéennes sont connues pour leur instinct indépendant et querelleur; ce qui les rend difficiles à conduire en troupeau et malaisées à manipuler. Ensuite leur esprit de vagabondage très marqué les pousse à divaguer pendant toute la saison sèche, parfois, sans plus revenir à la ferme; ce qui compromet toute action zootechnique ou vétérinaire durant cette période.

Enfin, la réponse zootechnique et donc économique des chèvres aux actions d'amélioration s'avère médiocre et en tout état de cause nettement inférieure à celle obtenue sur les ovins.

Règles de base à respecter

Pour réussir l'introduction de l'élevage traditionnel des petits ruminants dans un milieu où le paysan est essentiellement un agriculteur, il faut respecter un certain nombre d'impératifs.

i) Les actions doivent être soigneusement préparées sur les plans technique et socio-économique, pour éviter toute erreur qui condamnerait pour longtemps toute nouvelle action de développement de l'élevage dans ce milieu.

ii) L'approche doit être progressive pour ne pas bouleverser brusquement les mentalités et les habitudes du milieu rural.

iii) L'encadrement doit être dense, et être exécuté par un personnel qualifié, de façon à obtenir des résultats très nettement supérieurs aux productions de l'élevage traditionnel.

iv) Il faut débuter l'encadrement avec un nombre restreint de paysans sur une aire géographique limitée, de façon à suivre étroitement les premiers éleveurs pilotes.

v) Il faut que les actions menées par le projet soient conçues en fonction de leur poursuite après le projet. Elles doivent être basées sur la relève progressive par les éleveurs eux-mêmes et par les structures étatiques existantes.

Les étapes à suivre

C'est en tenant compte de ces différents aspects que le projet a établi son programme d'action. Celui-ci comporte un certain nombre d'étapes ou de phases dont certaines sont achevées et dont d'autres vont se poursuivre dans le cadre du nouveau projet "PRODEPEKA" qui a démarré en janvier 1987. Les phases d'activités décrites concernent l'élevage des ovins qui a été le volet prioritaire dans le développement des espèces à cycle court. Mais, le même processus a été suivi ultérieurement pour les autres espèces.

La phase d'enquêtes: Cette première phase s'est déroulée au cours du second semestre 1980 sur une durée d'environ six mois. Ces enquêtes avaient pour but de préciser la place de l'élevage dans l'exploitation agricole traditionnelle, d'appréhender le mode de conduite des petits ruminants et de déceler les freins au développement de cette espèce. Les résultats ont montré que 92 pour cent des familles rurales possèdent des petits ruminants mais que la taille moyenne du cheptel est faible (7 ovins et 6 caprins); les modes de conduite de l'élevage traditionnel ont été étudiés de manière plus approfondie, ce qui a permis d'identifier les principaux freins au développement de cet élevage; il s'agit dans l'ordre décroissant d'importance

- de la méconnaissance des techniques rudimentaires d'élevage (hygiène, logement, temps de pâturage, sélection, etc.);
- de la fréquence des maladies parasitaires et épizootiques (dont la P.P.R.);
- des carences alimentaires.

Ces informations ont été complétées par des enquêtes de prix sur les marchés et une évaluation des débouchés.

La phase expérimentale: Cette seconde phase s'est déroulée sur une période de quatorze mois à partir de 1981. Elle a eu pour objectif d'étudier le comportement et les paramètres zootechniques du mouton conduit de manière traditionnelle et de tester quatre systèmes d'élevage de technicité croissante, allant de la simple protection sanitaire à l'élevage intensif avec parc de nuit et pâturage artificiel.

Cette expérience conduite sur 31 élevages (1 250 têtes) a permis en premier lieu de démontrer l'incidence très défavorable de la seconde moitié de la saison des pluies sur les moutons (chute de poids allant jusqu'à 25 pour cent sur les adultes, baisse de croissance de 24 pour cent sur les agneaux, quadruplement des mortalités) (voir tableau 1).

Tableau 1: Incidence de la saison des pluies sur les moutons (élevage traditionnel)

a/ Incidence sur les adultes (brebis)

Poids	(kg)	Mortalité	
Fin de la saison sèche (mars)	Fin de la saison des pluies (novembre)	Saison sèche/début saison des pluies (déc.-juillet)	Saison des pluies (août-nov.)
21,4	17,1	0 %	12,5 %

b/ Incidence sur les jeunes

Croissance	(G M Q) (0-170 jrs)	Mortalité	
58 gr/j	45 g/j	11 %	41 %

Les causes de cette action défavorable de la saison des pluies sur le comportement du mouton ont pu être identifiées comme étant essentiellement d'origine alimentaire. Il s'agit en fait de la conjonction de trois facteurs néfastes :

- le mode de conduite du troupeau durant la saison des cultures (attache au piquet ou gardiennage) qui limite le temps de pâturage et donc la quantité d'aliments ingérés;

- la chute de la valeur bromatologique de l'herbe du fait de l'avancement du stade physiologique de la plante (lignification à partir du mois d'août);

. la croissance exubérante des graminées tropicales qui ne laisse plus à la portée des moutons que les feuilles les plus basses, donc les plus vieilles et les plus lignifiées.

En second lieu, cette expérience a permis de définir le meilleur système d'élevage à préconiser et donc les thèmes à vulgariser en tenant compte des résultats zootechniques et économiques ainsi que du degré d'acceptation du paysan.

Les quatre systèmes d'exploitation sont par ordre croissant de technicité :

i) L'exploitation traditionnele améliorée (T.A.) où les animaux bénéficient exclusivement des soins prophylactiques et curatifs.

A noter également que le troupeau bénéficie également d'une légère amélioration de l'habitat traditionnel (ouvertures d'aération, porte plus large, balayage plus régulier).

ii) L'élevage extensif (E), avec comme thèmes supplémentaires l'amélioration du logement (parc de nuit), de l'alimentation (pierre à lécher), de l'hygiène de l'abreuvement, de la conduite du troupeau (gardiennage durant 8 h/jour) ainsi qu'une certaine amélioration génétique (castration des plus mauvais mâles, puis progressivement introduction de béliers améliorateurs).

iii) L'élevage semi-intensif (S.I.) dont les thèmes d'amélioration sont ceux du système extensif augmentés de celui de la complémentation alimentaire (graines de coton, drèches de brasserie etc.) durant la seconde période de la saison des pluies.

iv) L'élevage intensif (I) où l'amélioration par rapport au système précédent réside dans la mise à la disposition des animaux d'un pâturage amélioré exploité selon la technique du parc mobile.

Le tableau 2 donne les principaux paramètres zootechniques des moutons Djalonké conduits selon les quatre systèmes testés, comparativement au système traditionnel (élevages témoins).

Tableau 2: a) Principaux paramètres zootechniques du mouton Djallonké

Types d'Elevages	Poids (kg)			Taux de mortalité et perte
	naissances	105 j	1 an	
Témoins (T)	1,4	8,4	14	58 %
Traditionnels améliorés (T.A.)	1,5	8,4	14	36 %
Extensifs (E)	1,7	10,4	18	24 %
Semi-Intensif (S.I.)	1,7	11,4	21	12 %
Intensif (I)	1,8	11,3	22	15 %

Tableau 2 b/ Paramètres des Brebis

Types d'élevages	Variation annuelle de poids (S.sèche-S.pluies)	Fécondité annuelle apparente	Prolificité	Taux de mortalité	Production numérique (Nbre agneaux Brebis/an)	Production pondérale (Kg agneau vif par Brebis/an
Témoins (T)	21,8 kg / 17,1 kg	120 %	108 %	14 %	0,5	7,2
Traditionnels Améliorés (T.A.)	22,3 kg / 18,1 kg	127 %	108 %	16 %	0,8	11,4
Extensifs (E)	21,8 kg / 19,6 kg	148 %	109 %	4,6 %	1,12	20,7
Semi-Intensifs (S.I.)	23,9 kg / 22 kg	158 %	112 %	4 %	1,39	28,7
Intensifs	22,3 kg/ 22,4 kg	164 %	2 %	2 %	1,4	33,8

De ce tableau on voit que la productivité pondérale annuelle de la brebis, qui constitue le paramètre le plus important, évolue de manière spectaculaire en fonction de la technicité de l'élevage. En effet, par rapport au système traditionnel, l'accroissement de la productivité de la brebis (et donc du troupeau) passe de + 50 pour cent pour l'élevage traditionnel amélioré, à + 200 pour cent pour l'élevage extensif, à + 300 pour cent pour l'élevage semi-intensif et à + 370 pour cent pour l'élevage intensif.

Ces paramètres zootechniques ont permis de calculer les résultats économiques de chaque type d'élevage en tenant compte des charges de structures et des charges opérationnelles liées aux différents systèmes.

Le tableau 3 résume ces résultats. A noter que l'encadrement du projet étant essentiellement orienté vers le développement de l'élevage villageois, il n'a pas été tenu compte dans le calcul des charges opérationnelles du coût du berger; les travaux d'élevage étant exclusivement assurés par la main-d'oeuvre familiale (femmes et enfants).

D'autre part, dans les calculs des recettes brutes on n'a pas tenu compte de l'autoconsommation; on considère, en effet, qu'en l'absence d'élevage, le paysan devrait acheter les animaux destinés aux différentes cérémonies.

De ce tableau on peut tirer les principales observations suivantes :

a) Durant la phase de capitalisation, le système T.A. donne de bons résultats comparativement aux autres systèmes. De fait, le remboursement des investissements et le faible taux de vente (qui ne concerne que les mâles) rendent marginaux les revenus des élevages E ou S.I. et négatifs les résultats d'exploitation dans les élevages I.

b) Après une phase de capitalisation dont la durée est fonction de l'effectif au départ et du système d'élevage choisi, l'élevage entre dans sa période de croisière. Les recettes brutes sont augmentées de la vente des agnelles non retenues pour le renouvellement et des brebis de réforme.

   Les charges totales ne renferment plus le remboursement des investissements. Dans cette phase, le système T.A. rapporte 2 fois moins que l'élevage E et 3 fois moins que l'exploitation S.I. Le système I, du fait de ses charges de structures élevées, est moins rentable que le système S.I. et à peine plus intéressant que l'élevage E.

<u>Sur le plan socio-psychologique</u> les systèmes E et S.I. ont rencontré un bon accueil de la part des paysans, car par rapport au système traditionnel, ils apportent de nombreux avantages :

Tableau 3 : Résultats économiques

Types Elevage	Exploitation pondérale kg	Recettes brutes (FCFA) (1)	Remboursement investissements (FCFA) (2)	Charges opérationnelles (FCFA) (3)	Charges structures (FCFA) (4)	Total charges (5) =(2)+(3)+(4)	Recettes nettes (6) =(1)-(5)
a/ Phase de capitalisation *1 (30 brebis; objectif : 50 brebis)							
T.A.	168	63 000	2 270	12 075	2 270	16 615	46 385
E.	303	113 625	19 335	41 050	16 000	76 385	37 240
S.I.	441	165 375	29 335	55 960	22 540	107 835	57 540
I.	462	173 250	149 335	86 595	151 330	387 260	-214 010
b/ Phase de croisière *2 (effectif : 50 brebis)							
T.A.	455	166 400	-	20 125	2 270	22 395	144 005
E.	1 025	379 750	-	68 425	16 000	84 425	295 325
S.I.	1 500	557 650	-	93 265	22 540	115 805	441 845
I.	1 725	641 750	-	144 325	151 330	295 655	346 095

N.B.: Prix de vente des animaux : Agneaux/M. et F. : 375 F./kg vif
Brebis de réforme : 350 F./kg vif

*1 Lors de cette phase toutes les agnelles sont conservées pour accroître l'effectif en reproductices

*2 Calcul purement théorique car il n'est pas réaliste de concevoir l'hébergement d'un troupeau de plus de 100 têtes dans les cases bergeries traditionnelles.

- fierté d'avoir un parc "moderne";
- meilleure hygiène dans les concessions;
- meilleur aspect des moutons;
- meilleure surveillance des animaux par le propriétaire;
- augmentation rapide du cheptel (signe de richesse).

Le système T.A. pratiqué chez 35 éleveurs durant les années 1981 et 1982 n'a pas rencontré d'adhésion auprès de ces éleveurs (peu d'améliorations visibles; impossibilité d'accroître de manière importante l'effectif).

Quant au système I., l'acceptation en a été médiocre du fait des nombreuses contraintes qu'il entraîne :

- barrière psychologique pour faire passer l'idée de "cultiver" pour nourrir les moutons;
- coïncidence de la mise en place des pâturages avec la période déjà très chargée des travaux agricoles;
- difficulté de gestion du pâturage;
- investissements très élevés (hors de portée du paysan).

La combinaison des résultats zootechniques et économiques ainsi que du degré d'acceptation du paysan vis-à-vis de chacun des systèmes d'élevage testés a permis au projet de dégager les types d'élevage à vulgariser; à savoir l'élevage extensif et l'élevage semi-intensif. C'est ce dernier système qui doit être recommandé en priorité, mais la dépense supplémentaire relativement importante qu'implique l'achat d'un complément explique le choix du système extensif par certains paysans ne pouvant ou ne voulant pas consacrer d'argent à cette fin.

A noter que le système traditionnel amélioré, avec comme thème principal la protection sanitaire, a été complètement abandonné du fait de la médiocrité des résultats obtenus et du manque d'intérêt des paysans éleveurs vis-à-vis de cette technique.

A l'opposé, le système intensif, le plus complexe, a été mis provisoirement en veilleuse malgré les bonnes performances enregistrées du fait des contraintes trop lourdes (investissements élevés, travaux importants de mise en place des cultures fourragères, protection de ces parcelles, etc.) mais aussi du changement profond du comportement qu'il implique chez les paysans.

La phase de sensibilisation à l'élevage: Cette phase démarrée vers la mi-1982 a visé la vulgarisation à grande échelle des techniques d'élevage retenues à l'issue de la phase expérimentale.

Le projet a opté pour un développement en tâche d'huile autour de quelques élevages pilotes répartis dans les trois zones du projet plutôt qu'un encadrement diffus saupoudré sur l'ensemble de la région. Ceci a été fait dans le souci de rentabiliser au mieux les déplacements et le travail de l'encadreur, mais aussi dans l'optique d'un regroupement et l'organisation future des paysans éleveurs d'un même village.

A noter que le projet a banni la politique du "cadeau intégral" tant au niveau des infrastructures d'élevage qu'au niveau des soins vétérinaires ou des aliments. En effet, cette politique ne responsabilise pas le paysan. Toutefois, une facilité de paiement (remboursement des infrastructures en quatre ans) et des subventions (sur les matériaux, les médicaments et les pierres à lécher) a été consentie aux paysans pour que l'aspect financier ne soit pas un obstacle à leur adhésion à ce programme novateur. Le taux de subvention diminue au cours des années et est appelé à disparaître complètement dès que l'élevage aura fait ses preuves de rentabilité.

A partir de l'année 1983, l'encadrement des élevages ovins-caprins s'est étendu progressivement à toutes les préfectures de la région de la Kara.

On assiste depuis 1984 à une demande croissante d'encadrement, non seulement de la part des paysans mais aussi des salariés; malheureusement les ressources humaines et matérielles du projet n'ont permis de satisfaire qu'une partie des candidats.

En décembre 1986, le projet encadrait 275 élevages de petits ruminants totalisant 13 240 ovins et 2 160 caprins. Les premiers élevages ayant bénéficié de l'encadrement ont atteint leurs effectifs de croisière avec un cheptel oscillant entre 100 et 200 moutons.

L'accroissement considérable du cheptel ovin des éleveurs encadrés a eu, en plus des impacts financiers directs, des répercussions indirectes favorables sur leurs productions vivrières. En effet, le fait de pouvoir inviter et nourrir grâce à leurs cheptels un plus grand nombre de voisins lors des travaux d'entr'aide pour le labour et l'entretien leur a permis d'accroître leurs surfaces cultivées.

Ces résultats tangibles pour les paysans ont déterminé un engouement important du monde rural pour l'élevage rationnel des ovins.

Cette phase de sensibilisation à l'élevage des petits ruminants a donc été jugée menée à bien à la fin de l'année 1986 et le projet a pu dès lors aborder en 1987 la phase suivante.

La phase de formation et d'organisation des éleveurs: L'objectif principal de la formation des paysans-éleveurs est de rendre l'éleveur le moins dépendant possible des interventions du projet et plus tard des services étatiques.

La formation doit donc viser à faire acquérir aux paysans-éleveurs les notions et les techniques de base d'un bon éleveur :

- assurer les petits soins courants,
- réaliser la prophylaxie contre les parasites gastro-intestinaux, et les parasites externes,
- gérer son troupeau (réforme, commercialisation, etc.).
- assurer les thèmes d'hygiène, de logement et d'alimentation.

Cette formation ne doit pas s'adresser au chef de famille, mais bien à tous les membres de la famille qui participent aux travaux de l'élevage, car l'élevage ovin est une activité familiale dont les tâches courantes sont assurées par les femmes et les enfants.

La formation des éleveurs doit s'envisager à trois niveaux différents :

- les paysans illettrés,
- les éleveurs lettrés,
- les auxiliaires villageois.

Parallèlement à cette formation, le projet doit stimuler l'organisation des éleveurs en association de façon à assurer le relais de l'encadrement dense une fois le projet achevé.

Les éleveurs ainsi regroupés pourront assurer l'approvisionnement et le stockage des intrants (pierres à lécher, compléments, matériel d'élevage, médicaments de base, etc.) et l'écoulement de leurs productions (agneaux, agnelles) vers des centres de ventes.

Les petits soins courants et les traitements prophylactiques de base (déparasitages interne et externe) pourront être réalisés par un auxiliaire issu du milieu et rémunéré par l'association.

Le regroupement des éleveurs leur confère également un poids économique suffisant pour justifier le déplacement des services officiels (service vétérinaire, etc.) en cas de besoin.

La phase de consolidation: Cette phase doit être envisagée par la suite pour une durée de 2 ou 3 ans, afin de permettre une transition progressive de l'encadrement dense vers la relève par les services officiels et les éleveurs eux-mêmes.

Les moyens nécessaires:

Bien entendu la disponibilité en moyens financiers et humains suffisants est la condition première pour réaliser tout projet de développement d'une certaine envergure.

Pour réussir l'implantation de l'élevage rationnel des ovins/caprins dans la région de la Kara où le paysan est essentiellement un agriculteur, le projet a dû mettre progressivement en place une structure d'encadrement et fournir aux éleveurs un certain nombre de services essentiels.

Structure d'encadrement: a) La base du travail d'encadrement des élevages repose sur des agents d'une bonne qualification professionnelle : les Adjoints Techniques d'Elevage. Ceux-ci sont responsables d'un sous-secteur d'une superficie moyenne de 820 km^2 et ont un rayon d'action oscillant entre 10 et 20 km suivant la densité des élevages encadrés. Ces Adjoints Techniques d'Elevage assurent des tâches très variées :

- sensibilisation des masses rurales à l'élevage,
- soins prophylactiques et curatifs des animaux encadrés,

- interventions zootechniques (sélection, castration, taille des onglons, etc.),
- piquetage des parcs de nuit et des parcelles fourragères,
- conseils divers (construction, alimentation, etc.),
- suivi zootechnique (marquage, pesée, enregistrement des données, etc.),
- gestion et distribution du matériel d'élevage, des blocs à lécher et des compléments.

Pour exécuter ces travaux, le projet met une mobylette à la disposition de ces chefs de sous-secteurs. Lorsque le nombre de parcs encadrés est important, ils sont parfois secondés par un agent d'élevage formé sur le tas.

En juin 1987, le projet disposait de dix (10) Adjoints Techniques d'Elevage et de cinq (5) agents d'élevage.

Le nombre de parcs encadrés par sous-secteur varie essentiellement en fonction de la durée de son existence. Il est d'environ 50 parcs pour les anciens sous-secteurs (avec des effectifs variant de 1 800 à 3 500 têtes); alors qu'il est à peine une dizaine de parcs pour les nouveaux sous-secteurs (environ 300 têtes).

b) La coordination des actions et des moyens au niveau de plusieurs sous-secteurs est assurée par un cadre supérieur (de niveau ingénieur ou vétérinaire) : le Chef de Secteur. Il est le relais entre le terrain et la direction. L'ensemble de la région de la Kara est divisée en trois secteurs qui regroupent entre 4 et 6 sous-secteurs. Les chefs de secteurs disposent d'un véhicule bâché pour assurer leurs déplacements ou la distribution de matériels, médicaments et aliments dans leurs sous-secteurs.

Les chefs de secteurs ne sont entrés en fonction que tardivement (juillet 1987).

c) La conception et le contrôle des actions d'encadrement (suivi-évaluation) sont du ressort des divisions. En dehors de la division "Administration et Finances" le projet comptera trois divisions techniques :

- la division vétérinaire (opérationnelle depuis janvier 1987),

- la division petits ruminants (opérationnelle depuis septembre 1987),

- la division aviculture (pas encore opérationnelle).

d) Les actions d'appui spécifiques aux opérations d'encadrement sont assurées par des services d'appui; il s'agit :

- du Laboratoire Vétérinaire dont les tâches essentielles sont la contribution aux diagnostics et aux traitements des maladies, le contrôle et le réajustement des calendriers de prophylaxie.

Ce laboratoire est opérationnel depuis 1983 mais ce n'est qu'en septembre 1986 qu'un Docteur Vétérinaire y a été détaché à temps plein;

- de la Cellule de Formation qui devra assurer le recyclage permanent des agents du projet ainsi que la formation des éleveurs (ceci avec le concours des divisions techniques et des chefs de secteurs);

Cette cellule n'est pas encore constituée faute de personnel;

- de l'Unité d'Appui Ovin qui assure certaines opérations spécifiques à ce volet : opérations de sélection, de commercialisation et de quarantaine.

Cette Unité d'Appui Ovin est placée sous le contrôle direct de la division des Petits Ruminants.

e) La coordination et la supervision des activités techniques du projet ainsi que la gestion administrative, financière et matérielle du projet sont assurées par la Direction du projet (1 Directeur National et 1 Conseiller Technique Principal).

Services essentiels fournis aux éleveurs:

a) Commande et distribution des intrants

Il s'agit du matériel d'élevage, des produits vétérinaires, des pierres à lécher et des aliments de complément qui sont commandés soit à l'étranger, soit dans la capitale.

A l'issue du projet, les commandes émaneraient des associations d'éleveurs; elles seraient centralisées et passées au niveau d'un service étatique (service vétérinaire; direction régionale du développement rural); la distribution étant prise en charge par ces mêmes associations.

b) Amélioration génétique

Cette opération est essentielle pour améliorer la productivité des troupeaux encadrés car dans la majorité des élevages, on assiste à un fort taux de consanguinité et à une monte assurée uniquement par des mâles médiocres souvent très jeunes.

C'est à partir d'un noyau de 10 béliers sélectionnés de race Djalonké (achetés en Côte d'Ivoire) que le projet a monté un parc de sélection.

Ces béliers ont été mis en lutte dans les bons troupeaux encadrés et les meilleurs agneaux qui en sont issus ont été rachetés aux éleveurs et placés dans le parc de sélection.

Au total depuis le début des opérations, ce sont 426 agneaux qui ont été ainsi achetés.

A l'issue de 12 mois d'observations, ces agneaux, devenus adultes, sont classés en trois catégories :

- Les béliers d'élite : ce sont les meilleurs qui sont conservés comme béliers rouleurs dans les élevages en gestion de lutte; ils assurent ainsi la fécondation d'un nombre important de brebis dans l'année.

- Les béliers améliorateurs : ce sont ceux dont les performances zootechniques sont moyennes; ils sont destinés à être vendus dans les élevages en lutte libre.

- Les réformés : ce sont ceux dont les performances zootechniques sont médiocres; ils sont destinés à l'abattage pour consommation.

A noter que le projet effectue la sélection non seulement sur la vitesse de croissance (au moins 25 kg par an), mais aussi sur la trypanotolérance.

Pour ce faire, les agneaux sont contrôlés mensuellement; tout sujet qui cumule les 3 critères suivant : trypanopositif, hématocrite inférieure à 25 et gain de poids mensuel inférieur à 1.2 kg, est considéré comme cliniquement atteint et est traité au Bérénil. Un agneau qui a subi plus de deux traitements curatifs contre la trypanosomiase est éliminé.

A l'heure actuelle, 21 élevages bénéficient des luttes contrôlées à l'aide des béliers rouleurs et 58 ont acheté des béliers améliorateurs. Au total ce sont quelques 1 500 brebis qui ont bénéficié d'une forme ou l'autre d'amélioration génétique.

c) Les noyaux d'élevage

Si en zone tropicale humide et semi-humide presque toutes les familles possèdent des petits ruminants, l'effectif en moutons est souvent réduit (moins d'une dizaine de têtes).

Cet effectif restreint ne permet pas au paysan de rentabiliser les investissements nécessaires à la rationalisation de son élevage. De plus, la phase de capitalisation pour atteindre un effectif de croisière optimal (50 brebis) peut être très longue et risque de décourager le paysan.

C'est pourquoi le projet a instauré une opération "noyaux d'élevage" qui vise à accroître le cheptel de départ des petits éleveurs jusqu'à un seuil économique (20 brebis). L'octroi de ce noyau se fait après une évaluation permanente de la qualité du travail de l'éleveur sur une période d'au moins six mois. Le noyau est remboursé en nature sur une période de cinq ans (dont un an de différé).

Depuis 1983, année de démarrage de cette opération, ce sont 709 brebis qui ont été distribuées dans 69 élevages.

d) La commercialisation

Le but premier d'un projet de développement de l'élevage ovin est d'augmenter la production et la consommation de protéines animales. L'élevage de prestige, où le propriétaire recherche essentiellement l'accroissement de son cheptel en conservant le maximum de mâles, doit être banni. L'élevage doit être perçu comme une activité économique, et dans cette optique, l'exploitation des mâles doit être précoce.

Au début des opérations d'encadrement, les effectifs par élevage étant réduits, les éleveurs peuvent écouler localement un éventuel surplus d'agneaux. Par la suite, le nombre d'agneaux commercialisables par élevage dépasse les capacités locales d'achat, surtout que l'extension de l'encadrement en tâche d'huile fait que le nombre d'élevages encadrés par village devient important. Il en résulte une nécessité d'écouler les productions vers des centres plus importants.

Le projet assiste les éleveurs dans ce domaine en assurant des campagnes périodiques d'achat d'agneaux de boucherie. Ces agneaux sont revendus à des éleveurs emboucheurs situés à proximité des villes et chez qui viennent s'approvisionner les bouchers, les hôtels et les particuliers. En 1986, le projet a contribué à la commercialisation de 370 agneaux selon ce principe (soit environ 10 pour cent du nombre total d'animaux exploités). A l'avenir, les associations d'éleveurs devront prendre le relais du projet pour ce qui est de l'écoulement des agneaux vers les parcs de commercialisation.

Les résultats obtenus

Evolution de l'encadrement: Cette évolution est représentée dans les graphiques 1 et 2.

a) L'encadrement des ovins démarré en 1981 a évolué de manièr régulière avec des taux d'accroissement annuel de 31 pour cent en ce qui concerne le nombre d'élevages, et de 34 pour cent en ce qui concerne les effectifs (moyenne des 3 dernières années). Il faut toutefois rappeler que depuis 1985 le projet n'a pu satisfaire qu'environ 60 pour cent des demandes d'encadrement, du fait de la pénurie en personnel.

b) Pour les caprins, si le nombre d'élevages a suivi à peu près la courbe d'évolution du nombre d'élevages ovins, c'est dû essentiellement au fait que la majorité des paysans sollicitant l'encadrement possèdent à la fois des moutons et des chèvres. Seuls cinq éleveurs de la préfecture de la Binah ont débuté l'encadrement avec un cheptel composé exclusivement de chèvres. Ceux-ci se sont tournés par la suite vers l'élevage des moutons pour des raisons qui seront expliquées plus loin.

Graphique 1 : "Evolution du nombre d'élevages"

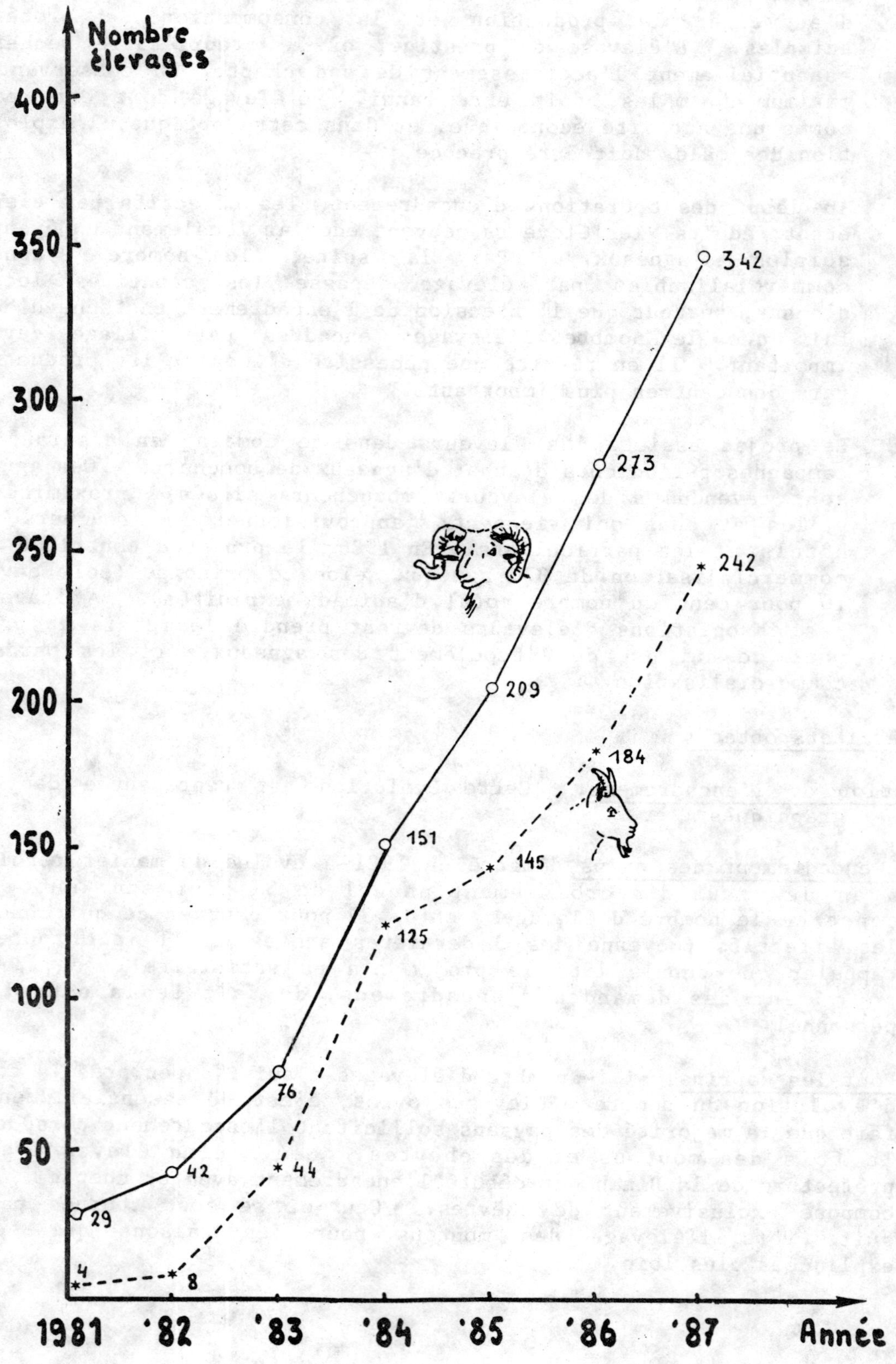

Graphique 2 : "Evolution du cheptel encadré"

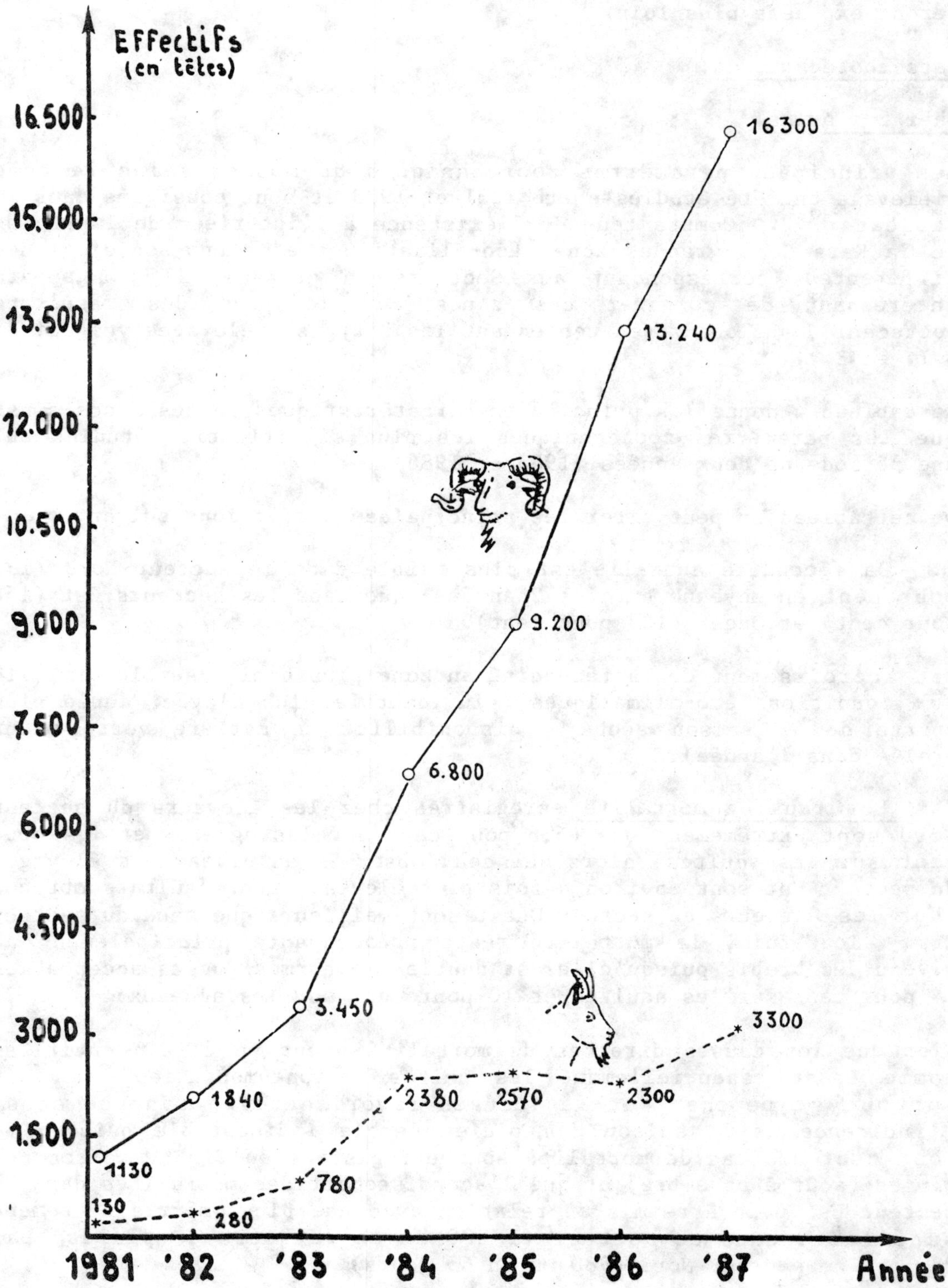

Le taux d'accroissement annuel du cheptel caprin encadré est resté très modeste (11 pour cent sur les 3 dernières années) par rapport à celui obtenu sur les ovins. Les causes de ce faible accroissement seront exposées plus loin.

Résultats zootechniques:

a) Chez les ovins

Les principaux paramètres zootechniques du mouton selon le type d'élevage ont été étudiés entre 1981 et 1983 et sont consignés dans le tableau n° 2. Compte tenu de l'existence à l'intérieur de la Région de la Kara de 3 grandes zones éco-climatiques et ethno-sociologiques différentes (correspondant aux Secteurs du projet), il est apparu intéressant de comparer ces zones sur le plan des résultats zootechniques globaux (en confondant les 2 types d'élevages vulgarisés S.I. et E.).

Le tableau 4 donne les principales caractéristiques de ces zones ainsi que les paramètres zootechniques les plus significatifs étudiés sur une période de deux années (1985 et 1986).

De ce tableau on peut tirer les principales observations suivantes.

1. La fécondité annuelle est plus faible dans le secteur Nord (133 pour cent en moyenne sur les 2 années) que dans les secteurs Est (152 pour cent) et Ouest (163 pour cent).

Cet accroissement de la fécondité en zone plus humide semble être lié aux conditions éco-climatiques (pluviométrie plus élevée, durée plus courte de la saison sèche; disponibilité en matière verte mieux étalée dans l'année).

2. Les taux de mortalité enregistrés chez les éleveurs du secteur Nord sont extrêmement bas (6,8 pour cent sur les agneaux et 1,4 pour cent sur les adultes) alors que ceux observés au niveau des élevages du secteur Est sont environ 4 fois plus élevés. Les résultats obtenus chez les éleveurs du secteur Ouest sont meilleurs que ceux du secteur Est. Toutefois, la mortalité reste préoccupante principalement au niveau des brebis puisqu'elle est double des normes jugées acceptables (4 pour cent sur les adultes et 10 pour cent sur les agneaux).

Bien que les causes directes de mortalité aient pu être identifiées comme étant essentiellement les suites de pneumopathies, il faut surtout se pencher sur les causes favorisantes. Dans ce sens, l'incidence de la saison des pluies semble indiscutable puisque 70 pour cent des cas de mortalité sont enregistrés en fin de saison des pluies (août à novembre) et que l'accroissement des mortalités dans le secteur Est peut être mis en relation avec une pluviométrie nettement supérieure dans ce secteur (1 200 mm en 72 jours de pluies) par rapport au secteur Nord (980 mm en 65 jours).

Tableau 4 Paramètres zootechniques (1985 - 1986) - Etude comparative au niveau des 3 secteurs

Ovins

Secteurs		Nord		Est		Ouest
Principles caractéristiques:	ethnies dominantes	Lamba		Kabyè		Bassar
	pluviométrie	980 mm		1 200 mm		1 300 mm
	nbre de jours de pluies	65 jours		72 jours		75 jours
	occupation du sol	moyenne		forte		faible
		1985	1986	1985	1986	1986
Paramètres Zootechniques (%):						
- Taux de fécondité annuel apparent		137	128,3	152,2	151,1	163,2
- Taux de mortalité global		4	4,2	17,2	15,5	11,8
- Taux de mortalité jeunes		7	6,6	23,3	20,5	14,8
- Taux de mortalité des adultes		1	1,8	10,7	10,4	8,7
- Taux d'exploitation		29	32	28,1	30,7	26,0
- Taux de vente		25	25,5	21,0	23,8	18,0
- Taux d'autoconsommation		4	6,5	7,1	6,8	8,0
- Taux d'introduction		3	4,2	16,0	7,4	3,8
- Taux de perte		3	3,1	5,7	4,1	15,2
Taux d'accroissement interne moyen (%):		78 %		56 %		63 %

Les raisons de cette incidence négative de la saison des pluies sont multiples et peuvent être classées par ordre d'importance décroissante comme suit :

- carences protéiniques des herbages naturels (lignification des herbes à partir d'août),

- négligence des thèmes de base (hygiène, temps de pâturage, complémentation) du fait que la priorité est donnée aux cultures durant cette saison,

- effet direct de la pluie sur le mouton,

- humidité ambiante (milieu favorable au développement des parasites et des microbes),

- augmentation de la pression glossinaire,

- inaccessibilité de certains élevages en saison des pluies.

3. L'exploitation du troupeau au niveau des élevages n'est guère différente entre les secteurs Nord et Est (environ 30 pour cent) avec un taux de vente relativement élevé (24 pour cent) malgré le fait que la majorité des élevages soient encore en phase de capitalisation. Cela démontre bien que les paysans encadrés ont assimilé l'élevage de moutons à une activité économique. Les taux d'exploitation et de vente plus faibles obtenus dans le secteur Ouest s'explique par le caractère récent de l'encadrement dans ce secteur.

b) Chez les caprins

Les paramètres zootechniques de l'élevage caprin dans la région de la Kara sont très fragmentaires et limités au seul secteur Est. En effet, dans la majorité des élevages, une fois les récoltes terminées les chèvres libérées de leurs enclos s'égayent dans la nature et ne rentrent plus que de manière sporadique dans le parc de nuit. Le suivi zootechnique est alors interrompu pendant plus de 5 mois, ce qui rend impossible l'établissement de paramètres zootechniques fiables.

Néanmoins, quelques éleveurs du secteur Est réalisent une conduite plus stricte de leurs cheptels caprins, ce qui nous a permis d'établir les paramètres zootechniques. Ceux-ci ont été calculés sur une période de 3 ans (84 à 86) sur la base d'un échantillon de 262 têtes répartis dans 11 élevages.

Les résultats figurent dans le tableau 5.

Les principales conclusions à tirer portent sur les points suivants :

- Le taux de fécondité annuel (173 pour cent) s'avère supérieur à celui obtenu chez les brebis du même secteur (152 pour cent) du fait, essentiellement, d'un taux de prolificité plus élevé (160 pour cent contre 109 pour cent chez les ovins).

Tableau 5: Paramètres zootechniques sur les caprins: secteur est
période 1984-85-86

1	- Taux de fécondité annuel apparent	173,2%
2	- Taux de mortalité global	35,1%
3	- Taux de mortalité des jeunes	53,2%
4	- Taux de mortalité des adultes	18,4%
5	- Taux d'exploitation	20,2%
6	- Taux de vente	13,4%
7	- Taux d'autoconsommation	6,8%
8	- Taux d'introduction	6,5%
9	- Taux de perte	3,4%

- Le taux de mortalité est considérable et résulte, entre autre, d'une mortalité périnatale importante (chevreaux très fragiles à la naissance : moins d'un kg).

- Il en résulte que le taux d'exploitation du troupeau caprin est relativement faible (20 pour cent).

- Si l'on sait que la croissance des chèvres est médiocre (9 kg à 12 mois, contre 21 kg pour les agneaux du même âge conduits selon le système S.I.), on en déduit que l'exploitation pondérale par chèvre et par an est excessivement basse (4 kg par chèvre et par an).

- Si l'on ajoute les problèmes inhérents à la conduite de ces animaux, l'on comprend aisément le désintéressement progressif des paysans pour cette spéculation au profit des ovins.

Résultats qualitatifs des élevages:

a) Application des thèmes de base

Le suivi qualitatif des élevages encadrés a été mis en place en 1984.

Le but principal de ce suivi qualitatif est de contrôler l'application des thèmes d'amélioration de l'élevage des petits ruminants, de déterminer les contraintes à leur application et d'en rechercher les solutions. Il permet également d'inciter les paysans-éleveurs à une bonne application des conseils et contribue à leur formation.

Cette évaluation qualitative est réalisée par le chef de sous-secteur avec la collaboration de l'éleveur. Elle porte sur l'application des dix thèmes de base qui sont consignés dans une "fiche de visites" où chaque thème est représenté par un dessin. Ces évaluations sont effectuées périodiquement au rythme d'une fois par quinzaine.
Le tableau 6 donne l'évolution depuis 1984 des taux d'application des différents thèmes pour l'ensemble des élevages encadrés.

Celui-ci montre une évolution positive dans la qualité du travail fourni par les éleveurs. En effet, tous les thèmes ont connu une progression régulière dans leur stricte application.

Cette amélioration a été plus particulièrement marquée en ce qui concerne les thèmes d'hygiène (balayage du parc, nettoyage des mangeoires et abreuvoirs) pour lesquels le nombre d'élevages ayant une bonne application est passé d'environ 35 pour cent à plus de 80 pour cent. Il en est de même pour le nombre d'élevages où le complément minéral sous forme de pierres à lécher est distribué quotidiennement. Par contre, il faut regretter la proportion encore faible d'éleveurs (40 pour cent) qui apportent un complément alimentaire à leurs animaux.

b) <u>Application des thèmes complémentaires</u>

Les thèmes complémentaires sont proposés aux éleveurs une fois que ceux-ci ont parfaitement assimilé les thèmes de base.

Ces thèmes complémentaires portent :

1. sur l'amélioration génétique des troupeaux ovins encadrés (soit par la gestion des luttes avec des béliers sélectionnés, soit par la vente de béliers améliorateurs);

2. sur la mise en place d'une parcelle fourragère d'appoint pour la complémentation des animaux;

3. sur la création d'une fosse fumière pour la valorisation du fumier des petits ruminants.

L'évolution de l'adoption des différents thèmes complémentaires depuis 1984 est consignée dans le tableau 7. Il permet de constater que si le taux d'élevage bénéficiant d'une amélioration génétique est en progression constante, la part des élevages en gestion des luttes est en régression. Ceci est dû aux contraintes liées à cette technique (gardiennage strict toute l'année, gestion rigoureuse du troupeau).

Les deux autres thèmes complémentaires sont d'introduction plus récente (parcelles fourragères en 1984; fosses fumières en 1985). L'évolution est satisfaisante en ce qui concerne les parcelles fourragères mais un peu lente pour la mise en place des fosses fumières; celles-ci devraient pourtant intéresser les paysans, essentiellement agriculteurs, du fait de l'économie en engrais qu'elles génèrent.

Tableau 6 : Niveau d'application des thèmes de base

(Taux d'élevages ayant une bonne application des thèmes *[1] sur l'ensemble du projet)

Thèmes de base	1984	1985	1986
1 - Entretien de la clôtre	45,8 %	66,3 %	71,5 %
2 - Entretien de l'abri	41,6 %	54,7 %	65,6 %
3 - Balayage quotidien du parc	33,3 %	71,5 %	85,7 %
4 - Nettoyage quotidien des mangeoires	38,3 %	64,7 %	82,3 %
5 - Nettoyage quotidien des abreuvoirs	36,6 %	67,4 %	82,3 %
6 - Distribution journalière d'eau dans les abreuvoirs	35,0 %	57,4 %	71,5 %
7 - Distribution journalière des compléments minéraux	31,0 %	64,2 %	86,7 %
8 - Distribution journalière de compléments	26,6 %	36,3 %	40,2 %
9 - Temps de pâturage (au moins 8 h./jour	46,0 %	82,6 %	95,1 %
10 - Participation de l'éleveur aux travaux de l'A.I.E.	46,6 %	86,0 %	99,0 %

*[1] Bonne application d'un thème = 7 à 10 applications correctes sur 10 visites effectuées.

A noter qu'une brebis suitée produit annuellement quelque 250 kg de poudrette de parc.

Tableau 7: Application des thèmes complémentaires

			1985		1986	
	n	%	n	%	n	%
1/ Amélioration genetique						
- gestion des luttes	22	14,5 %	31	15,0 %	28	10,3 %
- Béliers améliorateurs	13	8,6 %	30	14,3 %	58	27,6 %
- Total	35	23,1 %	61	29 %	86	31,5 %
2/ Parcelles fourragères	10	6,8 %	33	15,7 %	46	16,8 %
3/ Fosse fumière	0	0 %	5	2,4 %	24	9,0 %

CONCLUSIONS

En ce qui concerne les ovins : cette production était, jusqu'il y a peu, complètement négligée dans les zones tropicales humides et semi-humides; l'effort essentiel en matière de développement des ressources animales s'adressant aux bovins ou aux espèces à cycle court de races importées (poulets de chair, pondeuses, porcs).

Or, si la productivité des troupeaux ovins traditionnels est médiocre, l'élevage de moutons présente néanmoins un certain nombre d'atouts majeurs, à savoir :

- La présence de moutons dans la majorité des exploitations rurales.

- Le faible montant des investissements nécessaires à la modernisation de cet élevage.

- La familiarisation des paysans vis-à-vis de ce cheptel.

- La facilité de conduite, du gardiennage, de la manipulation des animaux qui peuvent être confiés, le cas échéant, à des enfants.

- La possibilité d'obtenir des résultats zootechniques et économiques rapides et importants grâce à un encadrement approprié (jusqu'à 4 fois supérieurs à la production traditionnelle).

- La bonne intégration de cette activité à l'agriculture, notamment par la production de fumier, l'utilisation des sous-produits de la ferme (fanes d'arachide ou de niébé, épluchures d'ignames, etc.).

- De plus, le temps de travail supplémentaire requis par la rationalisation de cet élevage est extrêmement réduit pour les actifs agricoles de la famille; les travaux routiniers étant accomplis par les femmes et les enfants.

On voit donc combien il est regrettable de laisser végéter plus longtemps cet élevage dont les potentialités d'amélioration de la productivité sont énormes.

Pour sortir l'élevage ovin de son marasme actuel, il faut un programme de sensibilisation et d'encadrement des paysans bien étudié et adapté aux conditions éco-climatiques et socio-économiques de la région.

L'expérience a montré que pour avoir des résultats suffisamment encourageants pour faire évoluer l'agriculteur vers le stade de paysan-éleveur, il faut développer simultanément un maximum de thèmes; soins vétérinaires, amélioration du logement, de l'hygiène, de l'alimentation, amélioration génétique.

Pour ce qui est des caprins de race guinéenne, la médiocrité des résultats zootechniques et donc économiques couplée aux difficultés de conduite et de gestion d'un troupeau de chèvres, augure mal du développement de ce type d'élevage.

NOTE D'INFORMATION SUR L'ELEVAGE DES OVINS ET CAPRINS EN BENIN

S.L. Chabi
Professeur-Assistant de Zootechnie
Faculté des Sciences Agronomiques
Université Nationale du Bénin
B.P. 526, Cotonou, Rép. Populaire du Bénin

INTRODUCTION

La République Populaire du Bénin est un pays essentiellement agricole où l'élevage tient une place relativement secondaire par rapport aux productions végétales. Néanmoins dans la plupart des familles paysannes béninoises, on peut trouver quelques volailles, une ou quelques têtes de petits ruminants (ovins et/ou caprins). Quelques individus aisés possèdent des bovins généralement confiés aux Peulhs, éleveurs professionnels.

Les éleveurs traditionnels représentent environ 3 pour cent de la population. Mais l'élevage au Bénin intéresse des espèces animales qui sont actuellement très modestes du point de vue potentialité génétique; par contre, ces animaux sont bien adaptés au milieu caractérisé.

Si l'aviculture et, dans une moindre mesure, l'élevage bovin bénéficient actuellement de techniques modernes, l'élevage de petits ruminants, par contre, reste de type traditionnel extensif, archaïque et donc peu rentable.

Ceci explique sans doute l'évolution très lente constatée du cheptel ovin et caprin durant les dix dernières années (tableau n°1). C'est dire que le développement de la production de moutons et de chèvres au Bénin connaît des problèmes. Mais depuis quelques années, des chercheurs s'y intéressent de plus en plus.

Après avoir brièvement passé en revue les contraintes essentielles au développement des productions ovine et caprine, nous signalons quelques essais de recherche et leurs résultats ainsi que les perspectives d'avenir pour le développement de ces productions.

LES PROBLEMES DU DEVELOPPEMENT DE LA PRODUCTION DE MOUTONS ET DE CHEVRES AU BENIN

Perçus de façon sommaire, les problèmes du développement de la production de moutons et chèvres au Bénin sont essentiellement d'ordre socio-économique et technique.

Sur le plan socio-économique:

Il faut reconnaître qu'actuellement le gouvernement et les chercheurs béninois consentent des efforts considérables pour la promotion de la production de l'élevage ovin et caprin. Mais ces efforts sont encore insuffisants par rapport à l'attention accordée aux bovins ou aux volailles. L'élevage de moutons et de chèvres demeure l'affaire des petits

Tableau 1

Année / Province	1977		1978		1979		1980		1981	
	Ovins	Caprins	Ovins	Caprins	Ovins	Caprins	Ovins	Caprins	Ovins	Caprins
Atacora	164 670	199 204	169 620	205 180	174 702	211 335	189 282	221 206	196 864	230 054
Atlantique	14 500	31 210	14 936	32 167	15 383	33 132	15 844	34 124	16 478	35 489
Borgou	367 484	284 109	378 509	292 632	389 730	301 411	401 422	310 454	417 479	322 872
Mono	74 392	70 674	76 640	72 792	78 923	74 979	81 291	77 228	84 543	80 317
Ouémé	59 955	73 180	61 757	75 375	63 611	77 636	65 519	80 176	72 300	83 383
Zou	109 986	189 915	205 856	195 613	212 032	201 481	218 393	207 525	224 129	215 826
R.P.B.	880 861	848 292	907 318	873 759	934 381	899 974	971 751	930 713	1 011 793	967 941

Année / Province	1982		1983		1983		1985		1986	
	Ovins	Caprins	Ovins	Caprins	Ovins	Caprins	Ovins	Caprins	Ovins	Caprins
Atacora	204 739	239 256	214 000	250 000	222 600	260 000	231 500	270 400	466 249	
Atlantique	17 137	36 906	17 900	38 600	18 600	40 000	19 500	41 500	98 700	
Borgou	434 178	335 790	547 000	466 000	571 900	485 000	59 200	504 000	708 221	
Mono	87 925	83 530	91 600	87 300	95 300	90 800	99 000	94 500	184 858	
Ouémé	75 192	86 718	78 300	90 600	81 500	94 200	84 500	98 000	154 294	
Zou	233 094	224 459	243 600	234 600	253 300	244 000	263 500	254 000	407 987	
R.P.B.	1 05 265	1 006 659	1 192 400	1 167 100	1 243 200	1 214 000	1 290 000	1 262 400	2 020 309	

exploitants agricoles. Pour ceux-ci, l'élevage est une activité très secondaire par rapport aux productions végétales (cultures vivrières, cultures de rente). Par conséquent ils lui consacrent très peu ou pas du tout d'investissements en termes monétaires et en termes de travail.

Le paysan-éleveur ne consomme les produits de son élevage qu'à de rares occasions de cérémonies (mariages, baptêmes, fêtes, funérailles, etc.). Il ne les vend que lorsqu'il ressent le besoin pressant de liquidités. Bref, tout en reconnaissant l'utilité occasionnelle de l'élevage de moutons et de chèvres, le paysan-éleveur reste encore ignorant du rôle économique important que peut jouer cet élevage dans son exploitation agricole.

Sur le plan technique

De type sédentaire extensif, le système d'élevage des petits ruminants est celui où les animaux sont généralement laissés à eux-mêmes pour la recherche de leur nourriture et de leur abreuvement, sans abris, ni contrôle sanitaire particulier. Les saillies ne sont évidemment pas contrôlées au sein des troupeaux.

Tout cela montre que chez la plupart des paysans-éleveurs, il n'existe pas de notion de gestion de l'élevage. Il n'est donc pas étonnant d'enregistrer au niveau de cet élevage de faibles taux de croissance et des taux élevés de mortalité, surtout chez les jeunes avant le sevrage (jusqu'à 40 pour cent et plus). Cette mortalité est due à la malnutrition et aux maladies (notamment gastro-intestinales, peste des petits ruminants) des mères gestantes et allaitantes.

Dans ces conditions, il est évident que l'évolution de la productivité numérique et pondérale des petits ruminants sera faible.

LES RECHERCHES ENTREPRISES ET LEURS RESULTATS POUR L'AMELIORATION DE LA PRODUCTION OVINE ET CAPRINE (Cas de la FSA/UNB)

Pour la promotion de la production ovine et caprine, des études sont entreprises à différents niveaux, notamment à la Recherche Agronomique et à la Faculté des Sciences Agronomiques de l'Université Nationale du Bénin. Ces études concernent, pour l'essentiel, des systèmes de production en milieu villageois, ainsi que des essais d'alimentation et de contrôle sanitaire en station.

Les activités de recherche sur les petits ruminants à la Faculté des Sciences Agronomiques

Recherche en milieu villageois: L'amélioration d'un système de production passe nécessairement par la connaissance approfondie de ce système. Pour cette connaissance approfondie, des études d'enquête sont indispensables.

1. Etude préliminaire d'enquête: En 1984-1985, une série d'enquêtes sur l'élevage des ovins et des caprins a été entreprise dans la partie sud de la République Populaire du Bénin, allant de la côte jusqu'à la latitude 8°

Nord. Cette zone couvre ainsi les provinces du Mono, de l'Atlantique et de l'Ouémé en entier, et une portion de la province du Zou (limite supérieure : Savé).

Le choix de cette zone d'étude se justifie pour deux raisons principales : d'une part, c'est une zone affectée au sud par un climat subéquatorial à quatre saisons (deux saisons des pluies et deux saisons sèches avec une pluviométrie décroissante d'est en ouest (1 400 mm à Porto-Novo et 950 mm à Grand-Popo) et au nord par un climat soudanien humide à saisons contrastées. D'autre part, c'est une zone à forte démographie, du moins dans sa partie méridionale et surtout par rapport aux deux grandes provinces du nord (Borgou et Atacora). C'est donc une zone à espace réduit pour tolérer à grande échelle l'élevage extensif de gros bétail. Il faut par conséquent chercher à y développer le petit élevage, notamment celui des petits ruminants.

L'objectif de cette étude était de reconnaître, au niveau de quelques villages-sites, les systèmes de production ovine et caprine et les divers types de races élevées par la détermination du poids vif et la mensuration ainsi que par les observations morphologiques (robe, cornes, etc.).

a - Systèmes d'élevage

L'élevage des petits ruminants dans la zone se fait exclusivement selon le mode sédentaire divagant total ou partiel. Sa caractéristique principale est son association à l'agriculture. Le troupeau est de petite taille et est considéré comme une épargne sur pied, utilisé surtout pour des dépenses imprévues, les fêtes et les cérémonies.

. Elevage sédentaire à divagation totale

Ce type d'élevage se rencontre dans la partie nord de la zone d'étude, où le problème de la terre à cultiver ne se pose pas encore avec acuité; les paysans peuvent dans ce cas aller cultiver leurs champs loin des habitations. Dans cette situation, les animaux sont presque sans surveillance.

. Elevage sédentaire à divagation contrôlée

Les animaux errent aux abords des rues et des ruelles pendant la saison sèche mais la plupart des troupeaux sont confinés dans des abris de fortune (une partie du salon, dans la cuisine), ou parqués ou attachés en période de cultures. Ces animaux sont nourris sur place une ou deux fois par jour (herbes ou sous-produits de récolte, déchets de cuisine, son de maïs, épluchures de manioc ou d'igname).

b - Détermination des types de race

Les ovins : A partir du poids vif et des mensurations effectuées sur 324 brebis, ainsi que des observations morphologiques, il a été possible de distinguer deux groupes de race ovine :

- Groupe A : Dans ce groupe, le poids vif moyen atteint 21,5 kg. C'est le groupe qui comporte des brebis à robe essentiellement blanche, pie noir ou pie roux, aux oreilles moyennes ou courtes, tenues obliquement vers le bas et dépourvues de cornes. Ce groupe est assimilé aux ovins Djallonké.

- Groupe B : comportant des brebis plus lourdes (26,2 kg), à format moyen, à robe essentiellement blanche, pie noir, pie roux, rarement tricolore, aux oreilles longues et tombantes, et présentant rarement des cornes. Ce groupe pourrait être assimilé au mouton croisé Djallonké-Sahélien.

Quelques mensurations moyennes des animaux des groupes A et B

Mensurations (en cm)	Hauteur au garrot (HG)	Profondeur de poitrine (pp)	Tour de poitrine (TP)	Longueur du tronc (LT)
Groupe A	49,9	24,9	68,3	49,7
Groupe B	55,5	26,5	72,3	52,3

Les caprins : en ce qui concerne les caprins, les résultats des mensurations effectuées sur 268 chèvres adultes ont donné comme moyenne 20,5 kg pour le poids vif et 42,5 cm pour la hauteur au garrot. Ces chiffres correspondent généralement à ceux qui caractérisent les chèvres Djallonké.

2. Etude approfondie des techniques d'élevage villageoises des petits ruminants: Elle a débuté seulement en mars 1987. Les résultats ne sont pas encore disponibles.

C'est une étude qui se déroule dans le plateau Adja (Province du Mono), et qui s'inscrit dans le cadre des travaux de recherche pluridisciplinaire (recherche - développement en milieu réel) initiés depuis 1984 par le Département d'économie et de sociologie rurale de la Faculté des Sciences Agronomiques de l'Université Nationale du Bénin.

L'équipe d'économistes et de sociologues a dans une première phase réalisé une étude de reconnaissance des systèmes d'exploitation agricole dans l'ensemble du plateau Adja pour identifier trois (3) villages-types où devront se mener des études approfondies pluridisciplinaires impliquant, outre l'équipe précitée, des pédologues, des phytotechniciens et les zootechniciens de la Faculté des Sciences Agronomiques.

L'intervention de l'équipe de zootechniciens, dans les travaux pluridisciplinaires de la Recherche-Développement, consistera essentiellement à :

- déterminer la typologie des élevages villageois dans les sites choisis,

- étudier dans leur situation réelle, les paramètres zootechniques des élevages villageois et,
- avec les résultats des deux premières phases, introduire prudemment quelques techniques améliorantes acceptables dans le milieu.

Enfin, eu égard à tout ce qui précède, de petits essais se conduiront en station (Ferme Expérimentale de la Faculté des Sciences Agronomiques), en vue d'établir le système de feed-back "milieu réel - station".

Mais pour l'instant, les travaux se déroulent depuis seulement mars 1987 dans le cadre de la supervision d'un étudiant et portent sur l'élevage villageois de moutons et de chèvres dans deux (2) des trois villages choisis. Il est encore trop tôt maintenant pour parler des résultats de ces travaux.

Recherche en station: Parallèlement aux activités de recherche en milieu réel, des essais d'alimentation sont conduits à la Ferme Expérimentale de la Faculté des Sciences Agronomiques. Pour l'essentiel, ces essais consistent à complémenter en azote les pâturages naturels de graminées qui ont toujours constitué la plus grande partie de l'alimentation des petits ruminants dans les villages.

Les sources d'azote apporté sont, soit des plantes fourragères légumineuses (Leucaena leucocephala, Gliricidia sepium), soit des sous-produits agro-industriels (graine de coton, tourteau de coton, drèche de brasserie).

Chez les petits ruminants, ces apports azotés permettent d'améliorer la productivité.

Par exemple, dans un essai d'alimentation, 28 ovins des 2 sexes âgés de moins de 12 mois (donc en période de croissance), mis sur pâturage naturel, ont reçu (ou pas), pendant 12 mois, des compléments azotés de 3 sources : 1/ graine de coton (GC); 2/ tourteau de coton (TC) et 3/ drèche de brasserie (DB), selon trois niveaux d'apport (0_o, 1 et 2) de matières azotées correspondant à : 0g, 60g et 90 g (tableau n°2).

Les résultats de ces essais ont montré que :

1. il existe un niveau optimum de l'apport de l'azote. Par exemple, il n'y a pas eu de différence significative entre GC_1 et GC_2;

2. la nature des sources d'azote supplémentaire importe peu chez les petits ruminants; en effet, on n'a pas constaté de différence entre les traitements TC_1 et DB_1, d'une part, entre TC_2 et DB_2 de l'autre. Les gains moyens quotidiens (GMQ) obtenus par animal et par jour sont moyens (de l'ordre de 33 g) et ne sont pas significativement différents entre les traitements.

3. Les animaux témoins se sont maintenus approximativement à leur poids initial du début d'expérimentation (GMQ = 0) (Tableaux n°2 et 3)

4. La production d'un kilogramme de croît est onéreuse avec le tourteau de coton. Par contre, le grain de coton constitue le complément

Tableau n°2 Gains de poids et niveaux azotés

Niveau de matière azotée totale (g/j) animal	0	60	90
Nombre d'animaux	4	12	12
Gain moyen quotidien GMQ (g/ j) animal	0,000[b]	35,318[a]	35,713[a]

a, b, = les moyennes de la même ligne qui portent les mêmes lettres en indice ne sont pas statistiquement différents (p = 5 p.100).

Tableau n°3 Gains de poids et type de compléments

Compléments	GC	TC	DB	0
Nombre d'animaux	8	8	8	4
GMQ(g/ j) Animaux	33 185[ab]	28 863[b]	44 494[a]	0,000[c]

a, b, c = les moyennes de la même ligne qui portent les mêmes lettres en indice ne sont pas statistiquement différents (p = 5 p.100).

Tableau n°4 Coût de l'aliment de complément pour produire un kg de croît

Source	Graine de coton	Tourteau de coton	Dreches de brasserie
Prix de cession FCFA /kg	20	80	25
Efficience Alimentaire	6,56	5,54	6,64
Coût par kg de croît (FCFA)	131,2	443,2	166,0

$$\text{Efficience alimentaire} = \frac{\text{Quantité d'aliment (kg)}}{\text{Quantité de croît (kg)}}$$

azoté le plus économique (tableau n°4). La complémentation azotée en grain de coton a, en outre, donné des croissances satisfaisantes, en dépit des problèmes d'appétence qu'elle peut poser pour les animaux trop jeunes.

Conclusion partielle: Notre effort a été d'essayer de présenter la philosophie de la Faculté des Sciences Agronomiques pour la promotion des productions ovine et caprine :

- grande importance accordée aux travaux de recherche en milieu réel;
- importance des travaux de recherche en station et
- jonction nécessaire et complémentaire (système de feed-back) entre les deux milieux.

Il est à constater que nous sommes tout à fait à notre début. Aussi, espérons-nous beaucoup apprendre au cours de ce séminaire.

UN APERCU DU POTENTIEL DE DEVELOPPEMENT DES PRODUCTIONS OVINE ET CAPRINE

Pour notre part, le premier facteur favorable au développement des productions ovine et caprine est l'existence manifeste de la volonté des gouvernements, des chercheurs et des organismes internationaux d'accorder désormais à ce problème l'importance qu'il mérite. Ce séminaire en est une preuve. C'est dire que les Petits Ruminants ne seront plus des "parents pauvres" dans les programmes de recherche et de développement agricole.

Pour nous, chercheurs, l'accent devra suffisamment être mis sur les aspects essentiels suivants :

1. L'alimentation. Les pâturages naturels sont insuffisants pour la croissance et le développement des ovins et des caprins. Les apports d'autres sources d'azote et d'énergie, à faible coût, sont nécessaires (sous-produits agro-industriels, plantes fourragères légumineuses, résidus de récolte, etc.). Il faudra déterminer les niveaux optima de ces apports selon les états physiologiques des animaux.

2. La santé. Les maux dont souffrent les petits ruminants sont aujourd'hui à peu près connus (peste des petits ruminants, parasitoses, notamment). Ici encore s'imposent des recherches pour détecter tous les maux des petits ruminants et surtout en établir les médications adéquates. Cette action sanitaire viendra renforcer celle de l'alimentation.

3. L'amélioration génétique mettra l'accent sur la sélection massale à l'intérieur d'un même type de race. Peut-être pourra-t-on penser à l'introduction de sang étranger aux types de race locale.

4. La commercialisation. L'assurance du débouché des produits ovins et caprins encouragera les éleveurs.

5. La création et le développement d'un réseau entre les chercheurs de différents pays concernés pour des échanges d'idées, d'expériences et même pour l'élaboration et l'exécution de programmes communs de recherche.

NOTE D'INFORMATION SUR L'ELEVAGE DES OVINS ET CAPRINS EN BURKINA FASO

H. Touré
Responsable de la section "Petit Elevage"
Direction de l'Elevage
B.P. 70260 Ouagadougou, Burkina Faso

DONNEES GENERALES

Le Burkina Faso est un pays sahélo-soudanien couvrant une superficie de 274 000 km^2 avec une population estimée à 7 millions d'habitants dont près de 90 pour cent vivent en zones rurales. Seul une fraction de cette population constituée de Peulh, de Bella, de Touaregs, s'intéresse à l'élevage.

Le pays comprend trois régions climatiques:

- une zone sahélienne septentrionale, comprise entre les isohyètes théoriques de 450 mm et de 600 mm. Elle représente 10 pour cent de la superficie du territoire burkinabé;
- une zone centrale soudanienne, entre les isohyètes de 650 mm et de 1 000 mm, qui représente environ 79 pour cent;
- une zone méridionale soudano-guinéenne, comprise entre les isohyètes de 1000 mm et de 1400 mm (soit 11 pour cent).

Sur le plan hydrographique, le Burkina Faso possède quelques rivières: Le Mou-Houn (ex Volta Noire), le Nakabé (ex Volta Blanche), le Nazinon (ex Volta Rouge), la Léraba, la Comoé et au nord les affluents du Niger. La plupart des cours d'eau sont asséchés en saison sèche, ce qui rend précaire l'approvisionnement en eau des populations et du bétail dans les zones rurales.

Environ 300 petits barrages et 6 066 forages et puits ont été réalisés pour pallier au manque d'eau.

Les pâturages représentent environ 13 millions d'ha de prairies naturelles et 5 millions d'ha de jachères exploitables par le bétail.

Pâturages naturels:
- la steppe arbustive sahélienne;
- la savane arbustive;
- la savane arborée et la savane boisée.

La capacité de charge de ces différents types de pâturages varie de 10 à 20 ha/UBT.

Les activités économiques du Burkina Faso sont essentiellement agricoles. Pour un PIB en 1982 estimé à 326,5 milliards FCFA, 43 pour cent proviennent du secteur rural soit 143 milliards de FCFA dont un quart provient du sous secteur de l'élevage.

L'ELEVAGE DES PETITS RUMINANTS (PR) AU BURKINA FASO

L'élevage des petits ruminants au Burkina Faso est pratiqué par presque tous les agriculteurs, car les petits ruminants constituent un capital pouvant être transformé en argent et en cas de besoins financiers. Maîtrisant mieux les techniques d'élevage, les Peulh et Bella constituent les plus gros éleveurs.

Effectif et répartition des races

Selon le service des statistiques agricoles, les effectifs en petits ruminants pour l'année 1985 sont estimés à 2 148 000 ovins et 3 236 000 caprins. Rappelons qu'aucun recensement exhaustif n'est fait dans ce domaine. Les chiffres avancés sont souvent soit sous-estimés soit surestimés et basés sur un taux de croît de l'ordre de 3 pour cent pour les ovins et caprins.

Si nous analysons l'évolution des petits ruminants durant ces cinq dernières années, nous constatons seulement une légère augmentation liée aux facteurs climatiques, alimentaires et sanitaires.

Suivant les trois zones décrites plus haut, ovins et caprins se répartissent de la façon suivante:

- au nord, le mouton Peulh encore appelé mouton du Sahel est un animal de grand format dont le poids varie entre 35 et 50 kg pour le mâle et entre 30 et 40 kg pour la femelle;

- au sud, le mouton Djallonké appelé aussi mouton Mossi est caractérisé par sa petite taille. Le mâle pèse de 25 à 35 kg et la femelle de 23 à 25 kg;

- au centre, nous avons les Djallonké et les métis issus de croisement entre mouton Peulh et mouton Mossi.

Cette répartition se rencontre aussi chez les caprins. La femelle pèse de 18 à 22 kg et le mâle de 20 à 25 kg pour le mouton Mossi, tandis que pour le mouton Peulh, les poids s'échelonnent de 23 à 27 kg pour les animaux mâles et femelles.

Nous devons remarquer que le phénomène climatique influence beaucoup cette répartition. Dans la partie sud du pays, plus humide et infestée de tsé-tsé, se trouve le Djallonké, et plus au nord, la région sahélienne constitue le berceau du mouton et de la chèvre Peulh.

Technique d'élevage

Conduite du troupeau: On distingue une certaine diversité. Au nord, la majorité de la population est éleveur et maîtrise mieux les techniques d'élevage et la pathologie des PR. Les animaux sont gardés toute l'année par des bergers. En saison sèche, quelquefois moutons et chèvres divaguent mais sont conduits au moins une fois par jour au point d'abreuvement.

Au centre, les hommes sont plutôt agriculteurs qu'éleveurs. Les animaux sont seulement gardés ou attachés pendant la période des cultures. Après les récoltes, il divaguent autour des concessions. Au sud et sud-ouest, la divagation des animaux est générale.

Habitat: Dans l'ensemble du pays, l'habitat des animaux est très sommaire. Il est constitué de parcs faits de bois épineux, d'enclos ou de cases désaffectées. Le nettoyage de l'abri, n'est en général jamais effectué.

Alimentation: Le pâturage naturel constitue l'alimentation de base des petits ruminants. Les sécheresses successives qu'a connues le Burkina Faso ont contraint les éleveurs du nord et dans une moindre mesure ceux du centre à constituer des stocks de tiges de mil utilisables en période de soudure.

Signalons aussi que de plus en plus, les sous-produits agro-industriels sont utilisés par les éleveurs. Dans le sud du pays, où les conditions alimentaires sont moins précaires, aucune complémentation n'est apportée.

Sélection: Peu de travaux sont réalisés dans ce domaine. Seuls quelques éleveurs du nord, par des méthodes plus empiriques que scientifiques, essayent de sélectionner les animaux reproducteurs et de gérer les luttes.

Pathologie: Elle est médiocre pour l'ensemble du pays. Les interventions des services de l'élevage sont ponctuelles et toutes les actions sont plutôt orientées vers les bovins.

Le Burkina Faso compte un seul laboratoire de recherche et de diagnostic vétérinaire installé à Ouagadougou. Ce Centre est très éloigné des grandes zones d'élevage de petits ruminants.

Le constat qui est fait aujourd'hui, c'est que ce laboratoire a plus orienté ses travaux vers les humains que vers les animaux.

Les paramètres zootechniques de reproduction, de production et de productivité

Peu d'études ont été réalisées sur les potentialités zootechniques des petits ruminants. Néanmoins nous donnons quelques résultats obtenus dans trois centres situés respectivement au nord et au centre du pays. (cf tableaux 1, 2 et 3). Il ressort de l'analyse de ces résultats que la productivité des animaux est faible malgré certaines améliorations alimentaires et sanitaires apportées aux animaux.

Exploitation des petits ruminants

Les petits ruminants sont exploités surtout pour la production de viande et à un degré moindre pour le lait (population Peulh et Touareg du nord).

Tableau 1: Paramètres zootechniques obtenus au Centre d'élevage de Zouma (CEZ) 1983

	CEZ	Milieu traditionnel
Age moyen au 1er agnelage	15,3 mois S = 2,4 mois extrêmes: 11-20 mois	16,8 mois S = 3,6 mois extrêmes: 11-23 mois
Intervalles entre agnelages successifs	256,3 jours S = 56,8 jours extrêmes: 182-424 jours	289,5 jours S = 59 jours extrêmes: 191-411 jours
Fertilité	1,17 - 1,22	0,94 - 0,98
Fécondité	1,25 - 1,26	0,97 - 1,00
Prolificité	101 à 107%	102 à 103%
Poids à la naissance (kg)	2,2 kg extrêmes: femelles: 1,2 à 3,2 mâles: 1,6 à 3,4	2 kg extrêmes: femelles: 1,3 à 2,6 mâles: 1,4 à 2,6
Croissance des agneaux durant la lactation	566,6 g/j	506,6 g/j
Poids des agneaux à 3 mois d'âge		
. nés entre février et avril	9,2 kg	8 kg
. nés entre mai et juillet	10,8 kg	10,8 kg
Croissance après sevrage:		
. agneaux sevrés entre février et avril	GMQ = 28 g	GMQ = 25 g
. agneaux sevrés entre mai et juillet	GMQ = 52 g	GMQ = 50 g

	CEZ	Milieu traditionnel
Poids des agneaux d'un an		
. agneaux sevrés entre février et avril	17,3 kg	16,7 kg
. agneaux sevrés entre mai et juillet	18,6 kg	18,7 kg
Productivité numérique moyenne	89,7%	67,4%
Mortalité:		
Classe 0-1 mois	14,7%	16,7%
1-5 mois	39 %	23 %
5-12 mois	39 %	32,3%
12 mois et plus	7,3%	28 %
Taux moyen de mortalité	15,5%	40,5%
Exploitation des troupeaux:		
Classe 6-12 mois	13,8%	29,4%
12-24 mois	55,1%	38,2%
24-36 mois	10,3%	9,8%
34-48 mois	13,8%	6 %
48 mois et plus	7 %	16,6%
Taux d'exploitation	11 %	22,5%
. femelles	4,4%	5,6%
. mâles	53 %	51 %
La vente représente	71,5% de l'effectif total exploité.	
Autoconsommation:	24,5%	
Don:	4 %	

Rendement du mouton Djallonké

Poids kg (vif)	poids moyen carcasse kg	rendement moyen %
femelles 16,8	6,8	40
mâles 17,8	7,5	42

Source: Contribution à l'étude des paramètres de l'élevage ovin dans la sous-préfecture de TOMA: (Obulbiga Miyemba Ferdinand) Juin 1983 - mémoire de fin d'études.

Tableau 2: Paramètres zootechniques du mouton Djallonké, Sondré-Est 1981-82

Age moyen au 1er agnelage	13,5 mois extrêmes: 10 à 21 mois S = 3,6 mois
Intervalle entre agnelage	9,3 mois extrêmes: 6 - 13 mois S = 2,5 mois
Fertilité	0,97
Prolificité	188%
Fécondité	115%
Poids à la naissance	2,4 kg extrêmes: 1 à 3,5 kg S = 0,66 kg pour le mâle 0,58 kg pour la femelle
Croissance des agneaux poids moyen au sevrage	mâle: 14 - 15 kg femelle: 13 - 14 kg
Productivité numérique moyenne	0,95
Mortalité:	
. 0 - 1 mois	37 %
. 1 - 5 mois	22 %
. 5 - 12 mois	16 %
. 12 mois et plus	25 %
Taux moyen de mortalité	15 %
Exploitation:	
. 6 - 12 mois	5,5 %
. 12 - 24 mois	14,8%
. 24 mois et plus	0,8 %
mâles	15 %
femelles	3 %

Tableau 3: Résultats obtenus dans le Yatenga

	Ovins Mossi	Caprins Mossi
Age à la 1ère mise bas	13,5 mois	9 à 12 mois
Taux de prolificité par cycle (ovins) et annuelle (caprins)	100,2%	107%
Taux de fécondité	103 à 105%	91%
Taux d'exploitation	16,45%	21,0%
	Ovins Peulh	**Caprins Peulh**
Taux de prolificité	100,3%	103%
Taux de fécondité	75 à 84%	60 à 64%
Age à la 1ère mise-bas	13 à 15 mois	-
Taux d'exploitation	19,5%	18,95%

L'examen des tableaux 1 et 2 montre que la classe d'âge comprise entre 12 et 24 mois est la plus exploitée, laissant ainsi dans les troupeaux des animaux âgés pour la reproduction.

En 1985, pour une production de viande estimée à 71 200 T, 22 pour cent provenaient des petits ruminants soit 15 886 T.

Cela montre le rôle important joué par les petits ruminants dans la production de viande au Burkina Faso.

La consommation de viande de petit ruminant est difficile à déterminer car les chiffres souvent avancés par les services des statistiques concernent l'ensemble des animaux à l'exclusion du gibier.

Cependant dans les grands centres comme Ouagadougou et Bobo-Dioulasso, on constate que la plupart des grilleurs et rôtisseurs vendent de préférence de la viande de petits ruminants, abstraction faite de la viande de volailles.

Toujours en 1985, les effectifs de petits ruminants exportés sur pieds étaient estimés à 109 675 têtes par les services des statistiques agricoles. En considérant un poids moyen de 8 kg par carcasse, nous obtenons 877,4 T de viande sans les fraudes.

Prix

Au Burkina Faso, les prix des petits ruminants varient considérablement suivant les régions, les périodes de l'année, les espèces, leur sexe, leur âge et leur état d'engraissement.

Les valeurs extrêmes varient de 2 500 à 25 000 FCFA (Tabaski et autres cérémonies).

Les prix des carcasses sont difficiles à évaluer, car la viande est entreposée en tas sur les étals de boucheries. Chaque tas renferme muscles, graisses, os, boyaux, etc. Exceptionnellement, dans les centres urbains, les carcasses sont vendues au poids, de 600 à 800 FCFA le kg.

De plus, d'autres facteurs limitants freinent considérablement le développement des productions animales.

Tout d'abord, au plan logistique, les services de l'Elevage ne disposent que de peu de moyens matériels et financiers pour faire face aux difficultés de l'élevage.

A titre d'exemple, en 1983 le budget alloué à la Direction de l'élevage était de 524 millions de FCFA dont 96 pour cent consacrés au personnel (salaires) et seulement 4 pour cent destinés à la prophylaxie sanitaire, tous les autres aspects de l'élevage se trouvant ainsi démunis. Certes, il existe plusieurs projets de développement mais leurs actions sont ponctuelles et ne couvrent pas tout le pays.

Ensuite sur le plan social, le faible niveau d'alphabétisation des éleveurs constitue un handicap pour appréhender et comprendre les techniques d'amélioration de leur élevage.

Dans le domaine de la santé animale, l'insuffisance des laboratoires et de pharmacies vétérinaires rend aléatoire les interventions des agents (recherche des maladies, distribution de médicaments, etc.).

De plus, au niveau de l'alimentation, les pratiques culturales (agriculture itinérante) liées à l'accroissement démographique de la population réduisent les disponibilités fourragères, surtout dans le nord et le centre du pays.

La pratique des feux de brousse (sud et sud-ouest), entretenue par certaines populations, constitue un handicap sérieux pour l'amélioration des pâturages naturels. Il faut aussi noter l'insuffisance des points d'eau.

En ce qui concerne les sous-produits agro-industriels (SPAI) il existe des possibilités d'exploitation. Malheureusement, ces possibilités sont fortement limitées dans les grands centres d'élevage pour les raisons suivantes: l'insuffisance des voies de communication ainsi que leur mauvais état et les prix souvent trop élevés. Par exemple: 1 sac de 50 kg de son de blé vendu à 1 000 FCFA par le service de l'élevage de Ouagadougou est revendu à 1 500 FCFA - 2 000 FCFA par les commerçants des provinces.

Il faut également signaler que, à part quelques éleveurs du nord, peu de soins sont prodigués aux petits ruminants.

Enfin, l'absence de tout crédit aux éleveurs freine considérablement le développement de l'élevage des petits ruminants.

Cependant, si celui-ci connaît certaines difficultés, il est important d'en dégager ses atouts:

- peu d'investissements sont nécessaires pour en améliorer sa productivité;

- la demande intérieure et extérieure en viande s'accroît en raison de la croissance démographique et de l'élévation du niveau de vie des populations urbaines;

- la politique de l'autosuffisance alimentaire préconisée par le Conseil National de la Révolution (CNR), privilégie l'élevage des animaux à cycle court dont les petits ruminants;

- la création de centres d'embouche ovine par l'Etat;

- l'amélioration de la productivité par l'introduction de races étrangères, dont notamment la chèvre rousse de Maradi et le mouton Bali-Bali.

PERSPECTIVES DE DEVELOPPEMENT DE LA PRODUCTION OVINE ET CAPRINE

En raison des difficultés et des possibilités dégagées plus haut, il serait souhaitable d'améliorer la productivité des petits ruminants plutôt que d'accroître leur nombre.

Pour cela, les actions suivantes sont à entreprendre:

- intensifier la formation des éleveurs et des agents d'encadrement;

- encourager et multiplier les actions d'alphabétisation;

- améliorer l'appui logistique des services d'élevage;

- axer les recherches sur la maîtrise de la pathologie des petits ruminants par la multiplication de laboratoires et la création de centres de démonstration zootechnique;

- doter les services de la statistique de moyens suffisants pour leur permettre de recueillir des données et des informations sur l'ensemble du territoire. Ces données serviront à mieux orienter l'élevage en général et celui des petits ruminants en particulier vers des objectifs précis (viande, lait);

- gérer d'une manière plus rationnelle les pâturages naturels, les points d'eau, les jachères, les sous-produits de récolte et de l'agro-industrie;

- vulgariser la complémentation minérale (pierres à lécher et bientôt des blocs à mélasse);

- introduire les cultures fourragères dans les régions sud et sud-ouest où les conditions climatiques sont plus propices;

- et enfin, octroyer des crédits aux éleveurs organisés en groupement ou en coopérative.

CONCLUSION

L'élevage des petits ruminants est une spéculation pratiquée par la quasi totalité des paysans. Si les moutons et les chèvres constituent un capital facilement mobilisable, il n'en demeure pas moins qu'ils sont victimes de mauvais traitements.

Pour une meilleure exploitation de ces animaux, il est indispensable que des éleveurs et encadreurs se mobilisent autour de mots d'ordre qui militent en faveur de la promotion de l'élevage des petits ruminants au Burkina Faso.

NOTE D'INFORMATION SUR L'ELEVAGE DES OVINS ET CAPRINS EN CAMEROUN

P. Nanda
Directeur adjoint (Production animale)
Ministère de l'élevage, des pêches et des industries animales
Yaoundé, Cameroun

SITUATION ACTUELLE

Dans l'économie pastorale du Cameroun, les petits ruminants (ovins et caprins) occupent une place très importante puisqu'ils interviennent pour 17 pour cent dans la couverture des besoins protéiniques des Camerounais.

Le cheptel est passé de 3 186 000 têtes en 1980 à 4 071 710 têtes en 1985, soit une augmentation totale d'environ 28 pour cent en cinq ans.

Ces résultats ont été obtenus grâce à l'appui permanent du Gouvernement aux activités pastorales en général et du secteur des petits ruminants en particulier.

Les races élevées et répartition

Par souci de simplification de la classification, on peut regrouper les ovins et les caprins au sein de deux grands types, le Sahélien et le Guinéen.

Le type Sahélien: Le mouton sahélien (ou mouton du nord ou encore Mbororo) se rencontre dans la partie septentrionale du pays et le nord-ouest. Il est haut sur pattes (70 à 90 cm), avec un chanfrein très busqué et de longues oreilles pendantes. Le mâle porte horizontalement d'importantes cornes spiralées; l'adulte peut atteindre 45 kg de poids vif. De par la couleur de la robe, on distingue la variété Wäla (blanche) et la variété Oudah au train-avant brun ou noir et à l'arrière-train blanc.

Le caprin sahélien (70 cm) est lui aussi élevé dans l'extrême-nord. Il est mince et élancé, montrant une grande diversité de couleurs de robe. On parle couramment de la chèvre sahélienne.

Le type Guinéen: Le mouton et la chèvre de ce type sont élevés dans la zone guinéenne dont le sud du Cameroun. Tous deux sont de petite taille (50 à 65 cm) avec plusieurs variétés de couleurs de robe.

Le mouton guinéen, variété Black-belly se distingue par la couleur noire du ventre. C'est un excellent animal de boucherie, de surcroît très prolifique, tout comme la chèvre.

Performances zootechniques

Elles sont globalement assez bonnes pour les deux espèces, qu'il s'agisse de la reproduction ou de la croissance, si l'on tient compte des conditions d'élevage plutôt difficiles en milieu traditionnel.

Les travaux de l'Institut de la Recherche Zootechnique et Vétérinaire (IRZ) réalisés dans les provinces du nord et de l'extrême-nord du Cameroun situent l'âge de la première mise-bas vers 22 mois pour les caprins et entre 11 et 17 mois pour les ovins. La conclusion de ces travaux est que cet âge de 1ère mise-bas pourrait être abaissé.

S'agissant de la croissance, des études réalisées dans le cadre de l'IRZ situent le croît moyen journalier des ovins autour de 50 g entre 0 et 12 mois, moyenne légèrement plus faible chez les caprins. Les techniciens du même institut ont aussi avancé le chiffre de 1,62 agneau/brebis/an ou encore 48,7 kg/brebis/an, ce qui ne fait que confirmer davantage les belles performances zootechniques possibles des cheptels ovins et caprins.

Méthodes d'élevage

Les méthodes d'élevage varient d'une région à l'autre en fonction du mode de vie ou des spéculations économiques.

Dans la zone forestière, c'est la divagation totale qui aboutit régulièrement à de graves conflits agro-pastoraux. Les animaux ne font l'objet d'aucun soin. Les jeunes mâles sont cependant castrés dès le sevrage.

A l'ouest et au nord-ouest l'exploitation agricole des terres est telle que les petits ruminants sont plutôt maintenus en enclos ou attachés aux piquets. Cela suppose obligatoirement des soins et surtout un apport alimentaire régulier. La taille des troupeaux est plus importante que dans la zone forestière.

Dans l'extrême-nord, le nord et l'adamaoua les animaux sont davantage suivis et soignés. le gardiennage est assuré, de même la complémentation alimentaire.

structure des troupeaux

les troupeaux sont très éparpillés à travers le pays. le recensement national agricole de 1984 montre que 55 pour cent des troupeaux caprins et 61 pour cent des troupeaux ovins sont constitués de moins de 5 têtes, et que seulement 3 pour cent des éleveurs ont des effectifs d'au moins 25 animaux, ce qui représenterait 15 pour cent du troupeau caprin national et 10 pour cent du troupeau ovin.

Situation sanitaire

Il faut déplorer la faible protection sanitaire, qui entraîne des taux de mortalité inquiétants proches de 46 pour cent pour les deux troupeaux, avec d'importantes variations dans l'espace et dans le temps.

Parmi les causes de mortalité, les gastro-entérites d'origine parasitaire se classent en tête avec une fréquence plus grande pour les jeunes de 0 à 6 mois. Viennent ensuite les affections du système respiratoire, d'importance variable selon la région et la saison. La péripneumonie caprine et la peste font de temps à autres de sérieux dégâts.

Production et commercialisation

Les statistiques retiennent un taux d'exploitation théorique de 30 pour cent, chiffre plutôt difficile à atteindre par calcul en raison du caractère incontrôlable de certaines transactions et des abattages familiaux de brousse.

Le tableau ci-après traduit la situation.

	Ovins			Caprins		
	82-83	83-84	84-85	82-83	83-84	84-85
Ventes/marchés	330726	345128	255703	438150	467500	473085
Circulation intérieure	24334	31698	60276	54449	82708	113783
Abattages contrôlés	31949	20508	27358	41296	35603	32107
Peaux (condit.)	974	445322	42304	161	287402	3369
Peaux (circulat.)	-	617171	413848	-	356300	513245

Les prix des animaux sur pied varient considérablement selon les régions et surtout à l'approche des fêtes, allant de 6 000 à 30 000 frs pour les caprins et de 7 500 à 40 000 frs et même davantage pour les ovins.

Les échanges extérieurs sont faibles.

Difficultés rencontrées

Elles sont à la fois techniques et socio-économiques. Les résoudre s'avère donc nécessaire pour le développement du secteur.

Ces difficultés sont les suivantes:

- inexistence d'un programme strict de protection sanitaire qui expose les cheptels à une gamme variée d'affections;

- alimentation mal suivie qui empêche les animaux d'extérioriser leurs potentialités zootechniques et les rend plus sensibles aux affections microbiennes et parasitaires;

- ignorance des éleveurs en matière de conduite des troupeaux: diagnostics et traitements, contrôle de la reproduction, gestion des troupeaux, systèmes d'alimentation, etc.;

- inorganisation des éleveurs qui expose la production à toutes sortes d'aléas, situation d'autant plus grave que chaque producteur pris isolément n'a pas une surface financière et un niveau de technicité suffisant lui permettant d'améliorer valablement sa production et de résoudre des problèmes urgents;

- absence de programme de sélection et d'amélioration des souches animales.

RECHERCHE DE SOLUTIONS

Conscient de ces problèmes, le Gouvernement se propose d'y faire face à travers un projet de développement de l'élevage des petits ruminants.

On se propose d'une part, d'améliorer les conditions de production de ce secteur et donc le niveau de vie des éleveurs tandis que d'autre part, on tentera d'augmenter la disponibilité en viande de petits ruminants.

Pour y arriver, le projet devra:

- assurer la formation et le recyclage des techniciens du Ministère de l'elevage, des pêches et des industries animales qui devront à leur tour transmettre leurs connaissances aux éleveurs concernés;

- élaborer et mettre en exécution un programme strict de protection sanitaire des petits ruminants, avec des plans précis de prophylaxie sanitaire contre les principales maladies connues;

- assurer l'encadrement des élevages pilotes.

LES PRINCIPALES ACTIONS A ENTREPRENDRE

Elles porteront essentiellement sur les techniciens des services publics et les producteurs intéressés.

Pour les services publics, il s'agit de bien définir les programmes de formation et de recyclage des techniciens, programmes dont l'exécution devra s'appuyer sur les structures en place pour les aspects théoriques et pratiques.

S'agissant des producteurs, les actions à entreprendre sont diverses mais se résument en quatre points:

- l'amélioration du logement des animaux afin de les abriter, de faciliter la distribution d'aliments et de les manipuler;

- la maîtrise du système d'alimentation qui comprend une meilleure gestion des pâturages naturels et la complémentation alimentaire en période de soudure;

- l'amélioration des méthodes de conduite des troupeaux qui comprennent le gardiennage, la maîtrise de la reproduction et de l'exploitation commerciale;

- l'amélioration des connaissances sur la pathologie et les traitements.

NOTE D'INFORMATION SUR L'ELEVAGE DES OVINS ET CAPRINS EN CENTRAFRIQUE

G. Ngassongo
Chef du Bureau Elevage Traditionnel Villageois
Direction générale de l'élevage et des industries animales
B.P. 707, Bangui, République Centrafricaine

INTRODUCTION

La République Centrafricaine est située en plein coeur du continent Africain. Elle couvre une superficie de 622 000 km^2 et occupe la dorsale est-ouest des hauts plateaux qui séparent les bassins du Tchad au nord et du Congo au sud entre le 3° et 11° parallèle (750 km) et dans la bande des méridiens 14 - 17° est (1400 km).

Le versant Oubanguien (sud) drainé par les affluents de l'Oubangui correspond à une zone climatique tropicale humide à longues saisons des pluies (mars à novembre). Ces pluies comprises entre 1500 et 2000 mm subissent un net fléchissement (moins de 50 mm/mois) de décembre à février.

Le versant Tchadien (nord) est drainé par les divers affluents du Chari et est dominé par un climat à plus faible pluviométrie (1200 à 1500 mm) évoluant vers un climat à longue saison sèche au nord (novembre-mars).

Cette disposition géographique détermine des zones assez nettement différentes.

a) Zones de végétation

- la forêt dense au sud de Bangui, dans le bassin de la Lobaye, dans la Haute-Sangha et la Sangha-Economique;

- une zone de savane de type Soudano-Guinéen avec des taches boisées et des galeries forestières le long des cours d'eau;

- puis la savane herbeuse qui aboutit en zone sahélienne à l'extrême nord-est (Birao).

b) Zones de peuplement

La population Centrafricaine est estimée à 3 000 000 d'habitants soit 3,8 h/km^2. Elle est rurale à 70 pour cent et est concentrée au centre du pays (Ouaka, Basse-Kotto), aux frontières nord-est du Tchad et autour de la capitale Bangui qui compte environ 400 000 habitants.

c) Zones agricoles

- A l'ouest de la République Centrafricaine et le long du fleuve Oubangui, les populations pratiquent des cultures vivrières avec une forte prédominance de manioc ainsi que des cultures de rente de type Guinéen (caféiers, poivriers, cacaoyers, tabac).

- Sur le plateau central, la pluviométrie suffisante permet la pratique des deux cycles de vivriers annuels (manioc, mil, sorgho) et le coton devient la culture de rente dominante vers le nord.

- Le versant Tchadien est marqué par une culture vivrière céréalière à cycle plus court (mil, sorgho) tandis que le coton devient l'unique culture de rente sur des terres devenant de plus en plus légères.

- Cette stratification des cultures accompagne celle de l'élevage. Les troupeaux bovins originaires du nord (Cameroun, Tchad, Soudan) effectuent la transhumance nord-sud selon les pluies et ont tendance à progresser toujours vers le sud (150 km de Bangui) en zone nettement défavorable. Le petit élevage traditionnel est réparti dans presque tous les villages de la République Centrafricaine.

SITUATION GENERALE DE L'ELEVAGE

La Direction Générale de l'Elevage et des Industries Animales est sous la tutelle du Ministère du Développement Rural.

Cette Direction Générale comprend:

- 4 Directions Centrales
- 2 Directions Régionales
- 12 Services Centraux
- 9 Services Régionaux
- 33 Secteurs
- 110 Postes Vétérinaires.

Parmi les quatre Directions Centrales, il existe la Direction de la Formation et de la Vulgarisation dont dépend le Service de l'Aviculture, de l'Apiculture et du Petit Bétail. Ce Service a pour rôle d'encadrer les paysans et surtout les éleveurs du petit bétail dans le domaine de la couverture sanitaire, leur donner des conseils élémentaires concernant l'entretien, le gardiennage et l'alimentation des animaux.

L'ELEVAGE EN CENTRAFRIQUE

La République Centrafricaine est un pays essentiellement à vocation agricole (les agriculteurs représentent 90 pour cent de la population) mais il existe à côté de ce secteur, l'élevage qui constitue une importante ressource pour le pays (environ 5 pour cent du PIB) avec une nette prédominance du bétail bovin.

Mis à part l'effectif des ovins et caprins, le reste du cheptel Centrafricain se compose comme suit:

- Bovin : 2 000 000 têtes
- Porcin : 270 000 têtes
- Volaille : 1 400 000 têtes

Le cheptel bovin est constitué de zébus Mbororo et Foulbé et est exploité de manière traditionnelle (taux d'exploitation 12 à 13 pour cent).

Par ailleurs, dans les années 1960-1970, il a été constitué un troupeau trypanotolérant (Baoulé et N'dama) importé de la Côte d'Ivoire et du Mali (3 900 têtes) et confié en métayage aux agriculteurs. Du troupeau de 15 000 têtes en 1970, il ne reste plus qu'environ 8 000 têtes actuellement.

Petits Ruminants

Les productions de cet élevage couvrent 20 pour cent de la consommation totale de viande (16 kg/hab./an).

Le petit élevage est surtout un élevage de case et joue plutôt un rôle social plus qu'alimentaire. Il n'est exploité que lors de la visite des hôtes ou lors des cérémonies familiales et villageoises (décès, circoncision des enfants, naissances, fêtes religieuses).

Effectif

Le cheptel des petits ruminants en Centrafrique en 1986 est estimé à:

- Ovins : 100 000 têtes
- Caprins : 1 000 000 têtes.

Les races

a) Ovine: on distingue au moins quatre races ovines en Centrafrique:

- le mouton arabe à poils longs et à robe noire dominante,
- le mouton Ouddah à robe bicolore, élevé par les arabes,
- le mouton Waïla à robe blanche,
- le mouton Djallonké à robe multicolore et à poils ras.

b) Caprine: on distingue deux races:

- la chèvre naine de Guinée ou Djallonké, de robe allant du marron clair au noir,
- la chèvre rousse de Maradi introduite par les éleveurs nomades.

Les modes d'élevage

On distingue divers types de mode d'élevage en Centrafrique:

(a) La divagation: c'est le mode d'élevage le plus répandu. Les animaux sont abandonnés à eux-mêmes et ils cherchent à longueur de journée de quoi se nourrir et s'abreuver. C'est ainsi qu'on peut constater des troupeaux de caprins devenus sauvages et qui fuient la présence des hommes, habitant dans les montagnes et dans les grottes.

(b) Le gardiennage: le troupeau des ovins ou caprins est confié à un berger qui les surveille aux pâturages et les conduit à un point d'eau pour les abreuver. Ceci est constaté surtout en milieu musulman. Chez les paysans agriculteurs, le gardiennage est assuré par des enfants en âge scolaire qui sont en mesure de s'occuper du petit bétail.

(c) L'attache au piquet: l'animal est attaché à l'aide d'une corde à un piquet. Ce système évite des conflits au niveau des villages mais présente l'inconvénient de limiter le champ d'action de l'animal dans la recherche de sa nourriture.

C'est une méthode qui exige un apport d'aliment et d'eau à l'animal attaché pour compléter sa ration.

(d) L'embouche: il n'existe pas un véritable centre d'embouche pour les petits ruminants sur l'ensemble du territoire Centrafricain. Mais il existe trois centres dont deux centres pédagogiques et un d'expérimentation pour les ovins et répartis de la manière suivante:

i) Ferme Pédagogique de Bouar: Un petit troupeau de 60 têtes d'ovins est entretenu au Collège Technique d'Elevage de Bouar depuis près de 5 ans. Ce troupeau est en fait composé d'animaux de démonstration et de pratiques vétérinaires aux élèves de cet établissement.

ii) Ferme Pédagogique de M'Baïki: Un troupeau d'une vingtaine d'ovins est suivi par les étudiants de l'Institut Supérieur de Développement Rural (ISDR) de M'Baïki. L'effectif est en constante régression puisqu'on dénombrait plus de 100 têtes d'ovins il y a 3 ans.

Des essais de croisement avec des mâles mérinos importés de France et des femelles Djallonké de race locale sont conduits dans cette ferme. Les résultats escomptés n'ont pas été atteints pour diverses raisons.

iii) Centre Expérimental de Bambari: Depuis 1983, un troupeau d'ovins composé de 130 brebis et de 16 béliers a été mis en place à la Station d'Elevage de Bambari dans le but d'améliorer la race locale Mbororo. Le Centre a également pour objectif de définir les techniques d'élevage appropriées, de maîtriser les comportements et de distribuer les animaux en milieu rural. Les animaux de faible valeur sont éliminés et vendus au marché. L'alimentation est essentiellement basée sur les grains de coton, associés à un supplément minéral et complété par le pâturage naturel. L'abreuvement s'effectue à un point d'eau aménagé. Le troupeau est sous la surveillance d'un berger qui vit en permanence avec les bêtes et il est secondé par du personnel temporaire.

La situation sanitaire du troupeau est inquiétante car on enregistre une forte mortalité due aux parasitoses internes et à la coccidiose (40 pour cent de mortalité, surtout chez les jeunes).

En janvier 1987, l'effectif était de 199 têtes;
En août 1987, cet effectif est descendu à 92 têtes d'ovins.

L'avenir du troupeau est sombre, car il n'y a plus de financement du projet et le ranch est devenu autonome. Il n'y a donc qu'une seule solution: l'écoulement des animaux aux éleveurs Mbororo et aux volontaires villageois.

Logements

Ils varient selon les techniques d'élevage:

- certains animaux se contentent de vérandas et de coins des maisons;
- d'autres logent dans des bergeries ou chèvreries;
- ou encore partagent la case avec leur propriétaire;
- occupent parfois des cases abandonnées.

La production

En Centrafrique, l'élevage du petit ruminant est orienté essentiellement vers la production de viande. Le taux d'exploitation est de 30 pour cent.

La production annuelle en 1984 était estimée à:

- viande :	3 753	tonnes
- abats :	563	tonnes
Total	4 316	tonnes

ROLE SOCIO-ECONOMIQUE DU MOUTON ET DE LA CHEVRE

Rôle social

Les petits ruminants jouent un rôle important en milieu social, à savoir:

- pour l'autoconsommation;
- lors des cérémonies religieuses, mariages, et funérailles;
- ou encore pour faire des cadeaux aux amis, ou pour accueillir un étranger.

Rôle économique

Les petits ruminants donnent entière satisfaction. Les productions constituent donc un moyen d'échange, augmentent les ressources des éleveurs et élèvent le niveau de vie de ceux-ci.

LES CONTRAINTES RENCONTREES EN REPUBLIQUE CENTRAFRICAINE

Contraintes sanitaires

Les principales maladies sont:

- les parasitoses gastro-intestinales (coccidioses, strongyloses, fascioloses);
- les parasitoses externes (tiques, puces, gales, mycoses);
- les pneumopathies (pasteurellose, mycoplasmoses);
- les maladies de la malnutrition et les intoxications.

Toutes ces maladies entraînent une forte mortalité surtout chez les jeunes.

Contraintes alimentaires

Les insuffisances alimentaires déjà évoquées nécessitent des compléments alimentaires en fourrages récoltés en saison sèche, en sous-produits agro-industriels (son de riz, drèches de bière et tourteau de coton) et en complément minéral vitaminé (C.M.V.).

Contraintes sur la reproduction

L'élevage étant extensif, la reproduction se fait donc d'une manière désordonnée:

- pas de contrôle des performances;
- lutte non surveillée;
- précocité de saillies chez les jeunes;
- présence d'agneaux dans les troupeaux tout au long de l'année;
- pas de conduite d'élevage proprement dite.

STRATEGIE DE DEVELOPPEMENT DES PETITS RUMINANTS EN CENTRAFRIQUE

Les petits ruminants (moutons et chèvres) demeurent les parents pauvres de l'élevage Centrafricain. Toutes les actions menées par le Service de l'Elevage sont concentrées sur l'élevage des bovins et autres espèces à cycle court (volailles, porcins).

Nous devons aussi signaler le cas d'actions menées par des volontaires religieux à l'est du pays (région de la Basse-Kotto). Ces derniers achètent quelques ovins chez les éleveurs Mbororo et les déposent en métayage chez des paysans cultivateurs. C'est au bout de dix-huit mois qu'ils retirent le supplément de bêtes pour les placer chez d'autres paysans qui le demandent et s'ils remplissent certaines conditions.

Dans le cadre du Projet National de Développement de l'Elevage (PNDE) en Centrafrique, on remarque une nette prise de conscience et une ferme volonté de réhabiliter ces deux espèces (ovine et caprine). Cette volonté se traduit par la mise en place:

- de structures d'encadrement et d'intervention (création d'un Service de l'Aviculture, de l'Apiculture et du Petit Bêtail avec les différents Bureaux du petit bêtail:

  . Bureau du Petit Bêtail Secteur Moderne
  . Bureau du Petit Bêtail Secteur Traditionnel Villageois.

- en 1987, d'un programme d'enquêtes statistiques sur tout le territoire Centrafricain. Les résultats de ces enquêtes sont attendus pour permettre l'élaboration d'un programme de développement de cet élevage.

- des mesures de promotion et d'incitation de petits exploitants;

. Fêtes des Moissons;
. Journée Mondiale de l'Alimentation organisée avec le concours de la FAO.

En République Centrafricaine, la chèvre et le mouton jouent un rôle très important dans la vie de la population rurale, de l'économie paysanne et nationale. Les petits ruminants présentent des critères zootechniques favorables (prolificité, cycle court, rusticité). Ils ne demandent pas beaucoup d'investissements. Une ferme volonté est réaffirmée par les décideurs et pour l'encadrement technique pour la promotion de cet élevage.

Il est donc permis d'espérer que le Projet National de Développement de l'Elevage mènera à bien des actions concrètes à ce sujet. Cependant, les contraintes qui limitent fortement l'expansion de l'élevage des petits ruminants, doivent être levées pour atteindre les résultats escomptés.

NOTE D'INFORMATION SUR L'ELEVAGE DES OVINS ET CAPRINS EN REPUBLIQUE POPULAIRE DU CONGO (RPC)

J.C. Kinga et J.P. Delavente
Centre Expérimental Ovin d'Inoni Falaise
Ministère du Développement Rural, Brazzaville (RPC)

Les races présentes en RPC sont des races naines de type Djallonké pour les ovins et Guinéenne pour les caprins. Bien que peu conséquentes, il est à noter que les productions ovines et caprines sont présentes sur l'ensemble du territoire congolais. Les estimations d'effectifs se situent dans des fourchettes de 50 000 à 70 000 têtes pour les ovins et de 100 000 à 120 000 têtes pour les caprins; 70 pour cent des ovins sont dans 3 régions au sud de Brazzaville (Bouenza, Niari, Lekoumou). A l'inverse, les caprins sont plus souvent rencontrés dans la zone nord du pays.

Les élevages sont pour la plupart dans les zones urbaines en totale divagation. En zone rurale, l'éloignement des villages entre eux, implique des densités géographiquement faibles (zone des plateaux notamment).

Les "éleveurs" sont plus des propriétaires que de réels éleveurs. Le troupeau est un capital qui doit s'autosuffire. Il n'y a pas de tradition d'élevage comme l'on peut en rencontrer dans les pays limitrophes.

Le développement de l'élevage des petits ruminants passe à terme par un changement de la mentalité des propriétaires en un esprit d'éleveur permettant l'application de techniques d'élevage.

En ce sens fut créé en 1983 dans la région des plateaux à Inoni Falaise un Centre Expérimental Ovin (CEO) dont les buts étaient: identification des problèmes, recherche de solutions et leur diffusion en monde paysan, production et diffusion de géniteurs performants.

Le système de production des petits ruminants sur l'ensemble du pays, est des plus sommaire, à savoir divagation diurne, et parcage nocturne en zone urbaine dans des conditions souvent peu salubres. La divagation est la cause de taux de mortalité élevés par abattage et blessure des animaux divagant dans les cultures.

Dans la zone sud du pays, les vols d'animaux très nombreux sont favorisés par la présence du chemin de fer, dont les villes terminales (Brazzaville et Pointe Noire) sont des pôles commerciaux attractifs.

L'absence de conduite d'élevage rend le suivi de la reproduction très aléatoire, d'où de forts taux de consanguinité, malgré la présence de sujets bien développés. De plus, la divagation va à l'encontre de tout planning de production et d'alimentation.

Les adultes sont généralement en bonne condition physique; seul l'état des jeunes de moins d'un an est à déplorer. L'utilisation par les animaux des tas de détritus est la cause d'intoxication et de problèmes sanitaires. La recherche par les animaux de leur base alimentaire, favorise les empoisonnements par vengeance ou jalousie entre personnes.

Les essais de pâturage en parc clôturé sont à proscrire; le troupeau dépérissant à court terme par manque de superficie et dégradation du pâturage.

Pour les troupeaux parqués la nuit, les déchets de cuisine, ou du maïs grain sont parfois distribués.

La situation sanitaire est cependant exemplaire si l'on excepte les affections bénignes, communément rencontrées en élevage. Il apparaît que les maladies à caractère épizootiques ne seraient pas présentes au Congo (PPR, clavelée, charbon, etc.). Les affections le plus souvent rencontrées sont: la kératite, la vulvovaginite et la balano-postite (facilement traitée), les problèmes pulmonaires dus le plus souvent à des complications de parasitose, les parasitoses externe et interne, les diarrhées de causes diverses (coccidiose, alimentaire).

La parasitose interne est la principale cause de mortalité pour les jeunes de 2 à 8 mois. Les taux de mortalité se situent entre 50 et 70 pour cent. Un planning strict de traitement contre les helminthes et surtout les cestodes (Moniezia), a permis de rabaisser la mortalité à 20 pour cent, lorsque le planning est appliqué régulièrement.

L'absence de structures fiables de diagnostic et d'analyse (laboratoire), limite la connaissance réelle et quantifiable des affections possibles.

Au stade actuel, et compte tenu des contraintes énoncées précédemment, le développement des petits ruminants en R.P. du Congo, ne peut se faire que par l'application de méthodes élémentaires d'élevage, à savoir: lutte anti-parasitaire interne et externe, contention nocturne dans un enclos salubre, distribution de minéraux et d'eau propre. Les actions en ce sens menées depuis le 1er janvier 1985, font apparaître une augmentation de 100 pour cent du cheptel dans les élevages les mieux suivis.

Seule, la visualisation des effets positifs de telles actions, amènera l'éleveur à modifier son comportement. L'aspect financier, auparavant occulté par les taux de mortalité élevés, devient une raison suffisante, pour que l'éleveur accepte les contraintes temporelles et financières, vectrices d'un développement quantitatif et qualitatif des petits ruminants en R.P. du Congo.

Parallèlement, depuis le début des actions d'encadrement des éleveurs, une forte demande de géniteurs performants est enregistrée. Dans le même sens, l'adhésion spontanée des éleveurs au paiement des produits vétérinaires fournis, est un gage positif, vers une application de méthodes plus élaborées (suivi individuel, sélection, etc).

Cependant, il sera nécessaire d'améliorer les structures des services vétérinaires, pour assurer la recherche et le diagnostic de diverses affections que le développement numérique du cheptel national pourrait inciter.

De même la mise en place de contrôles vétérinaires stricts aux frontières est obligatoire si l'on veut sauvegarder le capital sanitaire actuel du pays.

Le développement de l'élevage des petits ruminants au Congo peut atteindre très rapidement un niveau élevé. Les résultats enregistrés au CEO d'Inoni Falaise et les actions menées en milieu paysan le prouvent. Il est cependant nécessaire de s'en tenir dans les années à venir à des méthodes techniques de base, en restant à l'écoute des éleveurs.

Ce sont les réactions de ces derniers aux méthodes simples proposées, qui peuvent seules conditionner une mise en place de techniques plus élaborées.

PRESENTATION DU PROJET NATIONAL DE SELECTION OVINE EN CÔTE D'IVOIRE

A. Oya et F. Roulleau
Programme National de Sélection Ovine
Béoumi
Côte d'Ivoire

HISTORIQUE

C'est à partir de 1976 qu'ont débuté en Côte d'Ivoire les premiers essais d'élevage rationnel appliqué au mouton Djallonké. La création des élevages du CNO de Béoumi et de la SODEPALM de Toumodi a permis de définir les normes techniques et sanitaires applicables à l'élevage ovin en race Djallonké.

Les résultats techniques intéressants obtenus dans cette race par ces élevages ont montré l'intérêt que de nombreux éleveurs pouvaient porter aux animaux améliorés et aux techniques d'élevage rationalisé.

C'est en 1983 que fut créé le Programme National de Sélection Ovine (PNSO). L'objectif principal de ce projet est l'amélioration du format et du poids commercial du mouton Djallonké. Pour parvenir à cet objectif, la voie choisie est la sélection et la large diffusion des béliers améliorateurs (voir Figure 1).

ORGANISATION DU PROGRAMME

Base de sélection

Le Programme de Sélection a choisi un certain nombre d'élevages performants (privés et d'Etat) formant une base de sélection. Le PNSO fait appliquer dans cette base de sélection une gestion des luttes et y dépose les béliers améliorateurs.

Lors des agnelages, les animaux sont identifiés et leurs performances controlées individuellement.

Les meilleurs agneaux mâles issus de ces luttes sont achetés par le PNSO au vu de leurs performances pondérales (poids 80 j >13 kg) et de leur conformation.

On effectue un choix général au niveau des troupeaux de la base de sélection qui doivent être le moins métissés possible et un choix individuel lors de l'achat des agneaux. On recherche:

- des animaux eumétriques, médilignes et des profils rectilignes
- oreilles et queue courtes (s'arrêtant au-dessus du jarret)
- le poil est ras et les cornes (à l'âge adulte) forment une spirale et demie resserrée autour de la tête

Figure 1: Programme de sélection

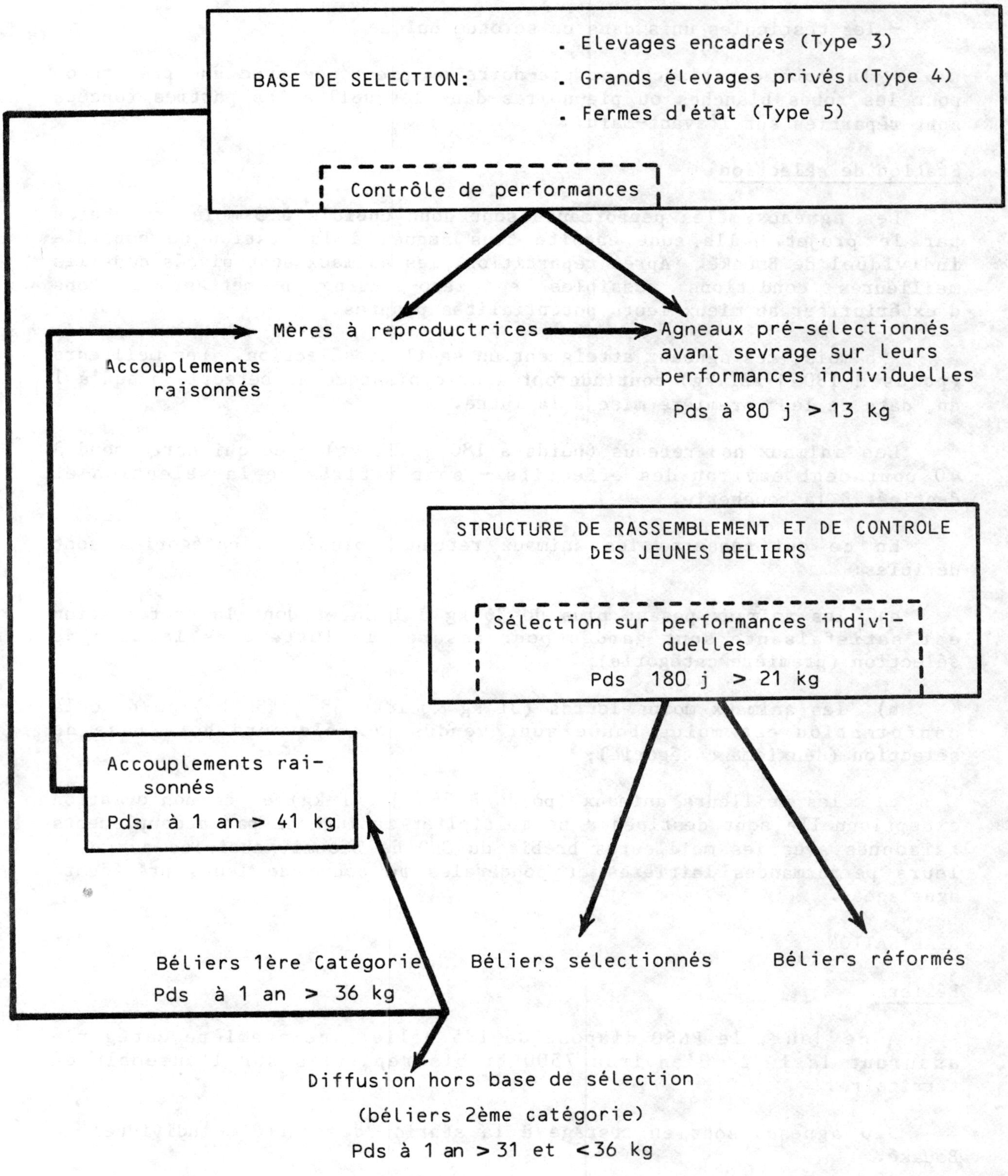

- les pendeloques doivent être absentes

- les testicules unis dans un scrotum unique

- la robe est blanche ou pie-noire ou pie-rouge avec une préférence pour les robes blanches ou pie-noires dans lesquelles les parties foncées sont réparties sur l'avant-main.

Station de sélection

Les agneaux mâles performants sont donc choisis à 3 mois et achetés par le projet. Ils sont ensuite tous amenés à la station de contrôle individuel de Bouaké. Après répartition, les animaux sont placés dans les meilleures conditions possibles en zéro-grazing permettant à tous d'extérioriser au mieux leurs potentialités propres.

A 6 mois, les agneaux atteignent un seuil de sélection. Les meilleurs (poids à 180 j >21 kg) continueront leur croissance en bergerie jusqu'à 1 an, date de leur première mise à la lutte.

Les animaux non retenus (poids à 180 j <21 kg) - ce qui correspond à 40 pour cent environ des effectifs - sont retirés de la sélection et destinés à la boucherie.

En ce qui concerne les animaux retenus, plusieurs catégories sont définies:

a) les animaux pesant plus de 36 kg à 1 an et dont la conformation est satisfaisante sont gardés pour assurer la lutte dans la base de sélection (première catégorie);

b) les animaux moins lourds (31 kg <poids 365 j <36 kg) ou dont la conformation est moins bonne sont vendus aux éleveurs hors base de sélection (deuxième catégorie);

c) les meilleurs animaux (poids à 365 j >41 kg) et de conformation exceptionnelle sont destinés à se multiplier rapidement par accouplements raisonnés avec les meilleures brebis du CNO de Béoumi, choisies au vu de leurs performances laitières et pondérales au cours de leurs précédents agnelages.

REALISATION

Béliers

A ce jour, le PNSO dispose de 195 béliers de première catégorie assurant la lutte d'environ 7500 brebis réparties sur l'ensemble du territoire.

320 agneaux sont en testage à la station de contrôle individuel de Bouaké.

128 béliers de seconde catégoire ont été vendus aux éleveurs privés hors de la base de sélection depuis le mois de janvier 1986.

Infrastructures

Le PNSO dispose à Bouaké de trois bergeries comptant au total 480 places.

Deux unités de quarantaine sont en construction pour permettre une surveillance des animaux avant leur introduction en bergerie.

250 places sont attribuées aux agneaux en testage (de 3 à 6 mois).

110 places sont attribuées aux agneaux en croissance (6 mois à 1 an). De nouvelles bergeries sont prévues pour assurer le logement de ces animaux au cours de cette phase.

120 places sont réservées aux béliers de première catégorie pour leur remise en état de service entre deux périodes de saillie.

L'affourragement de ces animaux est assuré grâce à 15 ha de Panicum fauché par une rotofaucheuse. Enfin une bergerie de 300 places est disponible au CNO de Béoumi pour permettre d'effectuer les accouplements raisonnés.

OBJECTIFS

Quantitatifs

L'harmonisation réalisée au niveau des différents volets ovins SODEPALM a permis au projet d'acquérir une dimension nationale. Cette harmonisation a également permis de mesurer réellement le déficit en reproducteurs de qualité existant en Côte d'Ivoire.

L'un des objectifs du projet est la production de 400 reproducteurs de toutes catégories par an (1/4 de première catégorie pour 3/4 de seconde catégorie). Pour réaliser cet objectif, compte tenu des taux de réforme enregistrés en bergerie (40 pour cent), il faudrait pouvoir acheter 700 agneaux environ par an. Ces achats ne pourront se faire sans une très sensible augmentation de la taille de la base de sélection qui est actuellement de 7500 animaux. Avec un taux de présélection de 8 pour cent couramment observé dans les élevages, il faudrait que la base de sélection compte 18 000 brebis à moyen terme.

Qualitatifs

Outre l'aspect quantitatif, le projet a pour objectif d'améliorer qualitativement les béliers:

- en accentuant la sélection sur la résistance des animaux aux agressions du milieu extérieur (tiques, trypanosomes, etc.). Il est prévu une phase d'élevage sur parcours permettant de tester et de réactiver la résistance des animaux élevés dans un milieu protégé (station de testage).

- en essayant de définir un standard de la race Djallonké permettant, avec une série de mensurations et de pesées précises et une liste de caractères rédhibitoires, d'harmoniser les efforts de sélection sur l'ensemble du territoire tant sur les animaux mâles que sur les brebis.

NOTE D'INFORMATION SUR L'ELEVAGE DES OVINS ET CAPRINS EN GABON

M. Bouassa
Directeur général adjoint de l'élevage et de l'économie rurale
Ministère de l'Agriculture
Libreville, Gabon

Les races ovine et caprine locales n'ont presque jamais retenu la sollicitude des chercheurs et du gouvernement, mais restent très estimées par les populations locales qui les consomment lors des cérémonies ou en font des dons.

Cependant, avec la "musulmanisation" du pays, l'importation des ovins et caprins se réalise à partir des pays limitrophes pour satisfaire les besoins croissants des demandeurs.

Le mouton rencontré au Gabon est de même type que celui rencontré au Cameroun et au Congo. Son habitat de prédilection semble être la Zone Forestière. Les moutons de type Djallonké présentent suivant les régions, quelques différences de conformation.

La chèvre locale serait d'origine guinéenne et de type Djallonké. Elle présente un format plus réduit et plus massif que celle rencontrée au Cameroun.

L'élevage des ovins et caprins reste, parmi les spéculations animales, un secteur faiblement organisé. En dehors du programme expérimental de l'OGAPROV qui connaît des difficultés techniques liées à divers facteurs sanitaires et humains, l'élevage ovin et caprin ne bénéficie pas d'un programme national d'amélioration. Toutefois, on peut compter au Gabon environ 140 000 têtes ovines et presque autant de têtes caprines. L'importance de ce cheptel est mal connue et ces chiffres sont retenus en attendant que l'enquête zootechnique en préparation permette de mieux cerner la réalité.

La production nationale est estimée à près de 140 t de viande caprine et 220 t de viande ovine, alors que les besoins sont très élevés. Pour couvrir ces besoins, on a recours à des importations et au premier semestre 1987, on a dénombré 1619 ovins et caprins importés du Congo, de RCA et du Cameroun.

Cependant, les petits ruminants rencontrés au Gabon sont en excellent état. Les mortalités rencontrées à l'OGAPROV sont attribuées à la streptothricose, à la trypanosomiase et à l'agalaxie maternelle, sans pour autant exclure les maladies respiratoires.

Aussi, pour accroître la production de viande ovine et caprine, une amélioration des structures familiales existantes à travers un encadrement actif ponctué d'interventions sanitaires et zootechniques simples s'impose. Toutefois, la dynamisation de toutes ces actions passe par l'adoption d'un "Plan National Ovin" dont les grandes lignes seraient :

- la création d'une filière ovine nationale
- la création d'un ou de plusieurs centres nationaux
- la mise en place d'un programme pilote de vulgarisation
- le renforcement des contrôles provinciaux de la santé animale.

POSITION PAPER ON SHEEP AND GOAT PRODUCTION IN GHANA

S. Ockling
Officer in Charge, Sheep and Goat Research Station,
Techiman, c/o Animal Health and Production Department
P.O. Box M161, Accra, Ghana

The main purpose of this paper is to review the system of sheep and goat production in Ghana especially along the middle belt stretching from Techiman in the Brong Ahafo Region to Buipe. This area is more suitable for small ruminant production taking into account the semi-savannah nature of the vegetation with inter-twining rivers and a not too severe period of dry season. Furthermore, this paper seeks to bring out the major setbacks facing sheep and goat production and how recently acquired knowledge might be profitably used to improve traditional systems.

It is a difficult task to achieve comprehensive coverage of such a varied activity as sheep and goat rearing in Ghana. This is aggravated by the fact that most livestock owners in Ghana keep sheep and goats purely for historical or cultural reasons and as a result the owners do not seem to engage in proper management practices. Also the bulk of the nation's sheep and goats is confined to the rural areas or villages where lack of means of transportation makes it very difficult to monitor the activities of these livestock owners effectively.

DISTRIBUTION OF SHEEP AND GOATS

Ghana has a total population of 1 814 193 sheep and 1 632 576 goats and the breakdown based on regional level as at 1986 is as follows:

Region	Sheep	Goats
Brong Ahafo	160 092	145 276
Northern	427 481	403 592
Upper East	225 984	198 924
Upper West	140 284	164 169
Ashanti	196 941	142 313
Eastern	173 015	159 953
Greater Accra	51 723	45 704
Central	83 031	80 975
Western	102 960	69 315
Volta	252 682	222 355

Source: Animal Health & Production Department, Ghana

GENETIC POTENTIALITIES OF THE HERDS

Basically in Ghana, we have two main breeds of sheep and goats namely:

(a) West African Dwarf type

(b) West African Long-Legged type
(found mostly in Northern and Upper Regions).

Occasionally, we do come across sub-units of a variety according to the type of relationship between the animals belonging to it. This is so because some livestock owners in a bid to improving upon the quality of their stock bring in a valuable sire for crossing purposes. As a result, a line is established and animals belonging to a particular line exhibit to some extent characteristics of the founder, i.e. the common prominent ancestor, the sire.

In the rural areas or villages, animals of various ages, sexes, etc. are kept together always with no control whatsoever over the mating behaviour of the rams and ewes. This has led to in-breeding among most flocks resulting in reduced fertility and viability of the inbred animals. As compared to outbred animals the phenotypic value of inbred animals is greatly reduced as reflected in lower growth rate, poor lactating potentialities of dams, mismothering, etc. The general weakening of the constitution of inbred animals also predisposes them to various diseases resulting in economic losses.

SYSTEM OF SHEEP AND GOAT PRODUCTION IN GHANA

The system of sheep and goat production in Ghana is basically traditional except for a few organized or large-scale livestock farms which exhibit some degree of improved system.

In the settled villages or rural areas where the bulk of the nation's sheep and goats can be located, there are usually unroofed or fenced yards and semi-open sheds where the animals are confined after grazing. The animals when released for grazing stay within a particular distance by dint of their territorial instinct.

On the few large-scale livestock farms, e.g. Techiman Sheep and Goat Diseases Investigation Farm, there are enclosed fenced and pasture areas divided into paddocks with dips.

Confinement of goats is difficult because of their troublesome nature and for that matter these animals are always found on free-range.

NUTRITION

Feeding has long been the most potent tool by which man manipulates productivity in his domestic animals and sheep/goats are no exception. Animal feeding constitutes one of the major constraints facing sheep and goat production in Ghana not in terms of scarcity of grazing area but the attitude of livestock farmers to the question of effective pasture utilization.

Sheep and goats have a fascinating ability to survive and produce under a surprising range of conditions and even in respect of dry season survival on poor herbage, sheep far excel cattle. Most livestock owners have taken undue advantage of such natural ability making very little effort in the provision of adequate feed for their animals.

In Ghana, three main forms of animal feeding can be distinguished:

(1) In the villages or rural areas, animals are released in the morning from backyard sheds for grazing on their own, with or without feed supplementation in the form of cassava and plantain peels.

(2) Zero grazing of stock combined with supplementary feed. This mode of feeding is usually employed by small-scale livestock owners in urban areas.

(3) Where animals are stocked on paddocks with developed pasture. This mode of feeding is practised by very few organized livestock farmers.

In the rural areas, there are always reports of crops being destroyed by these animals especially the goats. The farmers, in turn, inflict various injuries to the animals causing damage to their crops, at times going to the extent of poisoning the animals. This normally leads to petty rivalry between livestock owners and crop farmers forcing most of the livestock owners either to fold up or develop indifferent attitudes towards their animals.

This topic will not be complete if mention is not made of dry season feeding of livestock. Livestock owners make little or no preparation for dry season feeding or supplementation. Therefore the animals feed only on poor herbage which does not satisfy their nutrient requirements and at times injudicious grass burning leaves the animals with nothing to feed on. As a result, the animals have to walk for long distances in search of feed and the little energy acquired from the poor feed intake is expended during the period of their mobility. The total effect is that the animals become generally debilitated and we have cause to believe that the numerous cases of paralysis encountered during the dry season can be attributed to nutrient deficiencies. Furthermore, in order to curb their hunger, the animals feed on various non-digestible objects such as rubber, pieces of clothing, etc. which invariably result in impaction, ruminal stasis and death from intoxication.

Some of these undesirable trends in sheep and goat rearing can be minimized if livestock owners adopt proper management and feeding procedures which will be mentioned later.

Finally, we hold the view that effective pasture utilization should be the key feature of sheep and goat production in Ghana.

HEALTH

It is a fact that in Ghana, sheep and goat diseases of all causal categories occasionally devastate and insidiously drain animal numbers and quality, thus reducing economic gains. Diseases persistently threaten not only the viability but also the survival of this sector of animal production. Therefore, the cogent demand from this sector of animal production is relief from such depressing conditions.

However, the extent of veterinary assistance and advice to livestock farmers is limited due to lack of means of transportation and apathy on the part of most livestock owners.

A wide range of sheep and goat disease problems are encountered in Ghana, most of which exhibit some degree of seasonality in their occurrence.

RELATIVE RATE OF OCCURRENCE OF SOME SHEEP AND GOAT DISEASES IN THE BRONG AHAFO REGION

Disease/Conditions	Sheep %	Goats %
Parasitism:		
1. Helminthiasis	19.9	16.9
2. Ectoparasitism	11.9	12.5
3. Mange	2.4	5.3
Infections:		
1. Pneumonia	21.2	11.6
2. Contagious Ecthyma	3.06	4.8
3. PPR	13.7	21.9
4. Foot-Rot	0.4	0.8
Trauma:		
1. Wounds	3.8	3.5
2. Fracture	0.65	0.3
Miscellaneous:		
1. General debility	6.4	5.7
2. Diarrhoea	7.4	8.8
3. Dystocia	2.0	1.6
4. Conjunctivitis	0.9	1.0
5. Abscess	1.0	1.3
6. Diseases of other causal categories	5.29	4.0

Source: Annual Report of Animal Health and Production Department, Brong Ahafo Region, 1986.

Parasitism

Parasites are a major source of loss to sheep and goat production in Ghana. Because of its ubiquity and variability of its effect on performance, it is difficult to assess the true extent of the cost of parasitism.

Based on data from Techniman Sheep and Goat Diseases Investigation Farm, the chief groups of internal parasites of general economic importance in Ghana are as follows:

1. Strongyles especially species of the genera *Haemonchus*.
2. *Trichuris* spp.
3. *Moniezia* spp.
4. *Coccidia* - *Eimeria arloingi*.

RELATIVE RATE OF INFESTATION OF INTERNAL PARASITES BASED ON FAECAL EGG COUNT BETWEEN JUNE-AUGUST FOR LAMBS 3-6 MONTHS OF AGE AT THE TECHIMAN SHEEP AND GOAT DISEASES INVESTIGATION FARM

Parasites	Rate of Infestation (%)
1. Strongyles (especially genera *Haemonchus*)	70
2. *Trichuris* spp.	3.5
3. *Moniezia* spp.	24.5
4. *Coccidia*	2

Infestation by helminth parasites is usually very high between April-September, then gradually decreases starting from mid-October. This is true for semi-savannah areas, e.g. some areas of Techiman, Kintampo Districts.

In the areas with a shorter dry season period like the middle belt and the southern parts of Ghana there is virtually no period when the micro-climates in the grazing areas are particularly unsuitable for larval development and survival. To elucidate this point further, the seasonal variations of worm infestation were studied at Techiman Farm based on faecal egg count per grams of faeces (epg) for lambs between the ages of 4-10 months during the rainy and dry seasons.

During the rainy season April-September, the highest count recorded was 102 000 epg and the lowest 500 epg. During the dry period (mid-November - January) the highest count recorded was 39 500 epg with 100 epg as the lowest count. There were differences in the levels of worm build up which was much slower during the dry season than in the rainy season. We are of the view that the worm build up during the dry season can be attributed mainly to the high humidity in the mornings.

The use of anthelmintics has been the only effective method of controlling worm burden because of the poor management and husbandry practices engaged in sheep and goat production. Because of this situation, the Techiman Sheep and Goat Diseases Investigation Farm continuously investigates the efficacy of the anthelmintics in the system and advises livestock owners accordingly.

A lot of factors are taken into consideration when conducting such investigations such as the distance of the villages from the nearest veterinary post etc. since lack of transportation means makes it extremely difficult for veterinary personnel to conduct frequent deworming/dipping exercises. Based on these factors there was the need to conduct investigation into the use of broad spectrum anthelmintics with high anthelmintic efficiency. Investigation into the comparative efficacy of Ivomec, Tetramisole and Panacur (Fenbendazole) on sheep naturally infested with strongyles was conducted in July 1987 using young stock of sheep between 4-8 months of age with egg count variation of 102,000 - 100 epg. Some of the experimental animals had ticks on them as well. Dosages of the various drugs administered were based on liveweight.

The results showed Ivomec to be the most effective drug suitable to the system of sheep keeping in Ghana. In the first place it has a quick effect on strongyles, e.g. all the animals even those with high pre-deworming counts up to 72 000 epg showed the zero count on the second day after administering Ivomec. Secondly, the worm build up was very slow; the first count was recorded after 1 month 18 days in animals kept on the same grazing field before and after deworming with high stocking rate - and 3 months in animals kept on a fresh non-contaminated paddock with lower stocking rate. Thirdly, Ivomec was effective against ticks. The next drug after Ivomec in terms of efficacy against strongyles was Tetramisole which also had a quick effect with most animals showing zero counts on the second day after deworming but the worm build up was much faster than Ivomec. Panacur had a more gradual effect on the stryongyles with a faster rate of worm build up. This may partly be explained by the fact that Panacur has been in the system for far too long thus giving rise to problems of resistance to it. Even though Ivomec is a very expensive drug, its judicious and timely use coupled with low stocking rates will go a long way to reduce the worm and ectoparasitic burden drastically during the rainy season.

LIVESTOCK IMPROVEMENT METHODS AND RECOMMENDATIONS

Even though I have recommended earlier that effective pasture utilization should be the basis of sheep and goat production in Ghana, its full implementation at the moment will be very difficult since in the villages and rural areas there is no clear cut demarcation of the land into grazing area and fields for cultivation of arable crops. So any livestock improvement programme should start from mass education of livestock farmers on the advantages of effective pasture utilization based on grass and legumes. Also there is the need to make available vital inputs like vehicles, protective clothing etc. for technical staff who are engaged in field work. Finally, the banking institutions must be ready to assist the small-scale livestock owners financially in order to boost production.

Feeding

The cause of malnutrition of sheep and goats in Ghana on qualitative terms can be attributed first and foremost to protein deficiency. The diet of these animals contains basically fibre and carbohydrates which they get from grass. The problem of protein deficiency can be rectified by incorporating legumes in the diet of these small ruminants. Feeding trials conducted at the Techiman Sheep and Goat Diseases Investigation Farm confirmed the fact that Pigeon pea (Cajanus cajan) and Centrosema pubescens are valuable sources of protein which can contribute greatly towards the improvement of nutritional conditions of sheep and goats in Ghana.

Centrosema grows widely during the rainy season, and the farmers must be educated on how to use it effectively. Before I take this topic further, I must stress that because of the attitude of Ghanaian farmers towards animal feeding there was the need to look for legumes that will benefit the farmer himself and can be effectively incorporated in the diet of the animals as well as alleviating the problems of dry season feeding. From our investigations, pigeon pea proved to be the best solution since it has a very good drought resistant ability, the leaves, with a very high protein content, can be effectively used as animal feed and the farmer can consume or sell the seeds.

Apart from this, to reduce the burden of dry season feeding, feed supplementation in the form of groundnuts tops must be used. Dried cassava, plantain peels and "pito" mash (a waste product from a locally brewed drink) are very valuable feed supplements that can be used at any time of the year. The farmers must be educated on the importance of legumes and sheep manure in improving soil fertility instead of going in for expensive imported chemical fertilizers. By doing so a complete cycle is formed between crops and animals all to the advantage of the farmer.

Another point on which it is worth educating the livestock owners is the relationship between nutritional status and disease condition of animals. Poor body condition of sheep and goats attributable to inadequate feed intake in quantitative and/or qualitative terms leads to energy or protein deficiency making the animals susceptible to the parasitic diseases to which they normally enjoyed some degree of resistance. Therefore, proper nutrition is the basic prophylactic measure against most disease conditions of animals.

It can be inferred from all the facts put across in this report that a lot needs to be done in order to upgrade the existing system of sheep and goat production in Ghana. Whilst mass education of livestock owners is very necessary, the banking institutions must also be ready to assist them in this regard.

POSITION PAPER ON SHEEP AND GOAT PRODUCTION IN LIBERIA

A. Kamara
Deputy Director, Field Operations
Ministry of Agriculture, Morrovia, Liberia

The population of Liberia is estimated at 2.2 million of which 77.4 percent are citizens and 22.6 percent aliens, and the surfacer area is 111 400 km2. The climate in Liberia is very humid and tropical with an annual rainfall that varies from 1800mm in the north to 5000mm along the coast.

Liberia's economy with reference to industries is predominantly dependent on food processing and other light industry; the major crops are rice, cassava, coffee, cocoa and sugarcane. Mineral resources include diamonds, iron, gold, and other important resources are rubber and timber.

Liberia's small ruminant (sheep and goats) population has been estimated to be between 600 000 and 700 000 head with the highest in Bong and Nimba counties, approximately the central areas of Liberia. The breeds are indigenous and consist of the Djallonke breed of sheep and the West African dwarf breed of goats.

The village system of management, with free roaming of sheep and goats and almost no health care even at kidding or lambing, is the most common system of production in Liberia.

Levels of husbandry are poor and there is an inevitable high mortality rate. The market for sheep and goats in the villages is minimal except during festive occasions and there is no organized marketing system available for the sale of small ruminants.

In consideration of this and the state of agricultural development in Liberia, the Ministry of Agriculture initiated the establishment of the Central Agricultural Research Institute (CARI), a semi-autonomous institute that undertakes applied and adaptive research in the fields of crop and animal sciences.

The major study so far was conducted to determine the production parameters of local sheep and goats reared under a semi-intensive management system based on the use of improved pasture.

The average productivity estimates of sheep and goats after the 3 years were as follows:

	Sheep	Goats
Lambing and kidding percentage	142.2%	200 %
Twinning percentage	20 %	80 %
Average birth weight	3.4 lb	2.8 lb
Average weaning weight	25 lb	23.1 lb
Lamb and kid viability	75 %	65 %
Ram and buck (male goat) weight	46.7 lb	42.5 lb

Average age (ram and buck) at first service	9 months	8 months
Average ewe and doe at 1st lambing and kidding	15 months	16 months
Gestation period	148.9 days	147.7 days
Average litter size	1.2	1.6
Average weight at maturity (17 months)		

The next study to be undertaken will be to make a comparative study of the Institute-based animals and of the village free roaming system. During this study, it intended to not only collect and quantify the bio-parameters of small ruminants reared under the traditional village free roaming system but also to analyse various constraints and positive and negative factors under the local production system (village level).

It cannot be forgotten that sheep and goat development strategies need to be correlated with other social aspects. Recent endeavours have focussed on alternative energy projects in villages using animal faeces in biogas digesters. It is therefore envisaged that if the management systems are upgraded, the population will not only benefit from meat production but also from the utilization of the waste matters through recycling technologies.

UTILISATION DU BLOC MELUR AU MALI COMME ALIMENT COMPLEMENTAIRE EN SAISON SECHE POUR LE MOUTON

I. Kassambara
Chef de Section Alimentation-Nutrition
Station d'élevage et de recherches zootechniques du Sahel
B.P. 12 Niono Mali

INTRODUCTION

Dans les régions qui souffrent d'une longue saison sèche comme le Sahel, les animaux perdent du poids au cours de cette période (10 à 20 pour cent du poids vif selon Dicko 1980). Pendant les années exceptionnelles de sécheresse, on a constaté une mortalité élevée.

Ainsi dans la recherche d'une complémentation alimentaire adéquate pouvant diminuer les pertes de poids des animaux de la zone sahélienne aux périodes difficiles de l'année (janvier à mi-juillet), nous avons étudié l'effet du bloc Mélur sur des bovins et ovins recevant comme aliment de base le pâturage naturel ou la paille de riz.

La réalisation des essais a été possible avec l'aide matérielle de la FAO (Projet PCT/MLI/4507-T). Ces essais se déroulent en trois phases:

- 15 mai au 20 juillet 1986;
- 15 mai au 20 juillet 1987;
- 15 janvier au 30 juin 1988.

Les résultats qui sont présentés ici portent sur la première et la deuxième phase de l'étude et ne concernent que les ovins.

OBJECTIF

L'expérience a pour objectif d'étudier l'effet du bloc Mélasse + Urée sur l'ingestion des fourrages grossiers (paille de riz, pâturage de saison sèche) et de déterminer l'efficacité de ce complément sur l'évolution pondérale des animaux soumis aux essais.

MATERIEL ET METHODES

Pour chaque phase de l'étude, 20 moutons maures de 1 à 2 ans répartis en 4 lots selon le schéma expérimental qui figure au tableau No. 1 furent utilisés.

Avant le début de l'expérience, tous les moutons ont été déparasités au dovenix et vaccinés au pastovin.

Tableau No. 1: Schéma expérimental suivi

ESSAI	Traitements	Régimes	Mode de distribution des régimes	Nombre de têtes par traitement	Durée de l'essai
	T1	Paille de riz seule	Ad libitum	5 moutons	66 j.
	T2	Paille de riz + bloc Mélur	Ad libitum	"	"
I 1986	T3	Pâturage seul	8 à 9 h de conduite	"	"
	T4	Pâturage + bloc Mélur	8 à 9 h de conduite et bloc Ad libitum	"	"
	T1	Paille de riz seule	Ad libitum	"	"
	T2	Paille de riz + bloc Mélur	Ad libitum	"	"
II 1987	T3	Pâturage seul	8 à 9 h de conduite	"	"
	T4	Pâturage + bloc Mélur	8 à 9 h de conduite et bloc Ad libitum	"	"

Alimentation et périodes de mesure

Les régimes sont composés de pâturage naturel, de paille de riz et de bloc Mélur.

Les quantités de bloc et de paille de riz ingérées ont été déterminées journellement par pesées des quantités proposées et des refus. Les refus de la veille étaient recueillis avant le repas du matin. La distribution à volonté était assurée autour de 10 pour cent de refus.

Le contrôle pondéral des animaux s'effectuait tous les 15 à 16 jours à l'aide d'un peson de 50 kg.

L'abreuvement des animaux se faisait à volonté pendant toute la durée de l'expérience.

Echantillonnage

A chaque période de contrôle pondéral et pendant toute la durée de l'essai, des échantillons de 100 g de paille de riz et 50 g de bloc ont été prélevés et séchés à l'étuve pour la détermination de la matière sèche (M.S.).

Composition du bloc Mélur (en %)

Mélasse de canne:	45
Son de riz:	30
Urée:	10
Sel:	5
Ciment:	10
Total:	100

RESULTATS ET DISCUSSION

Remarques préliminaires

Mortalités

Au niveau des deux essais (1986 et 1987), nous n'avons enregistré aucune mortalité pendant toute la durée des expériences. Cependant les moutons utilisés pour le traitement I (paille de riz seule) ont continué à maigrir pratiquement durant toute l'expérience. Dans la première semaine ayant suivi l'arrêt des essais, malgré une cure de vitamines, on a enregistré 3 mortalités dans l'essai I (1986) et 4 mortalités parmi les moutons de l'essai II (1987). Ces mortalités pourraient s'expliquer par un moins bon état physiologique occasionné par ce régime.

Composition chimique des aliments

La composition chimique et la valeur fourragère de la paille de riz et du bloc Mélur sont présentées au Tableau No. 2. Il est à noter que les résultats présentés dans ce tableau ont été empruntés à des travaux antérieurs:

- paille de riz (Kassambara, I. 1983);
- bloc Mélur (Levieux, consultant FAO, 1986).

Paille de riz

Lors de l'essai I, elle a été mieux ingérée distribuée seule aux moutons que complémentée avec le bloc Mélur contrairement aux résultats de l'essai II où la complémentation de la paille de riz avec le bloc Mélur s'est traduite par une augmentation de la m.s.v.i. de paille. La plupart des chercheurs reconnaissent qu'en associant un fourrage pauvre comme la paille de riz à un complément lui apportant de l'azote et/ou de l'énergie, on améliore sensiblement la quantité de matière sèche de paille ingérée et sa digestibilité (Hoden, 1973; Dulphy, 1978; Kassambara, 1983).

Tableau No. 2: Composition chimique et valeur fourragère des aliments (en p. 100 de la matière sèche)

Aliments	M S	C B	MAT	MG	M M	ENA	C a	P	U F	UFL	UFV	MAD	PDIE	PDIN
Paille de riz	91,93	36,02	3,95	1,54	14,0	44,34	0,22	0,077	0,45	50	0,46	10	-	-
Bloc Mélur	85,0	6,2	34,05	-	25,0	-	7,2	0,3	-	51	50,5	-	51	202

4.3°/ Les quantités de matière sèche volontairement ingérée: (m.s.v.i.)

Elles sont exprimées en g/kg de $p^{0.75}$ et font l'objet des Tableaux No. 3 et 4.

En moyenne on a enregistré en 66 jours d'expérience :

	Essai 1986	Essai 1987
	g/kg $p^{0.75}$	g/kg $p^{0.75}$
Régime I : paille de riz seule : m.s.v.i.	43,78	51,41
Régime II : paille de riz + bloc Mélur : - m.s.v.i. de paille:	38,53	56,48
- bloc Mélur:	20,0	14,55
Régime IV : pâturage + bloc Mélur; m.s.v.i. de bloc:	11,20	15,03

Une meilleure ingestion de la paille seule à celle de la paille associée au bloc Mélur enregistrée au niveau de l'essai I pourrait s'expliquer en partie par le phénomène de substitution. En effet l'ingestion élevée de bloc Mélur 20 g/kg $p^{0,75}$ (Essai I) contre 14,55 g/kg $p^{0,75}$ (Essai II) a dû certainement influencer celle de la paille de riz, fourrage qui n'est généralement pas bien appété par les moutons. Le bloc, dans ces cas, au lieu d'améliorer l'ingestion de la paille de riz, s'est substitué à celle-ci. Le taux de substitution exprimé par la quantité de m.s.v.i. de fourrage ingérée en moins sur la quantité correspondante de concentré introduite dans la ration est de:

- S = + 0,26 (Régime II : Essai I);
- S = - 0,35 (Régime II : Essai II).

Les résultats de ces deux essais sont cependant supérieurs à la plupart des résultats que nous avons enregistrés en 1983 sur les moutons:

- paille de riz + son de riz au taux de 32,70% : 30,78 g de m.s.v.i. de paille/kg $p^{0,75}$;

- paille de riz + graine de coton au taux de 25,0% : 36,06 g de m.s.v.i./kg de $p^{0,75}$;

- paille de riz + tourteau de coton au taux de 31,13% : 38,7 g de m.s.v.i. de paille/kg $p^{0,75}$;

- paille de riz + tourteau d'arachide au taux de 23,7% : 45,88 g de m.s.v.i. de paille/kg $p^{0,75}$.

Mais ils se rapprochent de ceux obtenus par Garret (1979) sur de jeunes moutons alimentés de paille de riz complémentée avec un concentré composé de tourteau de coton, orge, urée et sels minéraux au taux de 18% : 53,1 g de m.s.v.i. de paille/kg $p^{0,75}$ et de ceux de Bagayogo 1983, sur moutons adultes en distribuant la paille de riz complémentée avec du tourteau d'arachide + farine basse de riz dont la teneur en MAD est de 12,14% ou du tourteau d'arachide + mélasse de canne dont la teneur en MAD est de 12,11%, les quantités de m.s.v.i. de paille ont été respectivement de 55,18 et 59,86 g/kg $p^{0,75}$.

Bloc Mélur. Lors de l'essai I, les quantités de matière sèche volontairement ingérées de bloc exprimées en g/kg $p^{0,75}$ ont été plus importantes avec le régime II (paille + bloc) qu'avec le régime IV (pâturage + bloc) : 20,0 g/kg $p^{0,75}$ contre 11,20 g/kg $p^{0,75}$. Dans le cas de l'essai II, les résultats enregistrés ont été sensiblement les mêmes: 14,55 g/kg $p^{0,75}$ contre 15,03 g/kg $p^{0,75}$.

Quantités de m.s.v.i. au pâturage. Elles ont été estimées à partir des résultats obtenus par Dicko et col,(1982), sur moutons et dans le sous-système riz. En 8 à 9 h de conduite, les animaux ont ingéré:

Essai I: 43,67 g/kg $p^{0,75}$ de pâturage seul et 47,28 g/kg $p^{0,75}$ pâturage + bloc Mélur.

Tableau No. 3: Quantité de m.s.v.i. en g/kg/poids métabolique ($p^{0.75}$) de l'essai i et ii

Essais	Régimes	Aliments	Période I	Période II	Période III	Période IV	Moyenne
I 1986	I	Paille de riz	44,85 ± 7,86	45,19 ± 3,17	43,47 ± 5,11	41,64 ± 4,48	43,78 ± 1,61
		Paille de riz	41,37 ± 6,59	38,79 ± 5,81	33,53 ± 6,52	40,44 ± 4,05	38,53 ± 3,50
	II	Bloc Mélur	13,94 ± 5,61	19,62 ± 5,05	19,27 ± 5,56	15,16 ± 4,06	20,00 ± 2,87
		Total	55,31 ± 8,41	58,41 ± 7,42	52,80 ± 7,30	55,60 ± 5,98	58,52 ± 2,21
	III	Pâturage	-	-	-	-	43,67
		Pâturage	-	-	-	-	47,28
	IV	Bloc Mélur	6,82 ± 10,4	8,22 ± 7,67	11,85 ± 8,18	17,91 ± 7,32	11,20 ± 4,95
		Total	-	-	-	-	58,48
II 1987	I	Paille de riz	52,09 ± 0,68	48,31 ± 0,13	51,44 ± 0,90	53,81 ± 0,41	51,41 ± 2,29
		Paille de riz	57,04 ± 0,12	58,61 ± 0,18	56,62 ± 0,14	53,67 ± 0,19	56,48 ± 2,06
	II	Bloc Mélur	11,08 ± 0,14	16,06 ± 0,11	17,53 ± 0,14	13,51 ± 0,12	14,55 ± 2,84
		Total	68,12 ± 22,70	74,67 ± 20,90	74,15 ± 19,50	67,18 ± 19,80	71,03 ± 3,93
	III	Pâturage	-	-	-	-	42,51
		Pâturage	-	-	-	-	44,28
	IV	Bloc Mélur	9,60 ± 0,24	12,30 ± 0,43	18,86 ± 0,14	19,37 ± 0,23	15,03 ± 4,85
		Total	-	-	-	-	59,31

* Les quantités de m.s.v.i. au pâturage ont été estimés à partir des résultats de Dicko (1982) sur moutons et dans le sous-système riz.

Essai II: 42,51 g/kg $p^{0,75}$ pour le pâturage seul et 44,28 g/kg $p^{0,75}$ pour le pâturage + bloc Mélur.

Ration totale. A ce niveau, les quantités de m.s.v.i. ont été plus importantes lors de l'essai II que lors de l'essai I: Régime I: 51,41 g/kg $p^{0,75}$ contre 43,78 g/kg $p^{0,75}$.

Régime II: 71,03 g/kg $p^{0,75}$ contre 51,41 g/kg $p^{0,75}$. Ceci pourrait s'expliquer en partie par la nature de la paille de riz de ces deux essais (variétés différentes de riz, apports différents d'engrais, méthodes de récolte différentes, etc.).

Evolution pondérale et le gain moyen quotidien des animaux (G.M.Q.)

Les résultats sont portés sur les Tableaux No. 4 et 5.

Essai I. Sur les tableaux No. 4 et 5 on constate qu'en période I, tous les moutons ont réalisé des gains de poids qui varient entre 7,1 g de G.M.Q. (régime III à pâturage seul) et 52,9 g de G.M.Q. (régime IV à pâturage + bloc). Ces gains de poids pourraient s'expliquer par une croissance compensatoire favorisée par le déparasitage, la vaccination et le changement de régime.

En période II, seul le lot IV (pâturage + bloc) a continué à prendre du poids: 39,7 g de G.M.Q. alors que les trois autres lots (I, II et III) ont tous perdu du poids, perte variant entre 1,2 et 7,1 g/animal/jour. Ceci pourrait s'expliquer par la faiblesse de la valeur nutritive de ces trois régimes pour la couverture des besoins d'entretien des animaux.

En période III, seul le lot I a perdu du poids: 20 g/animal/jour, les lots conduits au pâturage (III et IV) ont réalisé un G.M.Q. de 3,8 à 20,3 g et le lot II (paille + bloc) est resté stationnaire.

Ces gains de poids pourraient s'expliquer par l'amélioration de la qualité des pâturages lors des premières pluies tombées entre mi-juin et juillet.

En période IV, les pertes du lot I se sont accentuées: 25,5 g de perte/animal/jour tandis que les G.M.Q. des lots II, III et IV se sont améliorés: 7,5 g, 16,3 g et 57,8 g respectivement. Ceci pourrait s'expliquer par une augmentation de la quantité de m.s.v.i. au niveau du régime II: 52,80 g contre 55,60 g/kg $p^{0,75}$ et une amélioration plus importante de la valeur nutritive des pâturages.

En 66 jours d'expérience, la moyenne de gain a été de:

- lot I = 10,4 g de perte/animal/jour;
- lot II = 5,4 g de G.M.Q./animal;
- lot III = 6,5 g de G.M.Q./animal;
- lot IV = 42,7 g de G.M.Q./animal.

L'analyse de la variance appliquée à ces résultats révèle une différence significative à $P < 0,05$. Le test de Student montre que les

Tableau No. 4: Evolution pondérale des moutons (en kg)

Essais	Lots	Poids au départ	Période I	Période II	Période III	Période IV	Moyenne
I : 1986	I	24,3 ± 3,0	24,5 ± 2,6	24,4 ± 2,4	24,1 ± 2,5	23,7 ± 2,6	24,2 ± 0,32
	II	26,4 ± 2,5	26,7 ± 2,6	26,6 ± 2,3	26,6 ± 2,2	26,8 ± 2,1	26,6 ± 0,15
	III	25,3 ± 2,6	25,4 ± 2,5	25,4 ± 2,6	25,5 ± 2,2	25,7 ± 2,2	25,5 ± 0,15
	IV	26,9 ± 4,0	27,8 ± 3,7	28,5 ± 3,6	28,8 ± 3,2	29,7 ± 2,3	28,3 ± 1,05
II : 1987	I	25,5 ± 4,0	25,9 ± 4,4	26,1 ± 4,7	25,8 ± 3,6	25,3 ± 1,5	25,7 ± 0,32
	II	24,0 ± 2,9	24,5 ± 3,5	25,1 ± 2,8	25,0 ± 2,3	25,0 ± 0,26	24,7 ± 0,46
	III	25,4 ± 2,6	25,5 ± 2,3	25,6 ± 2,8	25,8 ± 2,4	26,0 ± 1,9	25,7 ± 0,24
	IV	24,1 ± 2,5	24,3 ± 2,1	24,6 ± 2,1	24,9 ± 1,8	25,2 ± 2,4	24,6 ± 0,44

Tableau No. 5: Gain moyen quotidien (G.M.Q.) des moutons en grammes

Essais	Lots	Période I	Période II	Période III	Période IV	Moyenne
I : 1986	I	10,0 ± 38,7	-7,1 ± 29,2	-20,0 ± 12,9	-24,5 ± 21,0	-10,4 ± 15,5
	II	15,3 ± 8,9	-1,2 ± 20,5	0,0	7,5 ± 12,0	5,4 ± 7,6
	III	7,1 ± 10,5	-1,2 ± 9,6	3,8 ± 19,6	16,3 ± 16,8	6,5 ± 7,4
	IV	52,9 ± 43,2	39,7 ± 38,2	20,3 ± 35,1	57,8 ± 65,2	42,7 ± 16,8
II : 1987	I	27,0 ± 15,0	13,0 ± 12,0	-33,0 ± 15,0	-40,0 ± 11,0	-8,3 ± 33,2
	II	33,0 ± 8,0	40,0 ± 7,0	7,0 ± 6,0	0,0	20,0 ± 19,5
	III	7,0 ± 4,0	7,0 ± 2,0	13,0 ± 2,0	13,0 ± 5,0	10,0 ± 3,46
	IV	13,0 ± 8,0	17,0 ± 4,0	18,0 ± 5,0	20,0 ± 8,0	17,0 ± 2,94

résultats enregistrés au niveau des lots I, II et III ne sont pas statistiquement différents, mais qu'ils diffèrent des résultats du lot IV.

Essai II. Ici aussi pendant la première période, tous les moutons ont réalisé un gain de poids qui a été respectivement de 27,0 g de G.M.Q. pour le lot I, 33,0 g de G.M.Q. pour le lot II, 7,0 g de G.M.Q. pour le lot III et 13,0 g de G.M.Q. pour le dernier lot.

En période II, les moutons ont continué à prendre du poids:

- lot I = 13,0 g de G.M.Q.;
- lot II = 40,0 g de G.M.Q.;
- lot III = 7,0 g de G.M.Q.;
- lot IV = 17,0 g de G.M.Q..

Ces gains de poids pourraient s'expliquer en partie par l'augmentation de la m.s.v.i. des régimes II (68,12 contre 74,67 g/kg P0,75) et une meilleure couverture des besoins des régimes III et IV. En période III, le gain moyen quotidien du lot II a diminué (7,0 g contre 40,0 g) alors que le G.M.Q. du lot III s'est amélioré (de 7 à 13 g), tandis que celui du lot IV est resté inchangé et les animaux du lot I ont perdu en moyenne 33,0 g/animal/jour.

En période IV, le lot I a continué à perdre du poids, le lot II est resté stationnaire et les lots III et IV ont continué à gagner du poids: 13,0 g et 20,0 g respectivement.

La diminution du G.M.Q. enregistrée par le lot II en périodes III et IV pourrait s'expliquer par la baisse de la quantité de m.s.v.i. (74,67 g contre 67,18 g/kg $p^{0,75}$) alors que l'augmentation des G.M.Q. des lots III et IV durant ces deux périodes pourrait être liée à l'amélioration de la valeur nutritive des pâturages lors des premières pluies.

En 66 jours d'expérience, on a enregistré en moyenne/animal/jour:

- Lot I = 8,3 g de perte;
- Lot II = 20,0 g de G.M.Q.;
- Lot III = 10,0 g de G.M.Q.;
- Lot IV = 17,0 g de G.M.Q.

L'analyse de la variance appliquée à ces moyennes révèle une différence significative à $P < 0,05$. Le test de Student montre que les résultats enregistrés pour les lots II et IV sont supérieurs à ceux des lots I et III.

Comparaison des gains moyens quotidiens (G.M.Q.) enregistrés au niveau des essais I et II

Les pertes enregistrées par les moutons des essais I et II des lots I sont sensiblement identiques (10,3 g et 8,3 g par animal/jour); il en est de même pour les gains de poids obtenus par les moutons des lots III (6,5 g et 10,0 g de G.M.Q.).

Pour les régimes à base de paille de riz complémentée par le bloc (lots II), le G.M.Q. de l'essai II a été supérieur à celui de l'essai I (20 g contre 5,4 g), contrairement aux régimes à pâturages + bloc où le G.M.Q. de l'essai I a été plus élevé que celui de l'essai II (42,7 g contre 11,0 g).

Ceci pourrait s'expliquer par une meilleure couverture des besoins des animaux favorisée par une ingestion de matière sèche plus importante (58,52 g de m.s.v.i. contre 71,03 g de m.s.v.i./kg $p^{0,75}$) et aussi par la présence de pâturages de meilleure qualité en 1986 qu'en 1987.

CONCLUSION

Comme cela a déjà été démontré antérieurement, la paille de riz distribuée seule aux moutons ne couvre pas leurs besoins d'entretien. Ce qui explique les pertes de poids enregistrées dans les essais I et II.

La paille de riz complémentée avec le bloc Mélur a entraîné soit une amélioration de la quantité de m.s.v.i. de paille et du gain de poids des animaux (essai II) soit une diminution de la quantité de m.s.v.i. de paille en faveur de l'augmentation de quantité ingérée du bloc Mélur et celle du gain de poids.

Les résultats obtenus entre la mi-mai et le 20 juillet ne nous permettent pas de nous prononcer sur les effets des pâturages sahéliens en saison sèche sur l'évolution pondérale des animaux dans notre zone d'étude. Cependant, nous pouvons rapporter que le pâturage + bloc Mélur a assuré aux animaux une amélioration assez importante du gain de poids.

REFERENCES BILIOGRAPHIQUES

Bagayogo, A. 1983. Digestibilité et essais de complémentation des pailles au Mali. Document publié journée F.I.S. - CIPEA sur les petits ruminants.

Dicko, M.S. 1982. La nutrition des bovins et des petits ruminants. Dans: Recherches sur les systèmes des zones arides du Mali. Résultats préliminaires. Rapport de Recherche No. 5 : 95.

Dulphy, J. 1978. Effet des autres constituants de la ration (glucides, matières azotées) sur la valeur alimentaire des pailles ordinaires ou traitées. Dans: Utilisation des matières premières cellulosiques en particulier la paille en alimentation animale; cours polycopiés INA Paris Grignon : 121.

Garret, W.N., Walker, H.G., Kohler, G.O. et Hart, M.R. 1979. Response of ruminants to diets containing sodium hydroxyde or ammonia treated rice straw. (J. anim. Sci; 48 : 92).

Hoden, A. 1973. Valeur alimentaire des fourrages pauvres pour les ruminants. Effet de la complémentation azotée. Bull. Techni. I.R.Z., I.N.R.A. Theix, 12 : 7.

Kassambara, I. 1983. Etude de la valeur alimentaire des sous-produits agro-industriels du Mali utilisés dans l'alimentation des ruminants. Thèse de Docteur Ingénieur, Université Pierre et Marie Curie, Paris VI.

POSITION PAPER ON SHEEP AND GOAT PRODUCTION IN NIGERIA

B.A. Opasina and K.B. David-West
Federal Livestock Department, Lagos, Nigeria

INTRODUCTION

Small ruminants, sheep and goats, are increasingly becoming a major source of animal protein in Nigeria, contributing over 30 percent to total meat consumption in the country. The output of sheep and goat meat was estimated as 100 000 tonnes in 1965 and 163 000 tonnes in 1980 (McClintock, 1983).

Estimates from the Federal Livestock Department in 1983 showed that there are 11 million cattle, 22 million goats, 8 million sheep, 900 000 pigs, and 150 million poultry (both local and exotic) in the country. Livestock production represents approximately 10 percent of agricultural activity and less than 5 percent of the Gross Domestic Product.

In Nigeria, sheep and goats play a significant socio-economic role in the life of the people: they are slaughtered during ceremonies and festivals, and serve as a source of ready cash to small farmers. The skin of the Red Sokoto goat is well known for its superior quality and the high premium it commands in the world market.

PRODUCTION SYSTEMS IN DIFFERENT ZONES

The main production systems are traditional, although they differ from place to place due to socio-economic reasons.

Humid zone

In the humid zone with approximately 6.6 million goats and 1.8 million sheep, the main production systems are free-roaming, tethering and confinement. In the southwest, sheep and goats are kept by a large number of rural households as free-roaming village flocks, with little additional inputs. Mating is uncontrolled. Sometimes animals, particularly sheep, are tethered to avoid the destruction of crops during the growing season. Ownership pattern is 2-4 animals per individual.

In the southeast, the traditional free-roaming condition is being modified by high human population density and increasing pressure on agricultural land. Confinement and tethering are important in this area to avoid damage to crops. Animals are fed household scraps, tree foliage (commonly palm fronds) and by-products of food processing (Francis, 1987). Ownership pattern is 3-4 animals per household.

Sub-humid/Semi-arid

In the sub-humid/semi-arid zone, sheep are grazed with cattle by the nomadic Fulani throughout the year moving from north to south of the country in synchronization with rainfall pattern and pasture availability. In the system practised by the Hausas, sheep and goats are confined in compounds during the cropping season, feeding them through cut-and-carry. Tethering of animals is also important. However, in the dry season animals are allowed to scavenge on farm stubbles after crop harvesting. Crop residues such as groundnut haulms, husks, grain offals and cotton seed are also fed to sheep and goats. Herding of goats by children and elderly people is becoming important in the zone, especially in the cropping season.

BREEDS AND REPRODUCTIVE TRAITS

Breeds

The humid zone has varying levels of tsetse challenge and therefore, small ruminant production is limited to those breeds that can tolerate tsetse transmitted trypanosomiasis. The zone therefore supports trypanotolerant West African dwarf breeds of sheep and goats. In the savannah and the semi-arid zone, the large sized, long-legged breeds thrive well. These are the Red Sokoto and Sahel goats, and the Yankasa, Uda and Balami sheep. The Kano brown and Borno white goats are believed to be strains of Red Sokoto (Adu and Ngere, 1979).

Reproductive performance

Reproductive performance of 1.5 lambs/ewe/year, and 2.2 kids/doe/year has been recorded among the West African dwarf sheep and goats respectively in two village groups of southwest Nigeria (Mack, 1983). Survival indices of the kids and lambs up to 90 days are 0.76 and 0.84 respectively (Table 1). Overall mortalities were 23.7 percent for goats, and 21 percent for sheep, with offtake rates of 28 and 38 percent respectively. In the southeast, where animals are confined, the reproductive performance among the goats is 2 kids/doe/year with a survival index of 0.78 pre-weaning.

Table 1: Production traits of West African Dwarf sheep and goats in southwest Nigeria

Parameters	Goats	Sheep
Litter size	1.49	1.23
Birthweight (g)	1.58	2.12
Pre-weaning liveweight (0-90 days) gain (g/day)	35.5	74.0
Reproductive performance (kid/doe/year and lamb/ewe/year)	2.2	1.5
Survival index (up to 90 days)	0.76	0.84
Overall Mortality (%)	23.7	21.0
Offtake rate (%)	28	38.0

Source: Mack, 1983

Little information is available concerning the reproductive traits of sheep and goats kept under traditional systems in the subhumid zone. Bayer (1984) reported fertility rates of 120 percent and 100 percent among the flocks of sheep and goats respectively kept by settled Fulani in southern Kaduna State. Mortalities were 25 and 22 percent in sheep and goats respectively. At Shika in Zaria, Adu, Buvanendran and Lakpini (1979) reported lambing percentages of 128.9 in Uda, and 112.6 in Yankasa sheep, with overall mortalities of 14 and 6.3 percent respectively. In Katsina sheep farm, a lambing rate of 110 percent was observed among the Balami sheep (David-West, 1985). Among the Red Sokoto goats, Adu, Buvanendran and Lakpini (1979) observed 140 kiddings from 96 does at Shika research station.

CONSTRAINTS TO PRODUCTION

The production potential of the Nigerian sheep and goats would appear to be high; they experience high mortality from disease, often aggravated by undernutrition and poor management. A special problem is Peste des petits ruminants (PPR) (Akerejola, Schillhorn, van Veen and Njoku, 1979); Opasina (1985). Other disease constraints are pneumonias, parasitic gastroenteritis, trypanosomiasis and ectoparasitic infestation caused by sarcoptic mange as shown in Tables 2 and 3.

In heavily cropped areas, nutrition has been shown to be a major constraint during the rainy season when animals have to be restricted to avoid damage to crops. Undernutrition is also a limiting factor to small ruminant production in the dry season.

Disease control interventions in sheep and goats in the village production systems of the southwest have shown that nutrition could be a constraint when mortality is reduced, and the animal number is subsequently increased.

STRATEGIES FOR DEVELOPMENT OF SMALL RUMINANT PRODUCTION

Livestock policy

The policy of the Nigerian Government is to improve the nutritional status of its people through the domestic provision of high quality protein rich livestock products, to provide locally all necessary raw material inputs for the livestock industry, to provide rural employment through an expanded livestock programme, and to improve and stabilize rural income emanating from livestock production and processing.

The breeding policy for sheep and goats is to select and improve the local breeds.

Integration of sheep and goats into the farming system

The main production systems as highlighted earlier in this paper are those of low inputs: no investment on land, no special feed or housing. The integration of sheep and goats into the existing systems is a sound approach, when one considers the low incomes of the small farmers.

Table 2: Disease attack rates among monitored goats in the forest (Badeku) and derived savannah (Eruwa), October 1978 - March 1980

DISEASES	FOREST		DERIVED SAVANNAH	
	NO.	PERCENTAGE	NO.	PERCENTAGE
Peste des petits ruminants (PPR)	61	22.9	75	19.6
Orf	8	2.9	1	0.3
Pneumonia	18	6.5	18	4.7
Gastroenteritis	8	2.9	4	1.0
Helminthiasis	6	2.2	6	1.6
Ectoparasitic infestation (ticks, fleas, lice)	20	7.3	8	2.1
Ectoparasitic infestation (Sarcoptic mange)	89	32.4	217	56.8
Accidents	33	12.0	17	4.4
Others	38	13.8	24	6.3
Average number of goats	275		382	

Source: Opasina (1985)

Table 3: Prevalence by month of disease in sampled goat population of Fasola Villages (%)

DISEASE	M	J	J	A	S	O	N	D	J	F	M	A
PPR	-	-	11.9	-	-	-	-	-	-	-	-	-
Orf	-	1.1	2.3	2.2	0.5	1.3	-	-	-	-	0.7	1.7
Pneumonia	5.2	1.1	0.6	2.2	1.0	5.8	1.3	-	3.9	-	4.7	1.7
Abscesses/lymphadenitis	0.5	1.1	0.6	1.1	1.5	-	0.6	-	-	-	-	-
Keratoconjunctivitis	-	0.6	0.6	-	0.5	0.6	-	-	-	-	-	-
Helminthiasis	4.2	4.5	6.2	7.7	5.6	7.8	7.0	7.0	0.6	-	2.0	1.7
Trypanosomiasis	0.5	1.1	2.8	7.2	15.4	11.7	5.1	8.9	5.8	1.6	8.8	5.8
Babesiosis	-	-	3.4	2.8	4.6	0.6	1.3	-	-	-	-	-
Mange	2.1	1.7	1.7	1.1	-	0.6	2.5	1.9	-	5.6	3.4	1.7
Fleas	1.6	-	2.3	-	6.7	1.3	-	-	-	-	-	-
Lice	9.9	5.7	6.2	9.4	9.7	14.9	7.6	1.9	5.8	1.6	4.0	3.5
Ticks	6.8	4.0	5.1	1.1	0.5	0.6	-	-	-	-	-	-
Accidents	3.6	2.8	1.7	1.1	1.0	-	-	-	-	1.6	-	2.3
Other	2.6	3.4	0.6	1.7	1.0	-	0.6	1.9	1.3	0.8	1.3	0.6
Total animals sampled	192	176	177	181	195	154	158	157	155	124	148	171

Source: Opasina (1985)

Accordingly, the Nigerian National Livestock Project Department (NLPD) launched a pilot development for small-scale sheep and goat producers in southwest Nigeria in 1983. The programme which includes a veterinary package (PPR and mange control) and establishment of browse trees in the farmers' farmlands, is based on 6 years of farming systems research by ILCA's Humid Zone Programme on how to integrate animal production into the alley cropping system developed by the International Institute of Tropical Agriculture.

The veterinary interventions would lead to reduced mortality, increased animal numbers and a constraint on the existing feed source. In the alley farming concept, fast growing protein rich leguminous trees, Leucaena leucocephala and Gliricidia sepium are intercropped in the form of alleys with food crops. Leaves from the trees provide feed for sheep and goats (through cut and carry) and are also used to maintain soil fertility (through mulching) for permanent cropping. In the southwest, more than 200 farmers are at present participating in the scheme.

In the southeast, where sheep and goats are confined for most parts of the year, due to population pressure on land, the intensive field garden concept is being evaluated. More than 50 farmers are participating in this scheme up to date.

National programme on small ruminant disease control

The policy of the Federal Government is to alleviate animal health problems within the country through disease control strategies.

PPR control

Recent studies by the International Livestock Centre for Africa (ILCA) indicate that vaccination against Peste des petits ruminants (PPR) would result in over 50 percent reduction in small ruminant mortality in the village production systems. The Government has recognized the vital roles which these animals are playing in the life of its people, and accordingly, the Federal Livestock Department of the Ministry of Agriculture, Water Resources and Rural Development in collaboration with the Agriculture Ministries of some states in the humid zone, has embarked on a pilot PPR vaccination campaign. More than 50 000 sheep and goats were vaccinated in two states over a period of two weeks. The vaccination programme is a continuing process, and it is anticipated that more than half a million animals would be covered within this year.

In the next rinderpest campaign coming up in October 1987, another PPR control programme will be launched in two states of the sub-humid zone. It is anticipated that over 1 million animals would be covered in the process.

Sheep and Goat Multiplication Centre

FLD sheep and goat centres. The Federal Livestock Department in 1978 started sheep and goat meat production in 3 sites: one for goats and 2 for sheep. The sheep projects are located at Tuma (940 hectares) and Ladanawa (800 hectares) at Katsina in Kaduna State, while the goat project is at Zugu (14.5 sq. km.) in Sokoto State.

The objectives of the programme are:

a) To preserve pure breeds of Sokoto goats and Balami sheep.

b) To identify suitable management for sheep and goat production through optimum pasture utilization, supplementary feeding as necessary, controlled mating programmes, genetic selection within the breeds and adoption of a sound animal health programme.

Considerable progress has been made since the inception of the projects, and at present there are some 1 500 sheep at Katsina and 600 goats at Zugu. The major constraints especially in the Katsina project (drought) are inconsistent availability of water, and difficulty in establishment and maintenance of pastures. Few mature male and female goats have been made available to local farmers with subsidies in order to improve their local stock.

A system of recording of sheep and goats has started in collaboration with the Small Ruminant Group of the International Livestock Centre for Africa, with a view to determining their reproductive indices.

State sheep and goat centres. Sheep and goat multiplication centres have also been set up by some states of the Federation, with a main objective of providing breeding animals to local farmers. Such projects are located at Pampegua in Kaduna State, Kaltungo in Bauchi State, Marguba in Borno State, Rano in Kano State and Fasola in Oyo State.

Fattening of sheep and goats. The National Livestock Project Department is making loans available to a number of smallholders of sheep and goats for a fattening scheme.

Research and training

ILCA Humid Zone Programme. The International Livestock Centre for Africa (ILCA) based in Ibadan, through an interdisciplinary team of scientists, has been researching into ways of integrating sheep and goats into the existing farming systems in southern Nigeria. Apart from the on-farm studies, the centre has focused on basic collaborative research with the national institutes to improve small ruminant production. The programme also organizes seminars, and trains research and extension staff in techniques for the establishment and management of alley farms.

National Universities. Various universities in the humid zone have embarked on small ruminant research and training. Notable among these is the Department of Animal Science of Obafemi Awolowo University Ile-Ife, which is researching on management of West African dwarf goats, in collaboration with the National Agricultural University of Wageningen, the Netherlands, and the International Livestock Centre for Africa.

Research Institutes. Among the institutes engaged in small ruminant research and training in Nigeria are the National Animal Production Research Institute (NAPRI) at Shika, and the National Veterinary Research Institute (NVRI) at Vom.

NAPRI. NAPRI researches into ways of improving reproductive performance of the indigenous breeds of sheep and goats, through breeding, nutritional studies, management, animal health programme and socio-economic studies. The institute has an out station at Ubiaja, Bendel State to improve productivity of small ruminants in the humid zone. The initial emphasis at the station is to breed, select and supply improved males to interested farmers. NAPRI has also adopted a farming system research approach to small ruminant development in the sub-humid zone, and the institute organizes training and workshops from time to time. It works in collaboration with the Department of Animal Science and Agricultural Extension and Research Liaison Service of Ahmadu Bello University and the Leather Institute of Nigeria, in areas of small ruminant development.

NVRI. NVRI researches into sheep and goat diseases, and develops appropriate diagnostic techniques. Of the most significant is PPR. The institute is engaged in providing diagnostic and investigatory services as well as producing vaccine for disease control. NVRI has been organizing training and workshops relating to small ruminant diseases for extension officers.

CONCLUSION

Although a number of people have been suggesting a more intensive production approach to small ruminant development in Nigeria, the initial capital investment and management constraints associated with such a venture may make the programme unattractive. In the interim, improvement of the existing systems should be the main focus, until technology is ready for intensive production systems. The importance of small ruminants in the life of the people cannot be overemphasized. The Government is quite aware of this development, and as a result, priority is being accorded to sheep and goat production development in the Fifth National Development Plan.

REFERENCES

Adu, I.F., Buvanendran, V. and Lakpini, C.A.M. (1979). The reproductive performance of Red Sokoto goats in Nigeria. J. Agric. Sci. (Camb). 93: 563-566.

Adu, I.F. and Ngere, L.O. (1979). The indigenous sheep in Nigeria. World Review of Animal Production 15(3): 51-62.

Akerejola, O.O., Schillhorn van Veen, T.W. and Njoku, C.O. (1979). Ovine and caprine diseases in Nigeria: A review of economic losses. Bull. Anim. Health Prod. Afr. 27: 65-70.

Bayer, W. (1984). Traditional small ruminant production in the sub-humid zone of Nigeria. Paper presented at the Second ILCA/NAPRI symposium on Livestock Systems Research in Nigeria's sub-humid zone, at Kaduna, Nigeria, 29 October - 2 November 1984.

David-West, K.B. (1985). The role of government in small ruminant production. Paper presented at the National Conference of Small Ruminant Production at NAPRI, Zaria, Nigeria, 6-11 October 1985.

Francis, P.A. (1987). Livestock and farming systems in southeast Nigeria. Paper presented at the International Workshop on Goat Production in the Humid Tropics at Obafemi Awolowo University, Ile-Ife. 20-23 July 1987.

Mack, S.D. (1983). Evaluation of the productivities of West African dwarf sheep and goats in southwest Nigeria. Humid Zone Programme, Document No. 7.

McClintock, J. (1983). What causes supply levels from African Livestock Sectors to change? ILCA's LPU working paper no. 2.

Opasina, B.A. (1985). Disease prevalence among village goats in southwest Nigeria. Paper presented at the National Conference on Small Ruminant Production at NAPRI, Zaria, Nigeria, 6-11 October 1985.

POSITION PAPER ON SHEEP AND GOAT PRODUCTION IN SIERRA LEONE

A. Ngegba
Senior Livestock Extension Officer
Veterinary Department, Kenema, Sierra Leone

BACKGROUND

The Republic of Sierra Leone has a population of 3.7 million and an area of 73 326 km2. Broadly speaking the country falls into four physical regions: interior plateau hill region, interior plains, coastal swamps and the Western Peninsula.

For administrative purposes, the country is divided into four areas, namely Northern, Eastern, Southern and Western.

Although small ruminants (sheep and goats) represent a very important source of protein, and produce other products such as skins, their present contribution to the total production of the agricultural and natural resources sector in Sierra Leone is only 3 percent. Sheep and goats are found at village level throughout the country, but little attention has so far been paid to their improvement or the use of improved animal husbandry practices including health care. Because of low maintenance costs and relatively high productivity rates and potential offtake, sheep and goats constitute a very advantageous part of small-scale farm operations. Valuable benefits can be obtained from even modest improvement programmes within a short space of time. Furthermore, the prices of mutton and goat meat are generally higher than that of beef.

The estimated population of sheep and goats in Sierra Leone is 420 000 of which half are to be found in the Northern province.

	Sheep	Goats	Area
Southern province	61 454	36 833	19 861 km2
Eastern province	37 059	22 771	18 710 km2
Northern province	142 545	76 626	34 053 km2
	241 058	136 230	72 624 km2

MAJOR CONSTRAINTS TO PRODUCTION

(a) Animal health problems limit productivity especially in the humid and sub-humid zones. The principal problems encountered are:

1. Internal parasites (Haemonchus, Bunostomum, etc.)
2. Fascioliasis occurs throughout the year
3. Parasitic bronchitis
4. Contagious caprine pleuropneumonia
5. Sarcoptic mange

6. Hydatid cyst
7. Pustular dermatitis, endemic
8. Foot-rot

These diseases are diagnosed and treated by a veterinary extension service present at the village level in almost all districts.

(b) Poor husbandry and management.

(c) Marketing - Small ruminants may be sold directly to a consumer, to a trader or sold at an auction. In Sierra Leone farmers sell to a trader or middle man and animals may pass through the hands of many traders before reaching the consumer. The middleman is much maligned; he is accused of giving a low price to the farmer and making large profits. However, the trader provides a selling service to the farmer who may be unable to go to the market. Marketing cooperatives such as those operating in Botswana and Ethiopia could help to bypass the middleman.

(d) No improved production sytem.

(e) No development of village level sheep and goat production.

STRATEGIES AND RECOMMENDATIONS

Small ruminant production can be an important step in increasing the productivity of the smallholder agro-pastoralist system. Increased livestock production provides the small farmer with a surplus for sale, which can be used to generate cash income to buy the inputs needed to increase grain production.

The strategies and recommendations to use to achieve this and to overcome the aforementioned constraints would be:

(a) Strengthen the veterinary care to combat the major diseases that limit productivity.

(b) Improve the husbandry and management of sheep and goats at the village level.

(c) Improve the marketing system by organizing cooperatives in order to improve the overall farmer profit.

(d) Knowledge gained from the L.I.B.C. needs to be taken to the village and imparted.

(e) Village level sheep and goat production should be encouraged as this is the principal production system.

NOTE D'INFORMATION SUR L'ELEVAGE DES OVINS ET CAPRINS EN TCHAD

D. Noudjalbaye
Chef du département de la santé animale
Direction de l'élevage
B.P. 750, N'Djaména, Tchad

INTRODUCTION

L'économie du Tchad comme celle de la plupart des pays sahéliens repose, pour une large part, sur le secteur primaire (55 pour cent du PIB) avec quatre sous-secteurs principaux: les Eaux et Forêts, les Pêches, l'Agriculture et l'Elevage.

Dans la zone sahélienne, la sécheresse cyclique cause des perturbations profondes au niveau des spéculations végétales et animales qui se traduisent par des pertes importantes et un manque à gagner évident.

Avec l'accroissement démographique, le rôle fondamental que jouent les protéines animales dans l'alimentation de la population impose leur amélioration quantitative et qualitative.

L'intérêt socio-économique de l'élevage des petits ruminants se démontre au Tchad avec près de 4 827 000 ovins - caprins. Le pays possède une source de protéines (lait, viande) qui, bien que considérable, reste insuffisante. Pour atteindre l'autosuffisance alimentaire, objectif prioritaire du Tchad, des actions doivent être entreprises pour développer quantitativement et qualitativement le cheptel.

Jusqu'à une époque récente, l'élevage des ovins et caprins a été considéré comme une spéculation d'importance secondaire et c'est surtout l'élevage bovin qui a bénéficié de la majorité des travaux. La mauvaise réputation de la chèvre, considérée comme un animal qui dévaste les zones arides et qui détruit les habitats écologiques, a également contribué à délaisser cette spéculation.

Cette négligence contraste avec les qualités de ces animaux, révélées par la sécheresse.

- Meilleure adaptation que le bovin à l'environnement difficile, et cela grâce à leurs caractéristiques biologiques.

- Possibilité de fournir, à surface et alimentation égales, plus de viande que les bovins.

- Plus de possibilités biologiques que le bovin en vue de la sélection.

Le but de ce travail est de faire le point sur la situation actuelle des petits ruminants.

LES BASES ECONOMIQUES DE L'ACTIVITE PASTORALE

Le milieu naturel

Climat: Le pays est divisé en 4 zones climatiques. Du nord au sud, on rencontre:

- le climat désertique avec une pluviométrie annuelle inférieure à 50 mm
- le climat subdésertique entre les isohyètes 50 et 350 mm de pluies
- le climat sahélien de 350 à 500 mm
- le climat soudanien placé entre les isohyètes 800 et 1 100 mm.

La diminution de l'humidité vers le nord détermine le passage du genre de vie sédentaire au nomadisme pastoral.

Les sols et leurs aptitudes pastorales: En relation avec son climat très varié, le Tchad présente une gamme de sols très étendue allant des sols ferralitiques à des sols désertiques.

Le facteur humain

Le développement des productions animales comme toutes les autres actions de développement sont essentiellement déterminées par le facteur humain.

Au Tchad, l'élevage occupe 17,2 pour cent de la population qui compte 5 millions d'habitants. Cette population est inégalement répartie et l'élevage est pratiqué par différents groupes d'éleveurs en fonction des conditions climatiques et écologiques.

Importance des petits ruminants

Les effectifs: Plusieurs races composent le cheptel ovin-caprin tchadien qui était estimé en 1983 à environ 4 827 000 bêtes par la Direction de l'Elevage et des Services Vétérinaires. Le tableau I donne les effectifs par race selon la répartition géographique.

Les races:

Les ovins

Nous distinguons deux types de moutons : le mouton à laine et le mouton à poils.

Le mouton à laine, encore appelé "mouton fezzanais" est peu représenté au Tchad. Sa robe est blanche, ses cornes sont claires et il est de petite taille, 60 cm environ au garrot. Il est élevé pour la production de viande qui est autoconsommée. La laine est utilisée pour l'artisanat local.

Le mouton à poil: On y distingue le mouton à poil long, le mouton Mbororo ou mouton Peulh, et le mouton du Sahel.

Tableau 1   Effectifs (en milliers répartis par expèces, races et régions

	OVINS				CAPRINS		
	Arabes	Peulhs	Kirdis	Mayo-Kebbi	Sahélien	Sud	Total
Batha	421	-	-	-	489	-	910
Kamen	378	-	-	-	477	-	855
Lac	-	7	-	-	158	-	175
Chari-Bag	180	400	-	-	110	110	800
Sud	-	-	100	242	-	743	1085
Guera	23	-	20	-	27	28	98
Ouaddaï	96	-	-	-	123	-	219
Bictine	236	-	-	-	300	-	536
Bet	34	-	-	-	43	-	77
Salamat	20	-	16	-	46	-	82
TOTAL			2 173 000			2 654 000	

On considère dans l'ensemble qu'un équilibre s'établit entre les effectifs ovins et caprins

. Le mouton arabe à poil long
Rectiligne et longiligne à pelage uniformément noir. Poids vif: 35 kg. Taille: 78 cm au garrot. Rendement à l'abattage: 39 à 42 pour cent.

. Le mouton Mbororo ou mouton Peulh
Animal fortement charpenté. Robe bicolore noire ou bleue à l'avant, blanche à l'arrière. Poids vif: de 30 à 50 kg pour une taille au garrot de 85 cm. Excellent animal de boucherie. Rendement: 50 pour cent.

. Le mouton du Sahel ou "Kirdi"
Trapu, court sur pattes, robe variable avec une prédominance brun foncé, uniforme ou noir. Poids vif, environ de 20 à 28 kg. Taille au garrot: 40 à 50 cm. Rendement à l'abattage: 48 à 50 pour cent.

Les caprins

On distingue deux principales races:

- la chèvre du Sahel et
- la chèvre du Sud.

. La chèvre du Sahel est reconnaissable par son allure élancée. La couleur est variée. Poids vif: environ 37 kg. Taille au garrot: 80 cm. Mauvais animal de boucherie. Rendement à l'abattage: 42 à 43 pour cent.

. La chèvre du Sud est trapue avec une tête à profil rectiligne et à front large. La robe est d'une grande diversité de couleurs. Poids vif: 15-25 kg.

PRODUCTION ET ORGANISATION DES MARCHES

Les productions

La vie économique des éleveurs tchadiens dépend presque entièrement des produits de l'élevage et plus particulièrement de la viande des petits ruminants.

La production de viande: C'est la vocation essentielle du cheptel. La viande produite est généralement autoconsommée par les populations rurales. Ayant mieux résistés à la sécheresse, ces animaux ont permis de couvrir une partie du déficit en viande provoqué par les pertes enregistrées chez les bovins.

En 1983, l'évaluation de la production tchadienne de viande de petits ruminants était de 18 859 tonnes de carcasses plus 15 pour cent d'abats. La SOTERA a estimé à 350 000 le nombre de petits ruminants exportés.

L'ELEVAGE DES PETITS RUMINANTS

Le rôle important que continuent à jouer les petits ruminants pendant les années de sécheresse a provoqué un regain d'intérêt pour ces espèces de la part des éleveurs et partant, de la population et des pouvoirs publics. Pour ces derniers, qui ont la lourde charge d'assurer l'approvisionnement en protéines animales pour la population, ce regain d'intérêt les conduit à réfléchir sur la manière d'améliorer leur productivité.

Les paramètres zoo-économiques

Les paramètres zootechniques et économiques des ovins et caprins du Tchad ont d'abord fait l'objet d'une étude réalisée en 1976 par la SEDES, suivie d'une étude réalisée en 1977 par BIRD-IEMVT. Les résultats de ces études ont été publiés, mais au sortir de la guerre que le pays a connue et avec la sécheresse persistante, la Direction de l'élevage a jugé nécessaire de réactualiser les statistiques en 1983.

On a ajouté à une des conclusions de l'étude BIRD-IEMVT une ligne donnant le rapport entre la productivité annuelle par tête divisée par le poids moyen à l'exploitation.

Il en ressort que les ovins du Mayo-Kebbi et les chèvres du sud présentent les meilleures performances, suivis de près par les ovins Peulhs et les ovins Kirdi, le mouton arabe étant le moins performant.

La faiblesse des résultats de ce dernier s'explique par la rigueur du climat des régions où il séjourne. Cette étude ayant été faite en 1977, les chiffres doivent être revus à la hausse en 1983 et à la baisse en 1984.

L'étude de la croissance fait apparaître un large éventail de performances, la race Peulh Oudah se révèle chez les ovins la plus précoce et la plus lourde. La régularité de sa courbe de croissance témoigne de la technicité des éleveurs Peulhs.

Au sud, le mouton du Mayo-Kebbi confirme sa rusticité parmi les autres moutons de la région.

Chez les caprins, les courbes de croissance montrent une figure aplanie comme si le développement des jeunes était entravé par les prélèvements de lait.

Les rendements sont élevés chez les chèvres et les ovins du sud, plus faibles chez les ovins et les caprins du nord.

Ils augmentent d'autre part avec l'âge des animaux.

Organisation des marchés

Le commerce de la viande et du bétail sur pied: Le convoyage à pied demeure encore la méthode la plus répandue pour l'acheminement des animaux vers les centres de consommation. Ceci marque encore le caractère traditionnel du commerce des petits ruminants, les circuits de bétail et de la viande font intervenir une gamme variée d'intermédiaires. La vente des animaux se réalise ainsi: soit directement sur les marchés de production, soit sur les marchés de transit.

Le commerce du bétail permet à l'éleveur de faire face à des besoins que le lait de vache et ses dérivés n'arrivent pas à satisfaire. De plus, la vente des bovins se trouve limitée par l'existence quasi permanente d'un élevage associé, plus ou moins important, de petits ruminants.

Les prix: Les prix de ces animaux connaissent des variations saisonnières et annuelles. Bien que des prix officiels existent pour ces animaux, les prix des animaux vivants restent libres et soumis aux caprices des professionnels au grand dam des producteurs.

LES AMELIORATIONS SOUHAITABLES

L'amélioration de l'élevage des petits ruminants, considéré seul dans une zone à vocation pastorale ou bien associé aux cultures dans la zone où la sédentarisation est devenue possible, ne doit être envisageable qu'en y associant le facteur humain.

Etant entendu que le développement vise l'amélioration du niveau de vie de l'homme, les solutions à envisager dans ce cadre doivent viser:

- l'amélioration de l'environnement socio-économique,
- l'amélioration technique de production et
- la formation des éleveurs.

L'amélioration de l'environnement

Pour ce pays marqué par des conditions écologiques fluctuantes, par l'insécurité alimentaire humaine et animale, où les systèmes de production restent vulnérables, le maintien de l'équilibre écologique doit passer par une solution durable au problème de l'eau et au problème alimentaire pour les éleveurs et pour les animaux. Aussi, les actions prioritaires porteront sur: l'hydraulique pastorale et les aménagements agro-sylvo-pastoraux.

L'amélioration technique de production

L'amélioration des productions des petits ruminants passe par une amélioration de la productivité numérique et pondérale des animaux. Pour cela, deux étapes seront nécessaires:

- amélioration à court terme des conditions alimentaires et de la pathologie vétérinaire en vue d'une extériorisation des potentialités animales.

- amélioration génétique à long terme pour augmenter la productivité pondérale.

Des essais d'amélioration génétique du troupeau ovin ont été entrepris à la ferme de BEKAMBA.

Le programme ovin comprend:

- la sélection d'un noyau de race locale issu des troupeaux "Kirdi" et du Mayo-Kebbi, entretenus sur un mode d'élevage amélioré au niveau du rationnement alimentaire. Les fourrages provenant des pâturages naturels sont complémentés par l'apport d'un concentré (tourteau de coton), et d'un supplément minéral;

- un essai de croisement alternatif à partir de reproducteurs européens (un bélier Préalpes) et de produits de croisements à 75 pour cent (Préalpes-Bérichon);

- un essai de croisement non contrôlé (technique de l'affolement des races);

- un croisement industriel pour la production de métis à 50 pour cent destinés à la boucherie.

Les actions entreprises montrent l'intérêt tout particulier qui a été accordé à l'intensification des productions de viande au Tchad.

La formation des éleveurs

Les actions de formation entreprises par le passé c'est-à-dire les constitutions de coopératives des éleveurs de l'Assalé, des groupements de défense sanitaire et du Centre de formation des éleveurs de Massakory ont donné des bons résultats mais ont dû être interrompues par les événements politiques qui ont agité ce pays. Il est évident que les éleveurs sont demandeurs de telles formations. La qualité de l'enseignement est primordiale et ne doit jamais être sacrifiée à la quantité. Soulignons aussi l'importance extrême qui doit être apportée à la formation des encadreurs et formateurs.

CONCLUSION

Le Tchad est confronté, à l'heure actuelle, à une crise des écosystèmes, à une crise des systèmes de production et à une crise des écocultures.

Parmi les objectifs prioritaires visant à atteindre l'autosuffisance alimentaire, figure l'accroissement de la couverture en protéines animales par le développement de l'élevage des petits ruminants.

L'élevage des petits ruminants a d'abord une signification sociale car c'est avant tout un mode de vie pastorale. Il a ensuite une signification économique car les productions (viande, lait, peaux) participent pour une très large part à la couverture des besoins des pasteurs eux-mêmes, mais aussi du reste de la population.

Ils ont contribué efficacement, grâce à leur vitesse de reproduction élevée, à la survie et au redémarrage de nombreuses populations pastorales.

Il convient, non seulement de maintenir l'élevage des petits ruminants, mais de le développer. Pour cela, des actions spécifiques sont à entreprendre concernant:

Les recherches

Les recherches seront essentiellement orientées vers les domaines suivants:

- la physiologie (alimentation, reproduction)
- la génétique
- la pathologie

Cet effort de recherches devrait aboutir à la découverte de traitements prophylactiques adaptés.

Les enquêtes

En matière de connaissance des problèmes que pose l'élevage dans une zone donnée, des enquêtes doivent être conduites, qui permettront de dégager:

- les potentialités de l'élevage des P.R. (effectifs estimés, composition et facteurs de la dynamique du troupeau).

- le bilan des disponibilités des productions vivrières.

NOTE D'INFORMATION SUR L'ÉLEVAGE DES OVINS ET CAPRINS EN TOGO

I. Pessinaba
Directeur du Projet Petits Ruminants
B.P. 65, Atakpamé
Togo

INTRODUCTION

L'élevage au Togo occupe une place modeste dans l'économie nationale par rapport à l'agriculture. Son développement constitue une des conditions nécessaires pour atteindre l'objectif que s'est fixé prioritairement le Gouvernement depuis une vingtaine d'années: l'autosuffisance alimentaire. C'est donc dans ce souci d'assurer aux populations une alimentation saine et équilibrée que depuis le IIIème Plan de Développement Economique et Social Togolais (1976-1980), une priorité particulière a été accordée au secteur de l'élevage, avec un accent sur les espèces à cycle court et entre autres les ovins et caprins.

DÉVELOPPEMENT DE L'ELEVAGE OVIN/CAPRIN AU TOGO

Le cheptel ovin et caprin au Togo est estimé à 1 598 400 têtes. Dans la grande majorité des cas, ce sont le mouton Djallonké et la chèvre naine guinéenne qui sont élevés sur toute l'étendue du territoire. Mais l'on y rencontre aussi des métis issus du croisement entre ces animaux autochtones et ceux du Sahel. Le mouton Vogan est l'une de ces variétés de métis (Djallonké mouton du Sahel).

Le développement de l'élevage des ovins et caprins vise un accroissement de la production nationale (numérique et pondérale) de ces espèces en vue de réduire le déficit en viande du pays et de le résorber dans un futur proche.

Pour atteindre ces objectifs, les structures d'action comprennent deux volets:

- l'amélioration et l'encadrement du secteur traditionnel de l'élevage des moutons et chèvres;

- la création et l'encadrement d'un secteur moderne de cet élevage.

Amélioration et encadrement du secteur traditionnel

Le programme de développement des élevages mis en place en 1980 par le Projet de Développement de l'Elevage des Petits Ruminants vise l'amélioration des pratiques de ces élevages par la vulgarisation des méthodes simples et améliorées dans les domaines suivants:

Alimentation

- complémentation après pâturage par les sous-produits agricoles (fanes d'arachides, son de maïs, panicules vides de sorgho, épluchures d'igname et de manioc, drèches de bière de mil, etc.);

- supplémentation minérale par apport de pierres à lécher;

- abreuvement des animaux à partir des abreuvoirs placés dans les bergeries ou aménagés aux alentours des puits villageois.

- habitat: réfection des "cases-bergeries" ou construction d'abris et de parcs de nuit;

- hygiène: nettoyage des bergeries, des parcs, des abreuvoirs et mangeoires, etc.

Ces actions zootechniques élémentaires sont complétées par celles de protection sanitaire: les vaccinations contre la peste des petits ruminants et les déparasitages interne et externe.

Les résultats de ces actions se présentent comme suit:

- Nombre d'élevages encadrés: 1 470

- Effectif de petits ruminants encadrés: 20 580

- Vaccination contre la peste des petits ruminants et déparasitages internes: 300 000 têtes traités par an (287 119 pour l'année 1986).

- Quelques paramètres zootechniques

Poids à la naissance	1,5 kg
Poids à l'an	14 kg
Poids brebis	17,1 kg
Mortalité des jeunes	36 %
Mortalité des adultes	23 %
Fécondité annuelle	127 %
Productivité annuelle	81%

Ces différentes actions ont permis une amélioration des pratiques des élevages de type "traditionnel" et leur évolution vers un type semi-intensif dans un secteur dit "moderne".

<u>Création et encadrement du secteur moderne</u>

Le Projet Nord-Togo* a débuté ses activités d'encadrement des élevages semi-intensifs dans la région de la kara en 1980. les quatre autres régions (Maritime, Plateaux, Centrale et Savanes) ont été encadrées à partir de 1982 par le Projet Petits Ruminants. Ce sont les actions et résultats enregistrés par ce dernier projet qui sont livrés dans le présent document.

Les activités au niveau de l'encadrement de ces élevages concernent l'amélioration de l'habitat, la conduite du troupeau, l'alimentation, le suivi sanitaire et l'amélioration génétique.

* Aujourd'hui PRODEPEKA: Projet de Développement du Petit Elevage de la Kara.

Effectifs encadrés:

Ovins

Année	Nombre d'élevages	Nombres de brebis	Effectif total
1985	25	963	1 779
1986	87	2 490	4 613
1987	208	6 319	13 221

Caprins

Année	Nombre d'élevages	Nombres de chèvres	Effectif total
1985	4	52	128
1986	13	251	545
1987	8	98	196

EFFECTIF TOTAL ENCADRE

Année	Nombre d'élevages	Nombre de femelles	Effectif total
1985	29	1 015	1 907
1986	100	2 741	5 158
1987	216	6 417	13 417

Les difficultés à conduire un élevage caprin important (plus de 30 têtes) a amené la plupart des éleveurs à vendre leurs chèvres pour les remplacer par les moutons, même dans les régions où les habitudes culinaires sont en faveur des caprins (les 2 régions méridionales du pays).

Nombre d'animaux améliorés diffusés par le Projet: Le nombre total des animaux améliorés diffusés dans les élevages encadrés s'élève à 1 627 ovins dont 1 539 brebis et 88 béliers. Il faut ajouter à ce chiffre un lot de 30 "béliers rouleurs" placés dans certains élevages encadrés de la région des Savanes.

Paramètres zootechniques:

1. Pour les ovins

Un échantillon d'élevages a été suivi de manière plus intensive, de façon à enregistrer certains paramètres zootechniques (reproduction et valeurs pondérales).

Les valeurs moyennes des troupeaux sont résumées comme suit:

- Age à la première mise-bas: 13 mois
- Intervalle entre agnelages: 8 mois
- Taux de fertilité: 95 %
- Taux de prolificité (primipares): 100 %
- Taux de prolificité (multipares): 115 %
- Taux de mortalité avant sevrage: 11 %
- Taux de mortalité après sevrage: 4,8 %

- Taux de remplacement des brebis: 17 %
- Productivité numérique annuelle: 134 %
- Antenaises de renouvellement (par rapport aux brebis): 24 %
- Exploitation: Mâles/brebis/an: 0,68
  Femelles/brebis/an: 0,45 soit 1,13 au total
  Brebis de réforme/brebis/an: 0.17
- Fécondité annuelle apparente: 164 %
- Taux de croissance du troupeau: 55 à 65 %
- Poids à la naissance: 1,75 %
- GMQ moyen (mâles): 85 g/j (35-105 jours)
- Poids moyen à la vente: Antenais: 20 kg
  Antenaise: 18 kg
  Brebis: 22 kg
- Variation de poids au cours de l'année: le poids maximal est enregistré au mois de mai (début saison pluvieuse) et le poids minimal au mois de novembre (début saison sèche).

Exemple: <u>Poids des animaux ayant 2 paires de dents adultes:</u> (24 - 36 mois)

POIDS / ANIMAUX	NOVEMBRE	MAI	MOYENNE
Brebis	19,5 kg	22.0 kg	20,8 kg
Béliers	23,0 kg	28,5 kg	25,8 kg

2. <u>Pour les caprins</u>

Seuls quelques paramètres ont été relevés chez les chèvres naines guinéennes:

- Taux de prolificité: 175 %
- Taux de mortalité avant sevrage 47 %
- Taux de mortalité après sevrage: 14,3 %
- Variation de poids au cours de l'année des chèvres femelles

  Poids en novembre 11,7 kg
  Poids en mai 17,9 kg
  Poids moyen 14,8 kg

RECHERCHES

Les recherches sur les ovins ont été menées par le Projet Petits Ruminants à deux niveaux: Le Centre d'Appui Technique de Kolokopé et le secteur d'encadrement moderne.

Au Centre d'Appui Technique de Kolokopé

Le Centre d'Appui Technique de Kolokopé, centre de recherches zootechniques, de formation et de production de géniteurs, est le support des programmes de vulgarisation.

Ce centre qui exploite actuellement 2 000 ovins environ parmi lesquels 750 brebis et 35 béliers, entreprend les activités de recherche sur:

- la conduite des troupeaux (zootechnique et alimentation)
- les cultures fourragères
- la sélection des reproducteurs.

Conduite des troupeaux: Le cheptel brebis du Centre est réparti en cinq troupeaux (T1, T2, T3, T4, et T5) comprenant 150 têtes chacun et conduits selon des modes différents:

1. Modes de conduite

Le troupeau T1, conduit sur pâturages naturels, reçoit une complémentation alimentaire en graines de coton (250 à 300 g par jour) pendant trois mois dans l'année (janvier à mars) et une supplémentation minérale (bloc à lécher) à volonté. Cinq béliers sont en permanence dans le troupeau.

Les troupeaux T2, T4 et T5, conduits à la fois sur parcours naturels améliorés et sur pâturages artificiels (*Panicum* T58, *Panicum* C1, *Leucaena* et Pois d'Angole) reçoivent les graines de coton toute l'année à raison de 100 à 150 g par jour en saison des pluies et de 250 à 300 g par jour pendant la saison sèche. La supplémentation, minérale est faite à volonté. La lutte contrôlée est faite par cycle de 8 mois.

Le troupeau T3 est conduit sur le même mode que celui des trois troupeaux précédents avec toutefois un cycle de reproduction de 6 mois.

2. Résultats

Les expériences sur ces différents modes de conduite des troupeaux de brebis du Centre ont permis de tirer les conclusions sur les points suivants: paramètres de reproduction, poids moyens des brebis et poids des agneaux. (Voir tableaux 1, 2 et 3).

a) Paramètres de reproduction

L'examen de tableau 1 permet de conclure que le taux de mortalité des brebis du troupeau T1 (mode de conduite le plus proche du type traditionnel) est plus élevé qu'au niveau des autres troupeaux.

Tableau 1: Paramètres de reproduction

P A R A M E T R E S	T R O U P E A U X T1	 T2	 T3	 T4	 T5
	P o u r c e n t a g e				
Taux de fertilité	153	158	166	156	173
Taux de prolificité	111,1	112,0	113,6	127,2	113,4
Taux de fécondité	170	179	188	198	196
Taux d'avortement	1,5	1,8	1,5	2,0	3,1
Taux de mortalité des brebis	9,6	5,6	7,0	3,7	6,0
Taux de mortinatalité	2,5	2,6	1,9	3,3	3,7
Taux de mortalité entre 0 jour et le sevrage	16,6	10,5	12,2	12,1	19,5

b) Poids des brebis

Tableau 2: Poids moyens des brebis

Période		Variation des poids moyens des brebis (kg) T1	 T2	 T3	 T4	 T5
Mars	1985	22,5	26,0	25,8	24,4	29,2
Mai	1985	21,3	24,3	23,3	-	26,2
Juillet	1985	20,9	23,9	22,2	23,1	25,5
Septembre	1985	19,6	21,1	20,6	22,1	23,5
Novembre	1985	20,8	22,5	22,3	22,6	25,1
Janvier	1986	21,7	23,8	23,3	23,0	25,8
Mars	1986	23,6	23,9	23,4	23,0	27,4

Deux constatations ressortent de l'examen du tableau 2:

- le poids des brebis baisse pendant la saison pluvieuse (mai à novembre) tandis qu'il croît en saison sèche (janvier à mars);

- les brebis du troupeau T1 sont moins lourdes que celles des autres troupeaux.

c) Poids des agneaux

Les agneaux nés des brebis du troupeau T1 sont plus légers que ceux nés des mères des autres troupeaux. Le tableau suivant donne les poids moyens des agneaux nés en janvier 1985 dans les troupeaux T1, T2 et T3 (Poids à la naissance) (Tableau 3)

Tableau 3: Poids moyens des agneaux

VARIATIONS	TROUPEAUX T1	T2	T3
Nombre de naissances	21	29	17
Poids moyens (kg)	1,6	1,8	1,9

Cultures fourragères: De nombreuses plantes fourragères ont été tentées au Centres de Kolokopé (*Stylosanthes gracilis*, *Stylosanthes hamata*, *Stylosanthes cook*, *Centrosema pubescens*, *Cajanus cajan*, *Leucaena leucocephala*, *Brachiaria ruziziensis*, *Panicum maximum*, *Panicum* T58 et C1. Seuls ont été retenus le *Cajanus cajan* (2 ha), le *Leucaena leucocephala* (2 ha), le *Panicum maximum* (1 ha), le *Panicum* T58 (6 ha) et le *Panicum* C1 (2 ha).

Les deux légumineuses sont coupées et distribuées aux géniteurs à l'auge; tandis que les graminées servent à produire du foin. Les résultats de cette production de foin en 1986 sont les suivants:

Tableau 4: Coupe de juin

NATURE DU FOIN	SUPERFICIE (m2)	PRODUCTION EN FOIN (kg)	PRODUCTION A L'HA (kg/ha)
Parcours naturel amélioré	33 200	6 605	1 989
Panicum T58	15 010	2 764	1 841
Panicum C1	5 200	1 203	2 313

Tableau 5: Coupe d'octobre

NATURE DU FOIN	SUPERFICIE (m2)	PRODUCTION EN FOIN (kg)	PRODUCTION A L'HA (kg/ha)
Parcours naturel amélioré	8 000	3 199	3 999
Panicum T58	5 300	3 196	6 030
Panicum C1	6 800	2 760	4 058

Sélection des béliers améliorateurs: Le but visé par cette action est l'amélioration de la productivité du cheptel ovin togolais par la diffusion en milieu rural de béliers améliorateurs produits au Centre d'Appui Technique de Kolokopé.

Parmi les critères classiques de sélection, le Centre de Kolokopé a retenu celui de la vitesse de croissance des agneaux, futurs géniteurs. Ce choix repose sur le fait que dans le secteur traditionnel, cette vitesse de croissance des agneaux reste lente.

Les agneaux qui sont indentifiés (TIP-TAG) sont pesés successivement à la naissance, à 30 jours, à 120 jours (sevrage) et à 180 jours. Les gains moyens quotidiens sont calculés à partir du sevrage. Les agneaux ayant atteint à l'âge de 6 mois un poids de 20 kg sont retenus comme futurs béliers améliorateurs et seront mis à la reproduction à l'âge de 12 mois avec un poids de 26 à 30 kg. Le tableau 6 donne l'exemple d'une fiche de pesée d'un agneau retenu comme reproducteur.

Tableau 6: Fiche de pesée d'un agneau retenu comme reproducteur

PERIODE	POIDS (kg)	G M Q (g)
Naissance	2,1	113
30 jours	5,5	94
120 jours	14	
180 jours	20	100

Essai d'accompagnement en milieu rural

Toutes les données zootechniques ont été rapportées au suivi des élevages encadrés de type semi-intensif. Il a donc été traité ici de l'alimentation et de l'intégration de l'élevage à l'agriculture.

Cultures fourragères: Nous ne livrons que les résultats d'essais réalisés par les paysans eux-mêmes.

- Panicum maximum: planté par éclats de souche, il nécessite un travail important pour le paysan, qui répugne à "cultiver de l'herbe". Par ailleurs la gestion des parcelles non clôturées ne s'est pas révélée facile. Quoique la productivité à l'hectare soit importante (5 t de M.S./ha), cette graminée a été abandonnée chez les paysans.

- Gliricidia: plantée par boutures, elle constitue un pâturage aérien bien appété par les caprins, moyennement par les ovins. Sa production à l'ha assez faible a conduit à son abandon.

- Cajanus cajan (pois d'Angole): utilisé dans le pays surtout dans les régions méridionales, il est déjà connu des paysans, qui souhaitent le couper uniquement après fructification; ce qui donne environ 8,5 t/ha de matière verte, dont 29,3 pour cent consommés, soit 880 kg de M.S. consommable à l'ha.

Bien utilisé comme fourrage, on obtient 11,8 t/ha, consommé à 55 pourcent, ce qui représente 1,750 t de M.S. consommable à l'ha.

- Leucaena leucocephala: semé en culture associée (maïs, mil, sorgho, niébé), il donne de bons résultats, s'il est protégé par une clôture la première année de végétation.

Après adaptation, il est appêté par les moutons, qui le consomment à 65-72 pour cent. Une seule coupe en fin de première année a donné une valeur de 3,8t/ha de matière verte, soit 970 kg de M.S. consommable à l'ha.

En deuxième année, il a été possible de couper le leucaena la première semaine de juin (région des Plateaux), ce qui laisse supposer 3 coupes annuelles. La productivité a été bonne: 10 t/ha de matière verte, soit 2,8 t/ha de M.S. consommée (3,8 t/ha de matière verte consommée). Cela pourrait donc représenter 30 t/ha de matière verte produite en deuxième année.

Il est possible d'y ajouter du pois d'Angole pour la première année, de façon à augmenter la production fourragère.

L'intérêt de la culture vivrière est de faire profiter le leucaena des soins apportés au vivrier: fumure, surveillance, sarclage.

Sous-produits agricoles - Epluchures de manioc: Un ha peut produire 27,6 t/ha de tubercules frais (essai du projet), contenant 26,2 pourcent d'épluchures fraîches, ou 8,7 pour cent d'épluchures sèches. (telles que données aux animaux): on obtient donc 2,4 t/ha d'épluchures sèches. Les animaux en consommant jusqu'à 4,1 Kg/100 kg de poids vif, soit 3,65 kg de M.S. (ce qui est proche du taux d'ingestibilité de la M.S.).

- Sons de maïs: Il représente 19 pour cent du poids du maïs sec, l'aliment de base au sud du Togo: on voit donc l'importance de ce qui est récupérable.

- Panicules vides de sorgho: 1 kg de panicules donne après battage 750 g de grains, et 250 g de panicules vides, soit 95 g consommables par les moutons (12,66 pourcent du poids des graines). Le rendement moyen à l'ha étant d'une tonne, cela représente un disponible par ha de 125 kg de panicules vides.

- Fanes d'arachide: l'arachide est cultivée dans toutes les régions du pays, mais essentiellement dans celle des Savanes.

Un ha produit 675 kg de fanes, à 92,7 pourcent de M.S., consommée à 90,0 pour cent. Les moutons consomment 3,8 kg de M.S. pour 100 kg de poids vif, contre 4,6 et 4,4 kg de matière verte pour le pois d'Angole et le leucaena respectivement.

Ces quelques données ont le mérite de mettre en évidence les possibilités de développement de l'élevage grâce aux sous-produits agricoles, présents sur l'exploitation, mais non mis en valeur le plus souvent. Ce sont des cultures à double utilité, et pouvant être développées sur des surfaces beaucoup plus importantes que les plantes purement fourragères.

La poudrette et le fumier de mouton: Dans le but de préciser la valeur de l'association de l'agriculture et de l'élevage des moutons, nous avons procédé à une étude sur la poudrette et le fumier de mouton, les bergeries étant balayées tous les 2 jours. Un mouton de 20 kg produit dans la journée environ 325 g de crottes, tant au pâturage (1/3 du temps) qu'à la bergerie. Cela représente donc 1,4t/UBT et par an.

La variation de la composition de ces crottes en fonction de leur état est la suivante:

		COMPOSITION MINERALE						
TYPES DE CROTTES	M.O.%	C	M.O.	N	P_2O_5	K_2O	CaO	MgO
Crottes fraîches du jour	48,0	32,0	55,1	2,6	1,3	0,9	1,2	0,7
Crottes précompostées	50,6	22,5	38,7	1,7	1,3	0,9	1,2	0,7

Un compostage de 2 mois a ensuite été réalisé, en 4 types

(1) tas non couvert
(2) tas sous abri
(3) fosse non couverte
(4) fosse couverte.

Le compostage est réalisé avec du foin de graminées avarié, et après arrosage. Les prélèvements ont été réalisés à 50 cm de profondeur.

Type	M.S. %	C	M.O.	N	P_2O_5	K_2O	CaO	MgO
1	80,7	11,0	18,9	0,8	0,4	0,8	1,3	0,7
2	68,6	27,0	46,5	2,1	1,0	2,8	2,9	1,5
3	40,8	26,0	44,8	2,2	0,9	1,2	2,6	1,4
4	37,1	33,0	56,8	2,7	1,2	1,8	3,4	1,5

Le tas sous abri et la fosse couverte donnent les meilleurs résultats.

Compte-tenu des exportations d'un champ de céréales dans le système traditionnel (maïs, mil, sorgho), et pour un rendement moyen d'une tonne par hectare, il faut un épandage de 3 tonnes de M.S. de fumier par ha, soit environ 6 UBT/ha.

La durée de 2 mois de compostage correspond à une bonne décomposition de la matière organique, comme le montre le rapport C/N=12. Il est donc intéressant d'encourager le compostage en fosse couverte, plutôt que l'épandage de poudrette simple, comme le font tous les paysans.

<u>Caractéristiques socio-économiques des exploitations agricoles:</u> Quelques points caractéristiques des exploitations dans la région des Savanes (87 au total) ont été examinés en vue de mieux cerner les problèmes dans cette région:

- surface moyenne des exploitations	16,7 ha
- paysans cultivant le coton	62,7 %
- surface moyenne en coton	1,35 ha
- surface moyenne de cultures vivrières	9,3 ha
- proportion des éleveurs ayant des jachères pâturables:	80,4 %
- surface moyenne de jachère pâturable	6,1 ha
- proportion des éleveurs ayant des bovins:	70,6 %
- nombre de bovins par exploitation:	14,35
- proportion des éleveurs ayant des boeufs de trait:	74,5 %
- proportion des éleveurs possédant des caprins:	80,4 %
- troupeau moyen caprin par éleveur:	20,8
- effectif moyen des poules:	51,4
- effectif moyen des pintades:	43,9
- effectif moyen des ovins:	55,2
- densité des ovins/ha de jachère:	9,0
- densité des ovins/ha d'exploitation:	3,3
- nombre d'UBT/ha de jachère:	8,1
- nombre d'UBT/ha d'exploitation:	1,8

A la lecture de ces chiffres, l'on remarquera que ces exploitations sont de taille importante, avec un cheptel important. Il s'agit en fait d'exploitants ayant réussi une capitalisation sous forme de bétail, et qui ont mis en place un système de gardiennage du bétail, grâce généralement à la main d'oeuvre familiale.

Les pressions de pâturage sont très importantes, si l'on inclut les caprins et bovins, bien que ces derniers pâturent souvent en dehors de l'exploitation. Néanmoins on est très loin de la norme de 0,16 UBT/ha: on arrive en effet à 10,2 UBT/ha en saison pluvieuse.

Ces chiffres illustrent l'état d'intensification de l'agriculture, qui ne laissera une place à l'élevage qu'avec l'intégration des deux facteurs suivants: apport de fumier et un complément alimentaire qui ne pourra être fourni valablement que par les sous-produits des cultures vivrières.

Des évaluations économiques ont été réalisées respectivement dans la région septentrionale et dans les trois régions méridionales (tableaux 7 et 8).

Tableau 7: Evaluation économique pour la région des Savanes

ANNEES / DESIGNATION	1	2	3	4	5	6
Exploitation pondérale	0	240	280	440	1 298	1 584
(1) Recettes brutes	0	84 000	98 000	154 000	377 830	463 440
(2) Charges opérationnelles (FCFA)	30 544	48 140	69 720	102 920	102 920	102 920
(3) Charges de structure (FCFA)	21 983	21 983	21 983	21 983	21 983	21 983
(4) Total des charges (2+3)	52 527	70 123	91 703	124 903	124 903	124 903
(5) Recette nette (1-4) (FCFA)	-52 527	13 877	6 297	29 027	252 927	338 537
Recettes cumulées	-52 527	-38 650	-32 353	-3 256	249 671	588 204

La balance n'est donc positive qu'à partir de la 5ème année dans la région des Savanes. Mais en fait dans cette région il y a généralement un certain nombre d'animaux existants qui permettent d'avoir un revenu minimum pendant les premières années, et ainsi d'équilibrer la balance dès la deuxième et troisième année.

Tableau 8: Evaluation économique pour les 3 régions méridionales (Centrale, Plateaux et Maritime)

ANNEES / DESIGNATION	1	2	3	4	5	6
Exploitation pondérale (kg)	0	240	280	440	1 298	1 584
(1) Recettes brutes (FCFA)	0	104 000	123 000	199 000	549 700	690 500
(2) Charges opérationnelles (FCFA)	30 544	48 140	69 720	102 920	102 920	102 920
(3) Charges de structure (FCFA)	18 900	18 900	18 900	18 900	18 900	18 900
(4) Total charges (FCFA)	49 444	67 040	88 620	121 820	121 820	121 820
(5) Recette nette (1-4)	-49 444	36 960	34 380	77 180	427 880	568 680
Recettes cumulées (FCFA)	-49 444	-12 484	21 896	99 076	526 956	1 095 636

POTENTIEL DE DEVELOPPEMENT DE L'ELEVAGE OVIN/CAPRIN

Le programme de modernisation de l'élevage ovin et caprin mis en oeuvre depuis 1980 a fait ressortir les possibilités d'amélioration de cet élevage dans les différentes régions du Togo. Ceci a permis l'élaboration à partir de cette année, d'un programme plus vaste qui prévoit une intensification au niveau des actions sanitaires et zootechniques, mais aussi à celui des recherches d'accompagnement.

Actions sanitaires et zootechniques

Elles intéresseront toujours les deux secteurs:

1. Secteur de l'élevage traditionnel: au niveau duquel seront appliquées les actions de vaccination contre la peste des petits ruminants et de lutte contre les parasites gastro-intestinaux. Ces actions seront accompagnées systématiquement des actions zootechniques sur l'habitat, l'alimentation et l'hygiène des animaux. L'on estime ainsi toucher en période de croisière (5ème année) la moitié de l'effectif des ovins et des caprins; ce qui entraînera une augmentation globale de la production de viande et abats de 380 à 580 tonnes par an.

2. Promotion des élevages semi-intensifs: outre les 216 élevages semi-intensifs existants, le programme prévoit la mise en place de 975 autres, (à raison de 195 par an pendant 5 ans) sur l'ensemble du pays, à l'exclusion de la région de la Kara dans laquelle un programme analogue est exécuté par le PRODEPEKA. Il est donc escompté qu'un millier de ces élevages semi-intensifs seront mis en place d'ici cinq ans. La production supplémentaire de ces élevages en cinquième année est estimée à 800 tonnes de viande et abats de moutons et de chèvres.

Volet recherches d'accompagnement

Les recherches d'accompagnement seront intensifiées et largement dominées par la sélection du mouton Djallonké. Cette action comportera la mise en place:

- d'un troupeau d'élite au Centre de Kolokopé;
- d'une base de sélection dans chaque région.

Parallèlement à cette sélection du mouton Djallonké, commencera celle de la chèvre naine guinéenne avec le même schéma que celui établi dans le cadre du mouton.

Outre ces actions de sélection, les recherches d'accompagnement se poursuivront dans le milieu rural par:

- les possibilités d'amélioration de l'alimentation par l'utilisation des plantes et arbustes fourragers, sans négliger les sous-produits agricoles;

- l'amélioration de l'ensemble des actions sanitaires et zootechniques;

- l'étude des moyens susceptibles d'améliorer l'élevage traditionnel et son association avec l'agriculture.

CONCLUSION

Ce programme de développement de l'élevage des ovins et caprins suivi de recherches d'accompagnement permettra l'amélioration de l'élevage traditionnel.

Par ailleurs, la mise à la disposition des éleveurs de reproducteurs sélectionnés, la maîtrise des thèmes de vulgarisation par ces éleveurs et enfin l'association de l'élevage à l'agriculture (bonne utilisation du fumier, conservation des jachères pour pâturages, utilisation des sous-produits agricoles en alimentation, etc.) constituent une des solutions pour la réalisation de l'équilibre des productions végétales et animales conduisant à une alimentation saine et équilibrée dans le cadre de l'autosuffisance alimentaire des populations togolaises.

REFERENCES BIBIOGRAPHIQUES

Amegee, Y. Performances de reproduction de la chèvre Djallonké au Togo. Ecole Supérieure d'Agronomie, Université du Bénin, B.P. 1515, Lomé.

Direction des enquêtes et statistiques agricoles. 1984. Recensement général de l'agriculture togolaise 1982-1983.

Chardonnet, Bertrand. 1987. Synthèse des activités des formes contractuelles du Projet Petits Ruminants au Togo. Mars 1985 - Juin 1987.

Nagnango, Yakouba Arzouma. 1986. Essai de mise au point d'une méthode d'association entre la production vivrière et l'élevage de petits ruminants. Décembre.

Pessinaba, Y.I. 1983. Notes sur les races ovines au Togo. Mai.

Pessinaba, Y.I. 1985. Elevage des petits ruminants au Togo: son importance, sa pratique et les voies d'amélioration.

Projet de développement de l'élevage des petits ruminants au Togo. 1987. Rapport trimestriel: Avril à Juin. Résultats des recherches au Centre d'Appui Technique de Kolokopé - février.

Salami, G. 1979. Conceptions et stratégie togolaises en matière de productions animales et de recherches vétérinaires. Mai.